三维动画制作

3ds Max

主　编　于　虹　兰　翔

副主编　孙雨慧　秦　鲜　周美锋

参　编　蔡紫涵　陈　刚　秦红梅

　　　　雷　抗　梁文章　叶嘉成

主　审　张建德　包之明　林翠云

北京理工大学出版社

BEIJING INSTITUTE OF TECHNOLOGY PRESS

内容简介

本书主要介绍3ds Max软件操作的基础知识，系统地介绍了该软件的基本使用方法及其与Photoshop等软件的联合应用。全书共6个项目，包括道具制作——壮族文化、场景建模——印象广西、角色制作——壮族女孩、角色骨骼和蒙皮、角色动画、VR初体验。本书以实际任务为例，且每个任务配有知识目标、能力目标、职业素养，方便学生预习，并在必要的地方设置思考题，帮助学生掌握所学的知识与技能。通过课程教学，可使学生基本掌握3ds Max软件的操作技能。

本书既可作为计算机动漫与游戏制作专业的专业核心课程教材，也可作为职业院校相关专业的教材以及计算机动画制作人员、动画爱好者的参考用书。

图书在版编目(CIP)数据

三维动画制作3ds Max / 于虹，兰翔主编. -- 北京：北京理工大学出版社，2021.9（2024.1重印）

ISBN 978-7-5763-0474-9

Ⅰ. ①三… Ⅱ. ①于… ②兰… Ⅲ. ①三维动画软件 Ⅳ. ①TP391.414

中国版本图书馆CIP数据核字（2021）第202192号

责任编辑： 张荣君　　**文案编辑：** 张荣君
责任校对： 周瑞红　　**责任印制：** 边心超

出版发行 / 北京理工大学出版社有限责任公司
社　　址 / 北京市丰台区四合庄路6号
邮　　编 / 100070
电　　话 / （010）68914026（教材售后服务热线）
（010）68944437（课件资源服务热线）
网　　址 / http：//www. bitpress. com. cn

版 印 次 / 2024年1月第1版第2次印刷
印　　刷 / 定州启航印刷有限公司
开　　本 / 889 mm×1194 mm　1/16
印　　张 / 13.5
字　　数 / 225千字
定　　价 / 48.50元

“三维动画制作”是职业院校计算机动漫与游戏制作专业的一门专业课程。3ds Max 2018是由 Autodesk 公司开发的三维动画制作软件，已经在建筑效果图制作、电脑游戏制作、影视片头和广告动画制作等领域得到了广泛应用，备受影视公司、游戏开发商及三维爱好者的青睐。

为了帮助相关院校和培训机构的教师系统地讲授这门课程，也为了帮助学生和广大读者能熟练地使用 3ds Max 进行三维动画制作，制作出符合实际应用需要的作品，广西壮族自治区省级示范性职教集团广西计算机动漫与游戏制作职教集团，发挥担任广西职业教育计算机动漫与游戏制作专业发展研究基地主持人单位的优势，坚持为党育人、为国育才的原则，培养德、智、体、美各方面全面发展，联合广西中职名师工作坊张建德、包之明、林翠云等三个主要编写团队，在充分调研各院校关于这门课程教学改革情况的基础上，结合编者丰富的教学经验和项目制作经验编写了本书。

本书在编写中坚持科技是第一生产力、人才是第一资源、创新是第一动力的思想理念，内容由浅入深、循序渐进，精选了具有民族特色和影视活动案例特色的 6 个项目，20 个实践探索案例、20 个拓展训练案例、20 份学习总结和评价，内容包括“道具制作—壮族文化、场景建模—印象广西、角色制作—壮族女孩、角色骨骼和蒙皮、角色动画、VR 初体验”六大项目模块，用典型的任务情境和生动的民族文化串联各项目模块，理论联系实践，侧重对学习感性认识的培养，并根据中职学生的学习能力及动漫美术的实际需要而设计，分别从专业知识和实践能力两个方面开展教学活动，使学生在提高专业理论知识的同时，达到动手实践、应用的目的。

本书的开发遵循设计导向的职业教育思想，以职业能力和职业素养培养为重点，根据行业岗位需求及计算机动漫与游戏制作专业教学大纲选取教材内容，根据工作过程系统化的原则设计学习任务，依据人的职业成长规律编排教材内容。

本书采用行动导向教学方法，以及项目引领、任务驱动的编写模式，以“任务”为主线，将“知识学习、职业能力训练和综合素质培养”贯穿于教学全过程的一体化教学模式，让学生在技能训练过程中加深对专业知识、技能的理解和应用，培养学生的综合职业技能，全面体现职业教育的创新理念。具体来说，本书具有以下几个特点。

• 创设情境式工作任务，提升专业技能和职业素养：通过企业典型的设计项目，融合任务情境和生动的民族文化，串联各项目模块，教材以工作手册式编写，按照“工作任务、学习目标、网上指导、实训过程、拓展训练、学习总结”六环节来实施，体现以学生为主体，以任务作为驱动，将关键知识点和核心技能分解在情境式项目中，突出培养职业技能。

• 配套资源丰富，推进混合式教学的开展：本书配套信息化教学资源（视频 + 课件）、在线开放课程形式，通过扫描二维码，进入网站学习和下载教学资源，多元化获取知识，进行线上线下混合式教学。实现教学资源信息化、教学终端移动化和教学过程数据化。

• 对标国赛标准，推进岗位能力的培养：内容融入“三维动画片制作”和“虚拟现实 VR 运用”的国赛赛项标准和内容，与动漫行业的岗位技能要求以及职业标准对接，助力学生岗位职业能力培养，提高教师信息化教学和带赛能力，扩大学生学习和掌握技能比赛的受益面，提高教材的普及面。

• 融合民族元素，开展动漫专业一体化教学：以工作情境为目标创设教学环境，以民族元素融合于情境式一体化教学模式，让创设情境教学成为职业院校有效的管理模式，这在教材编写思路中并不多见，这符合时代融合思政，加人民族元素，促进国产动漫产业引领中华文化走向世界。本书可作为中、高等职业技术院校，以及各类计算机教育培训机构的专用教材，也可供广大初、中级电脑爱好者自学使用。

尽管编写团队在写作本书时已竭尽全力，但书中仍可能会存在问题，欢迎读者批评指正。编者在编写本书的过程中参考与借鉴了大量文献，在此向相关作者致以诚挚的谢意。由于编者水平有限，疏漏和不当之处难免存在，敬请广大读者批评指正。

编　者

目录

CONTENTS

项目一 道具制作——壮族文化

项目二 场景建模——印象广西

项目三 角色制作——壮族女孩

项目四 角色骨骼和蒙皮

项目五 角色动画

项目六 VR 初体验

参考文献

项目一

道具制作——壮族文化

任务一

绣球的制作

任务描述

南宁东盟国际博览会已成为广西对世界展示的一张名片，“只有民族的，才是世界的”，下面工作小组的设计任务是制作壮族男女的定情信物——绣球。

提示： 设计中，要用到 3ds Max，在三维（3D）建模中创建“几何体”，并对几何体进行“转换为可编辑多边形”操作，最终使用“切角”“连接”“球形化”“平滑”等编辑技能，完成壮族特色物品——绣球的制作。

请根据图 1-1-1（a）所示素材，实现图 1-1-1（b）所示设计效果。

（a）

（b）

图 1-1-1　素材和设计效果

（a）素材；（b）设计效果

提示： 绣球的主体部分，从创建几何球体开始，转换为可编辑多边形后，对点、线、面进行编辑修改，得到绣球基本形状；绣球的挂饰部分，通过标准基本体的创建、成组，再通过移动复制、旋转复制等方式复制出相同的挂饰；最后通过车削、放样等操作制作流苏挂坠。

知识目标

1. 了解 3ds Max 中几何体的创建方法。
2. 归纳出制作几何体的常用命令。
3. 了解复合对象的基础理论。

能力目标

1. 掌握标准基本体的创建及常用编辑方法。
2. 掌握常用复合对象的操作方法。

职业素养

了解壮族绣球的传统文化：绣球一直是壮族男女的定情信物。。

学习指导

一、初识 3ds Max

3ds Max 是一款非常成功的三维动画制作软件，应用广泛，有着简单明了的用户操作界面、丰富简便的造型功能、简捷的材质贴图功能和便利的动画控制功能，如果把 3ds Max 和其他相关软件结合使用，甚至可以完成电影特技这种复杂的应用。3ds Max 的主要应用领域如下。

1）动漫行业：随着动漫产业的兴起，三维计算机动漫正逐步取代二维传统手绘动画片。3ds Max 是制作三维计算机动漫的首选软件。

2）游戏行业：当前，许多计算机游戏中加入了大量的三维动画应用。细腻的画面、宏伟的场景和逼真的造型，使游戏的欣赏性和真实性大大增加，三维游戏的市场不断扩大。

3）电影行业：现在很多电影都大量使用了三维技术，带来了非常震撼的视觉效果。

4）工业制造行业：由于工业制造变得越来越复杂，其设计和改造也离不开三维模型的帮助。

5）电视广告：三维动画的介入使电视广告变得五彩缤纷，更加生动活泼。三维动画制作不仅使广告制作成本显著下降，还提高了电视广告的收视率。

6）科技教育：将三维动画引入课堂教学，可以显著提高学生的学习兴趣，教师们可以从烦琐的实物模型中解脱出来，增加与学生的互动。

7）科学研究：科学研究是计算机动画应用的一大领域。利用计算机可以模拟出物质的微观状态，模拟分子、原子的高速运动等。

8）军事技术：3ds Max 被广泛应用于军事技术，如最初导弹飞行的动态研究，以及爆炸后的轨迹研究等。

9）建筑行业：3ds Max 在建筑行业的应用十分广泛，利用它可以制作出逼真的室内外效果图。

二、3ds Max 的界面

单击“开始”按钮，在弹出的菜单中选择“所有程序”→“Autodesk”→“Autodesk 3ds Max”→“3ds Max–Simplified Chinese”命令，即可进入 3ds Max 启动界面，如图 1–1–2 所示。当 3ds Max 启动完毕后即可进入欢迎界面，如图 1–1–3 所示。

图 1–1–2　3ds Max 启动界面

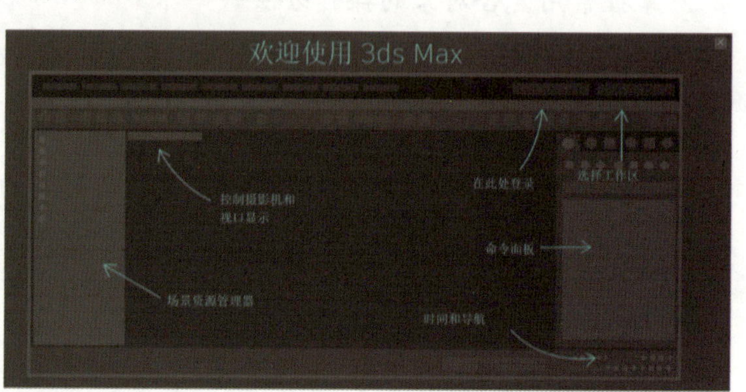

图 1–1–3　欢迎界面

单击欢迎界面右上角的“关闭”按钮，即可关闭 3ds Max 欢迎界面，进入 3ds Max 的用户操作界面。3ds Max 的用户操作界面可分为菜单栏、工具栏、场景资源管理器、命令面板、视口布局选项卡、动画记录控制区等部分，如图 1–1–4 所示。

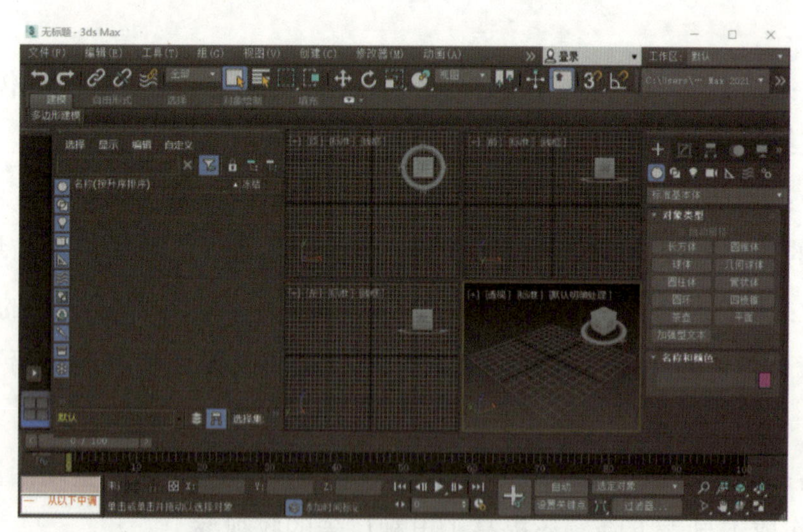

图 1–1–4　3ds Max 的用户操作界面

三、常用修改器

3ds Max 模型的编辑修改功能十分强大，其内设有数十个修改器，主要用于修改场景中的几何体。每个修改器都有自己的参数集合和功能。

一个修改器可以应用于场景中的一个或多个对象，它们根据参数的设置来修改对象。同一个对象也可以被应用于多个修改器。后一个修改器可以接收前一个修改器传递过来的参数，所以修改器的次序对最后的结果影响很大。

下面简要介绍常用修改器的相关知识。

1. “编辑样条线”修改器

对于用户来说，虽然可以利用二维图形创建工具来产生很多二维造型，但是这些造型变化不大，并不能满足用户的需求。而二维复合造型又有很多限制，所以需要将二维物体通过“编辑样条线”修改器进行编辑和变换，以达到改变二维物体形状和属性的目的。

如果要对一个二维物体使用“编辑样条线”修改器，必须先选中该二维物体，然后单击“命令面板”中的“修改”按钮，显示“修改”命令面板。在下拉列表中找到“编辑样条线”。在选择区域单击即可进入“编辑样条线”修改器，如图 1-1-5 所示。

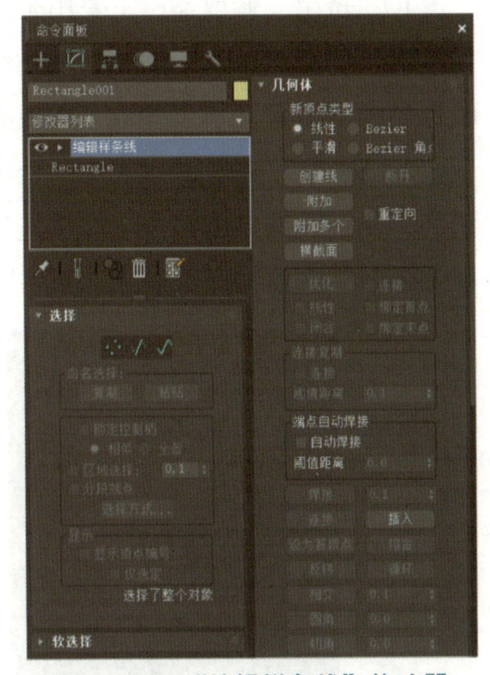

图 1-1-5　“编辑样条线”修改器

“编辑样条线”修改器可以让用户对物体进行顶点、线段和样条线 3 种级别的修改。顶点是对二维造型修改的最低级别，线段为中间级别，样条线是最高级别。

要对 3 种修改对象中的一种进行修改，需要单击灰色区域“编辑样条线”字样前的加号，展开顶点、线段和样条线的列表，之后便可在其中任意选择。

在顶点、线段和样条线的“参数”面板上，有 3 个工具按钮是共有的，具体如下。

1）创建线：单击该按钮，可以在当前绘图的工作视图上画线，而且所画的任何新线都是所选取的二维图形的一部分，而不是一个独立的对象。

2）附加：单击该按钮，可以给选中的二维图形加上另一个二维图形，也就是把两个二维图形合并为一个二维图形。

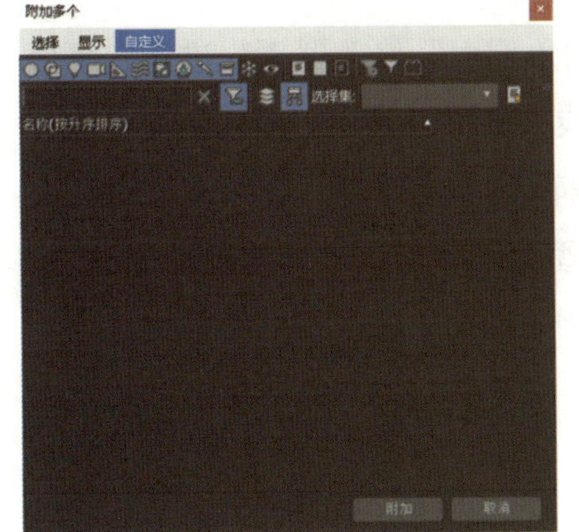

图 1-1-6　“附加多个”对话框

3）附加多个：与“附加”按钮的功能类似，该按钮可以将多个二维图形附加到选中的对象上。单击此按钮，弹出“附加多个”对话框，如图 1-1-6 所示。在其中选择需要被附加的二维物体的图形名称，再单击“附加”按钮即可。

另外，在“附加”与“附加多个”按钮后面有一个“重定向”复选框。选中该复选框后再单击“附加”按钮，会发现待选中的二维图形将对齐在选中的二维图形的中心点位置。

2. “挤出”“车削”“倒角”“倒角剖面”修改器

创建二维物体不是最终目的，将二维物体转换为更加复杂的三维物体才是建模的最终目的。将二维物体转换为三维物体的修改器有挤出、车削、倒角和倒角剖面 4 种。

1）“挤出”修改器：主要用于将二维造型挤压为三维造型。使用方法为，选中二维物体后，进入“修改”命令面板，在“修改器列表”中选择“挤出”选项，即可进入“挤出”修改器的参数设置，其“参数”面板如图 1–1–7 所示。

2）“车削”修改器：主要用于将二维造型沿指定的轴旋转，从而得到三维造型。使用方法为，先在视图中创建一个二维造型，然后进入“修改”命令面板，在“修改器列表”中选择“车削”选项，即可进入“车削”修改器的参数设置，其“参数”面板如图 1–1–8 所示。

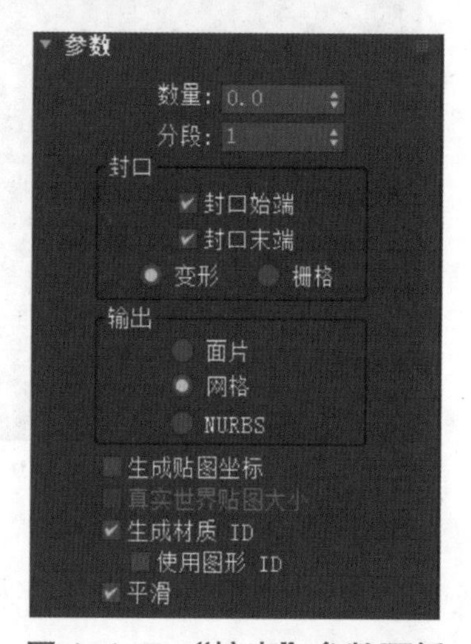

图 1–1–7 “挤出”参数面板

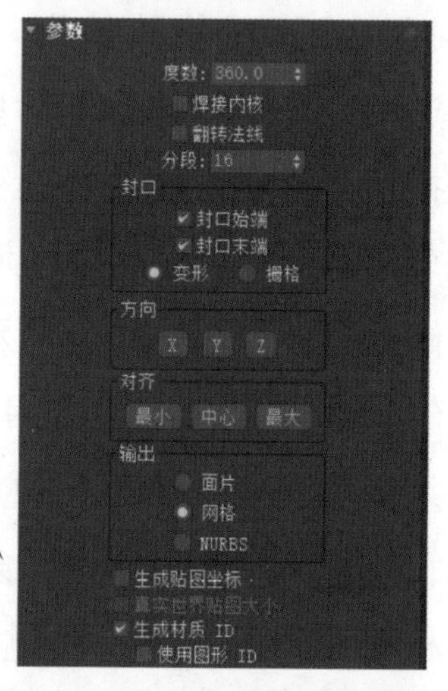

图 1–1–8 “车削”参数面板

3）“倒角”修改器：与“挤出”修改器一样，也是挤压成型，但“倒角”在挤压的同时，可以在边界加入直形或圆形的倒角，从而得到光滑的表面。它主要用于将二维造型进行倒角，从而得到三维造型。使用方法为，先在视图中创建一个二维造型，然后进入“修改”命令面板，在“修改器列表”中选择“倒角”选项，即可进入“倒角”修改器的参数设置，其“参数”面板如图 1–1–9 所示。

4）“倒角剖面”修改器：与“倒角”修改器相比，“倒角剖面”修改器更先进。它可以通过剖面轮廓来控制倒角的形状，该轮廓既可以是开放曲线，又可以是闭合曲线。需要注意的是，在制作完成后，这条轮廓线不能被删除，而且当编辑倒角轮廓时，倒角模型也会发生相应的改变。使用方法为，先在视图中创建一个二维造型，然后进入“修改”命令面板，在“修改器列表”中选择“倒角剖面”选项，即可进入“倒角剖面”修改器的参数设置，其“参数”面板如图 1–1–10 所示。

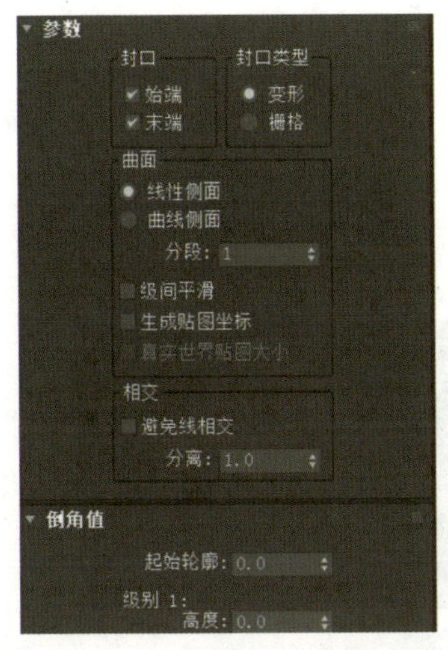

图 1-1-9　“倒角”参数面板

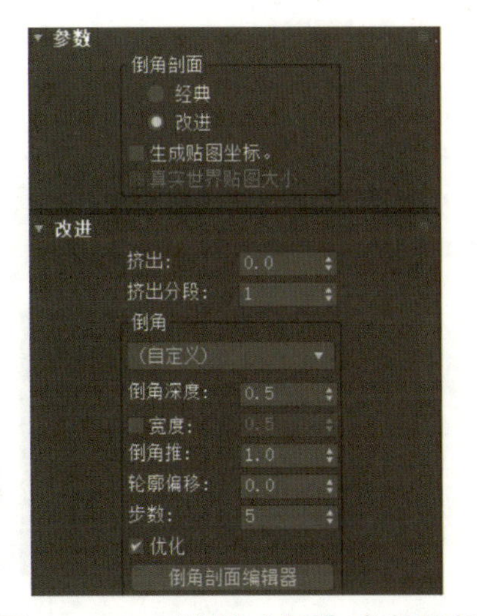

图 1-1-10　“倒角剖面”参数面板

本任务使用 3ds Max 进行绣球的制作，具体可观看教学视频“任务一　绣球的制作”。

绣球的制作

实训过程

一、自主学习

1. 简述标准基本体的创建方法和常用修改器的使用方法。

2. 简述常用几何体的点、线、面的编辑方法。

3. 简述从标准几何球体到绣球的创建及编辑过程。

4. 简述添加绣球的其他装饰物的方法。

二、实践探索

步骤 1： 打开 3ds Max 软件，在“创建”面板中单击“几何体”按钮，打开“标准基本体”创建面板，选择“几何球体”，创建一个几何球体，设置分段数为 1，基点面类型为八面体，如图 1-1-11 所示。

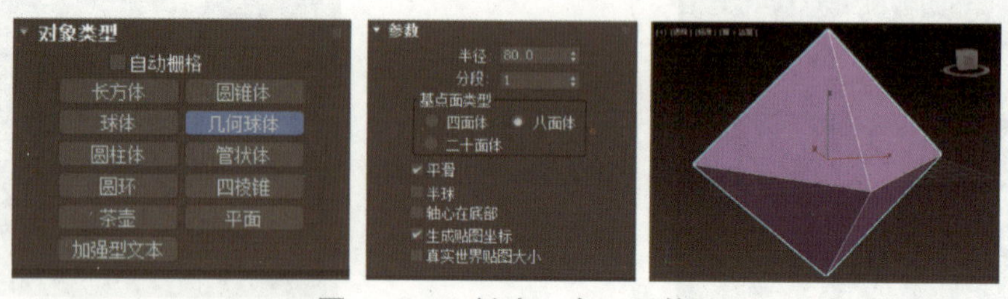

图 1-1-11 创建一个八面体

思考： 打开 3ds Max 有哪些方法？

步骤 2： 右击几何体，利用弹出的快捷菜单将其转换为可编辑多边形。将几何体转换为可编辑多边形使用的命令是________________。

步骤 3： 进入“边”子物体层级，选择所有的边，并右击，在弹出的快捷菜单中选择“转换到顶点”命令，此时会选择所有的顶点，如图 1-1-12 所示。

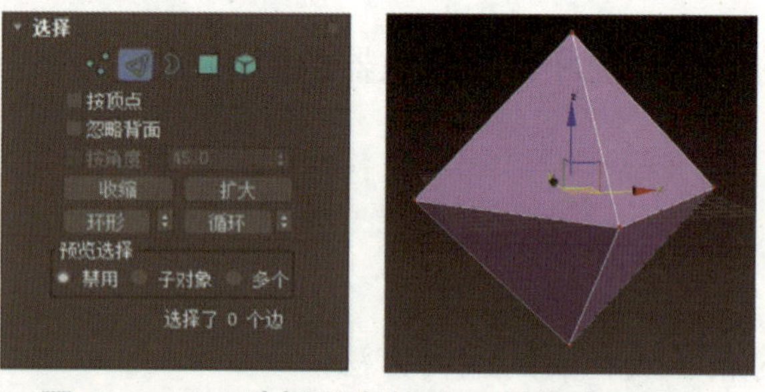

图 1-1-12 选择所有的边，并转换到顶点

思考： 请以图示方式展示选择所有边及转换到顶点的效果图。

步骤 4： 选择“切角”命令右边的“设置”按钮，为所有顶点添加一个切角，此切角为绣球成型后的连接点，切角量数值不宜过大，如图 1-1-13 所示。

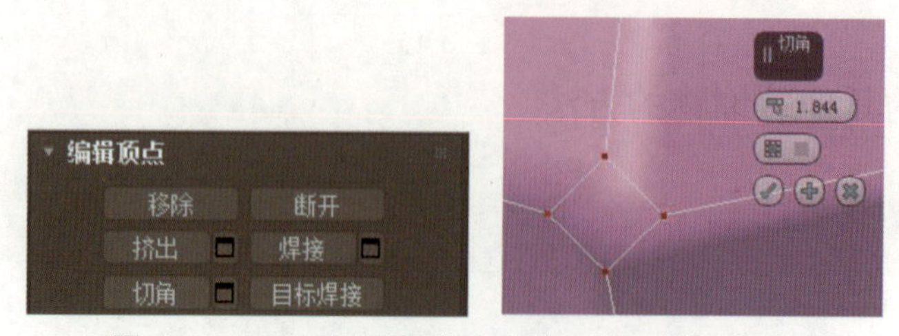

图 1-1-13 为所有顶点添加“切角”命令

思考：请以图示方式展示为顶点添加切角后的效果。

步骤 5：回到“边”的选择状态（注意：此时，切角的边并没有被选择），对所有的边应用相同的“切角”命令，切角量数值不宜过大，以免产生穿模现象，如图 1-1-14 所示。

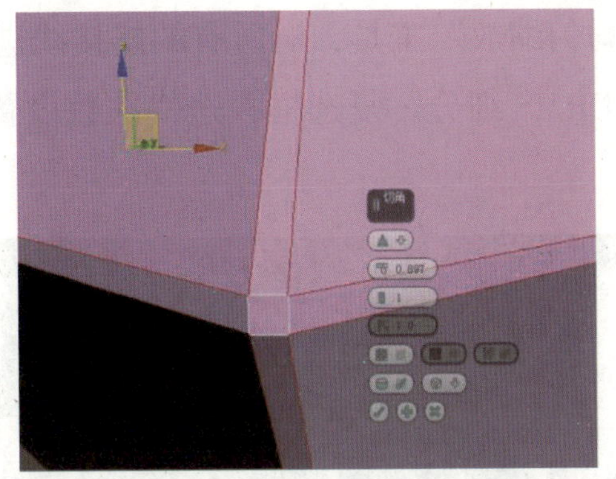

图 1-1-14　为所有边添加“切角”命令

思考：请以图示方式展示为所有边添加切角后的效果。

步骤 6：进入“面”的选择状态，选择八面体的面并删除，留下切角产生的部分，如图 1-1-15 所示。

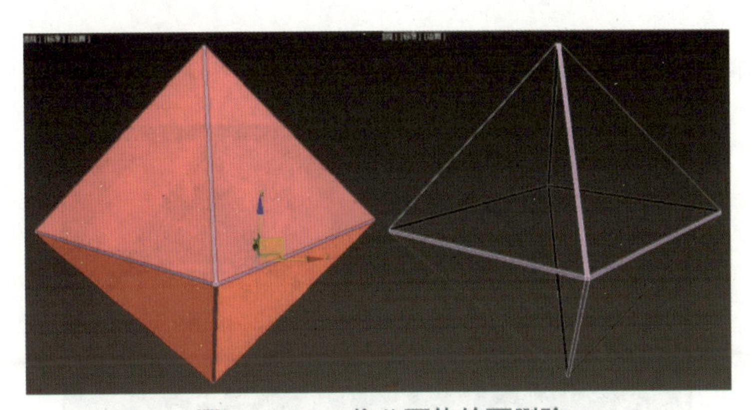

图 1-1-15　将八面体的面删除

思考：删除八面体的面的方法是什么？

步骤 7：进入“边”的选择状态，选择所有边，单击“连接”命令右边的“设置”按钮，设置连接分段数为 2，适当调整收缩参数，为当前所有切角的边添加两条连接线，如图 1-1-16 所示。

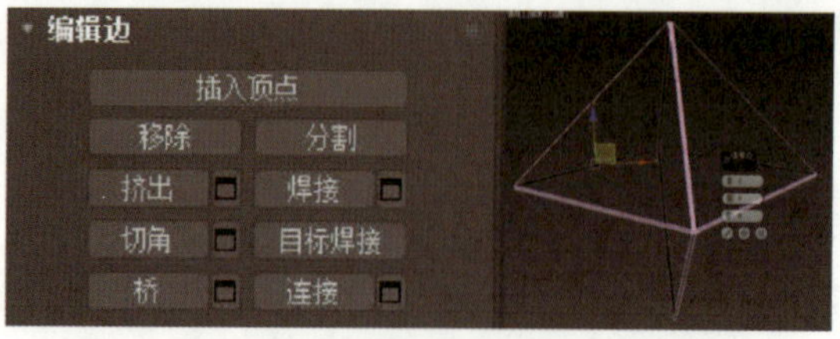

图 1-1-16　为所有边添加两条连接线

步骤 8： 选择“选择并均匀缩放”工具，对所有的连接线进行均匀缩放，并在“细分曲面”选项卡中选中“使用 NURMS 细分”复选框，迭代次数设置为 2，使缩放后的边更为圆润，如图 1-1-17 所示。

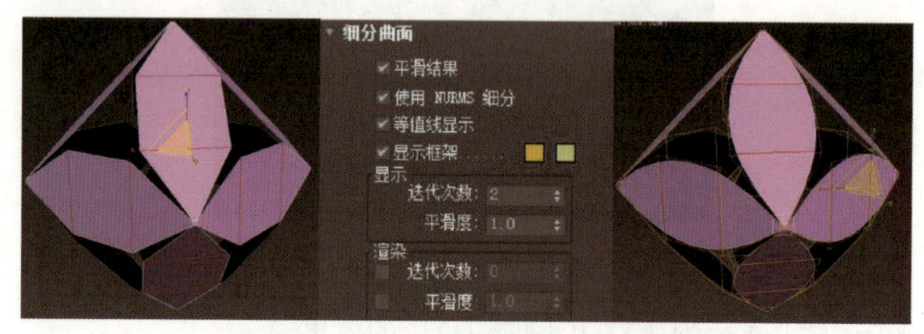

图 1-1-17　对连接线进行均匀缩放

思考： 简述 NURMS 细分的含义及作用。

步骤 9： 退出子物体层级，为当前对象添加“球形化”修改器，如图 1-1-18 所示。

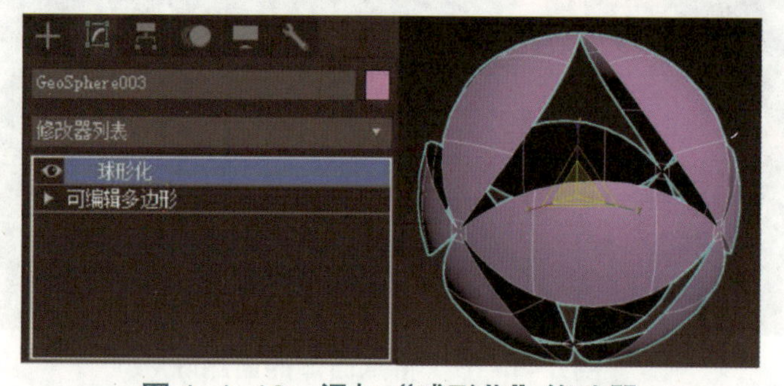

图 1-1-18　添加“球形化”修改器

思考： 简述为对象添加“球形化”修改器的步骤。

步骤 10： 右击球体，利用弹出的快捷菜单将其转换为可编辑多边形，进入“边界”的选择状态，按〈Ctrl+A〉组合键选择所有开放的边界，执行“挤出”命令，将挤出值设置为负数，使边界往球体中心挤出，如图 1-1-19 所示。

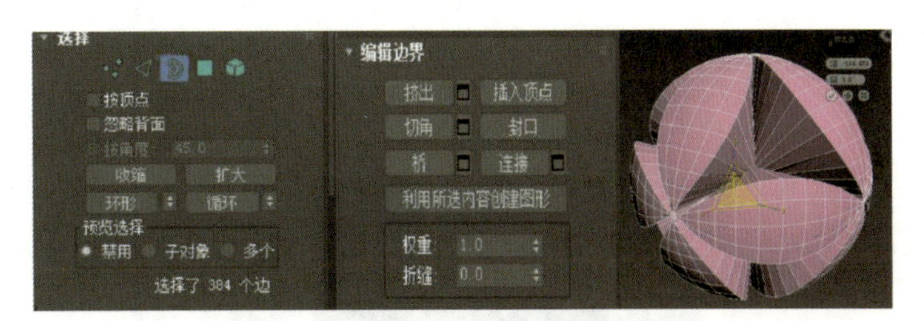

图 1-1-19　挤出所有开放的边界

思考： 操作时为什么将挤出值设为负数？如果挤出值设为正数会呈现什么效果？

步骤 11： 为绣球添加一个“平滑”修改器，设置自动平滑，使球体表面变得平滑，如图 1-1-20 所示。

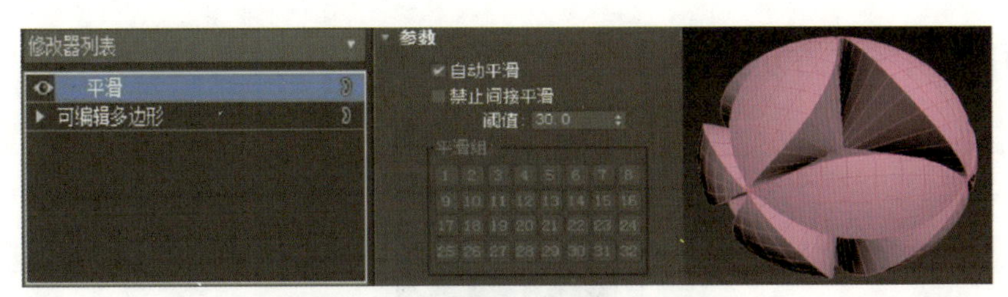

图 1-1-20　添加“平滑”修改器

思考： 简述为绣球添加“平滑”修改器的步骤。

步骤 12： 绣球的配饰制作方法为，在绣球顶部创建一个球体，利用“层次”→“仅影响轴”→“工具”→“阵列”的方法在其周围创建若干围绕大球体的较小球体，将其成组，形成绣球顶部配饰，如图 1-1-21 所示。

图 1-1-21　创建球体并成组

思考： 请展示完成配饰制作后的图样。

步骤 13：复制步骤 12 成组的球体，分别放置在绣球的侧边及下方，调整好方向，如图 1-1-22 所示。

图 1-1-22　复制球体

思考：简述复制绣球图形的方法。

步骤 14：用复制球体的方法创建流苏上方的珠子，如图 1-1-23 所示。

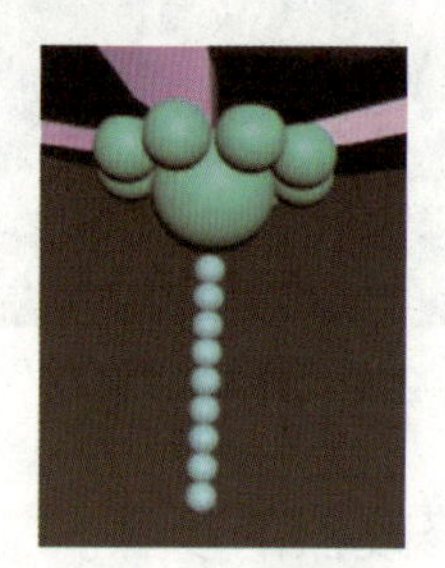

图 1-1-23　制作珠子

思考：请以图示方式展示制作珠子的过程。

步骤 15：在珠子下方绘制珠子与流苏间的连接体的截面曲线，先绘制好曲线，用“车削”命令创建连接体，对齐方式选择“最小”，如图 1-1-24 所示。

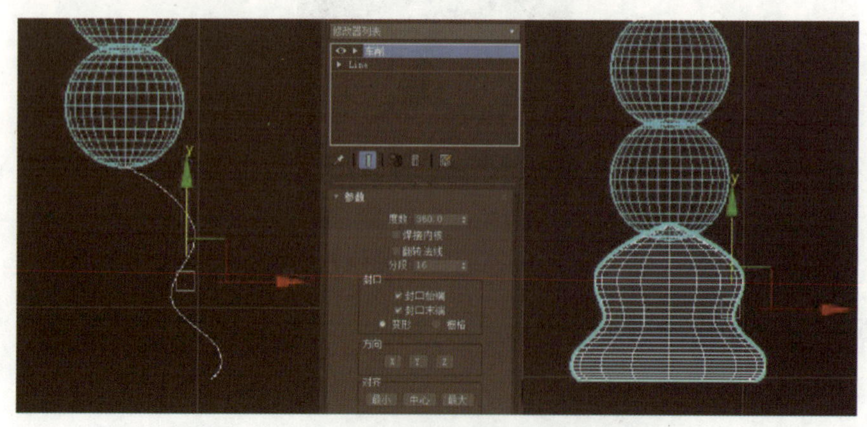

图 1-1-24　用“车削”命令制作连接体

思考：绘制曲线时有哪些注意事项？

步骤 16：在连接体下方绘制一个星形，点数为 32，设置适当的半径和圆角半径；再复制一个星形，将半径均匀缩小，如图 1-1-25 所示。

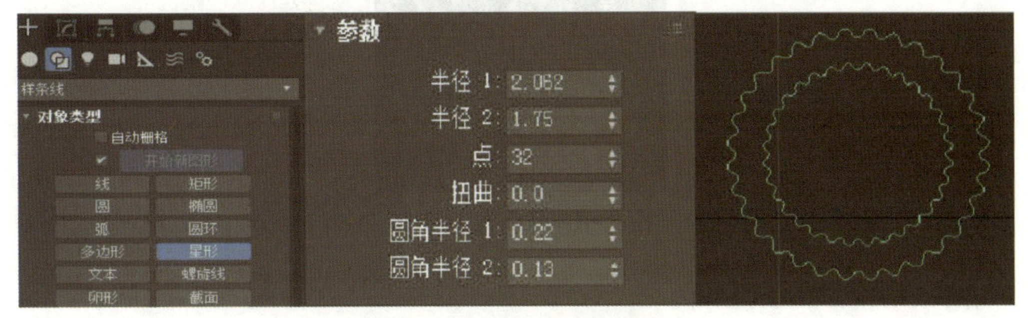

图 1-1-25 绘制星形

思考：请展示绘制完成的星形。

步骤 17：在前视图中绘制一条直线，高度为流苏的长度，在“创建”面板中单击“几何体”按钮，打开“标准基本体”创建面板，单击“复合对象”按钮，选择“放样”命令，获取图形为第一个星形；再将“路径”设置为 20 时，获取图形为第二个星形，如图 1-1-26 所示。

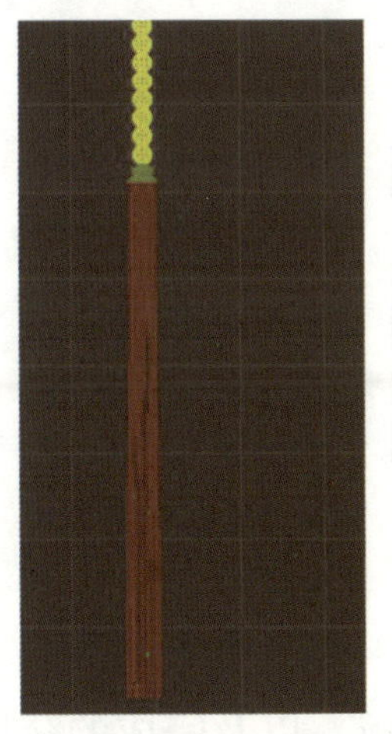

图 1-1-26 用“放样”命令制作流苏

思考：请展示绘制完成的图形。

步骤 18：将珠子流苏等挂饰成组，复制 4 个，分别放置到其他位置，如图 1-1-27 所示。

图 1-1-27 复制挂饰

思考：请展示绘制完成的挂饰。

步骤 19：制作挂绳。在前视图中创建线，按照挂绳的样子绘制不闭合的线段，在“渲染”面板中选中“在渲染中启用”和“在视口中启用”复选框，调整径向厚度，使绳子变光滑，如图 1-1-28 所示。完成后，对挂绳做润色修改，得到绣球成品，如图 1-1-29 所示。

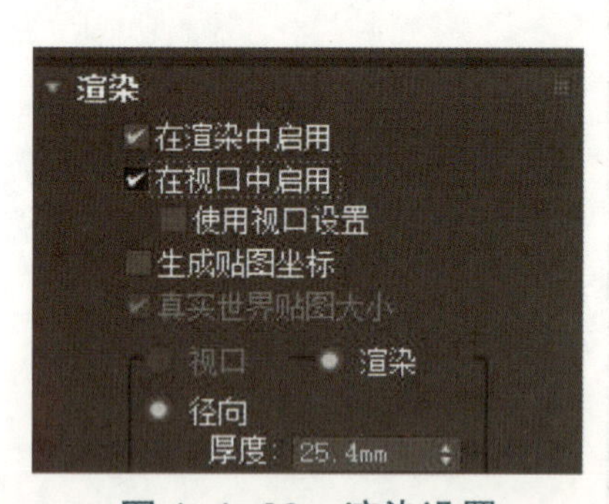

图 1-1-28 渲染设置

图 1-1-29 绣球成品

思考：请展示设置的“渲染”面板，以及完成的绣球成品。

拓展训练

请运用制作绣球的操作知识，根据图 1-1-30（a）所示素材，实现图 1-1-30（b）所示设计效果。

（a）

（b）

图 1-1-30　拓展训练素材和设计效果

（a）素材；（b）设计效果

提示： 创建一个 12 个面的异面体，通过编辑网格修改器进行面的炸开，并通过“挤出”“倒角”“细化”“球形化”等操作，制作出一个足球，最后把所有的面进行附加，得到成品。

学习总结

1. 请写出学习过程中的收获和遇到的问题。
2. 请对自己的作品进行评价并填写表 1-1-1。

表 1-1-1　项目过程考核评价表

<table>
<tr><td>班级</td><td></td><td>项目任务</td><td colspan="3"></td></tr>
<tr><td>姓名</td><td></td><td>教师</td><td colspan="3"></td></tr>
<tr><td>学期</td><td></td><td>评分日期</td><td colspan="3"></td></tr>
<tr><td colspan="3">评分内容（满分 100 分）</td><td>学生自评</td><td>组员互评</td><td>教师评价</td></tr>
<tr><td rowspan="4">专业技能
（60 分）</td><td colspan="2">工作页完成进度（10 分）</td><td></td><td></td><td></td></tr>
<tr><td colspan="2">对理论知识的掌握程度（20 分）</td><td></td><td></td><td></td></tr>
<tr><td colspan="2">理论知识的应用能力（20 分）</td><td></td><td></td><td></td></tr>
<tr><td colspan="2">改进能力（10 分）</td><td></td><td></td><td></td></tr>
<tr><td rowspan="4">综合素养
（40 分）</td><td colspan="2">按时打卡（10 分）</td><td></td><td></td><td></td></tr>
<tr><td colspan="2">信息获取的途径（10 分）</td><td></td><td></td><td></td></tr>
<tr><td colspan="2">按时完成学习及工作任务（10 分）</td><td></td><td></td><td></td></tr>
<tr><td colspan="2">团队合作精神（10 分）</td><td></td><td></td><td></td></tr>
<tr><td colspan="3">总分</td><td></td><td></td><td></td></tr>
<tr><td colspan="3">综合得分
（学生自评 10%；组员互评 10%；教师评价 80%）</td><td colspan="3"></td></tr>
<tr><td colspan="3">学生签名：</td><td colspan="3">教师签名：</td></tr>
</table>

任务二

铜鼓的制作

任务描述

在制作出精美的绣球后，下面我们制作广西壮族的另一个文化元素——铜鼓。

提示： 设计中，需要用到原来制作绣球的操作技能创建“几何体”，并在原有操作的基础上增加新的操作点，创建“二维图形”，最后完成广西文化元素——铜鼓的制作。

请根据图 1-2-1（a）所示素材，实现图 1-2-1（b）所示设计效果。

（a）

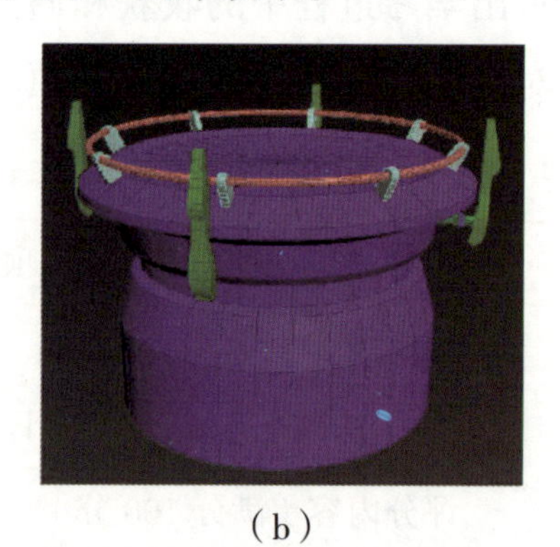

（b）

图 1-2-1　素材和设计效果

（a）素材；（b）设计效果

提示： 对于铜鼓底座部分，从创建二维线条开始，通过“车削”命令转换为三维物体后，对点、线、面进行编辑修改，得到底座的基本形状；对于铜鼓的上半部分，可参考底座部分操作制作完成。

知识目标

1. 了解 3ds Max 中二维图形的创建方法。
2. 能归纳出二维图形转换为三维物体的常用命令。
3. 了解几何体编辑基础理论。

能力目标

1. 掌握标准基本体的创建及常用编辑方法。
2. 掌握二维图形转换为三维对象的操作方法。

职业素养

领略广西壮族铜鼓的历史和文化：铜鼓是南宁最具代表性的文化符号之一。

学习指导

在 3ds Max 中，可以使用单个几何体对现实世界中的管道、长方体、圆环和圆锥形冰激凌杯等对象进行建模，还可以将基本体结合到更复杂的对象中，并使用修改器进一步细化。下面介绍几种常用的标准基本体。

一、圆柱体

圆柱体用于生成各种柱状形体，可以围绕其主轴进行“切片”，圆柱体的形状示例如图 1-2-2 所示。圆柱体的创建方法比较简单，具体步骤如下。

1）单击“创建”按钮，单击“几何体”按钮，打开“标准基本体”创建面板。“对象类型”下列出了可以创建的各种标准基本体按钮，如图 1-2-3 所示。

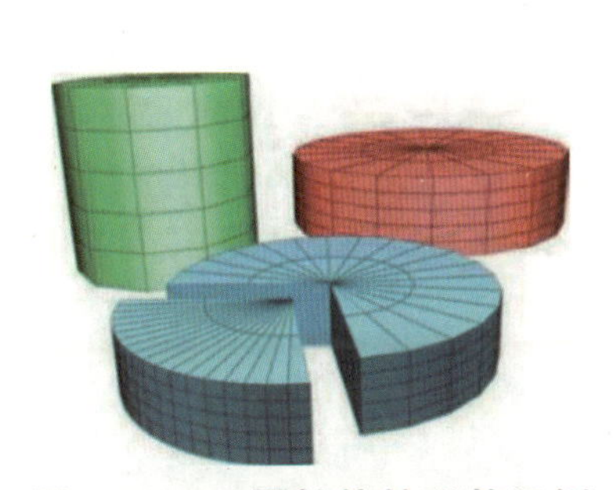

图 1-2-2　圆柱体的形状示例

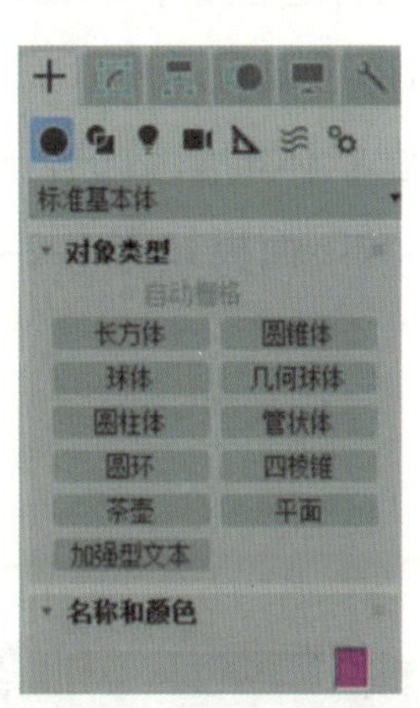

图 1-2-3　“标准基本体”创建面板

2）单击“圆柱体”按钮，在任意视图（这里是透视图）中单击并拖动鼠标以定义底部的半径，然后释放即可设置半径。

3）上移或下移鼠标可定义高度，正数或负数均可。单击即可设置高度，完成圆柱体的创建，如图 1-2-4 所示。

4）单击“修改”图标进入“修改”面板，圆柱体的“参数”面板如图 1-2-5 所示。

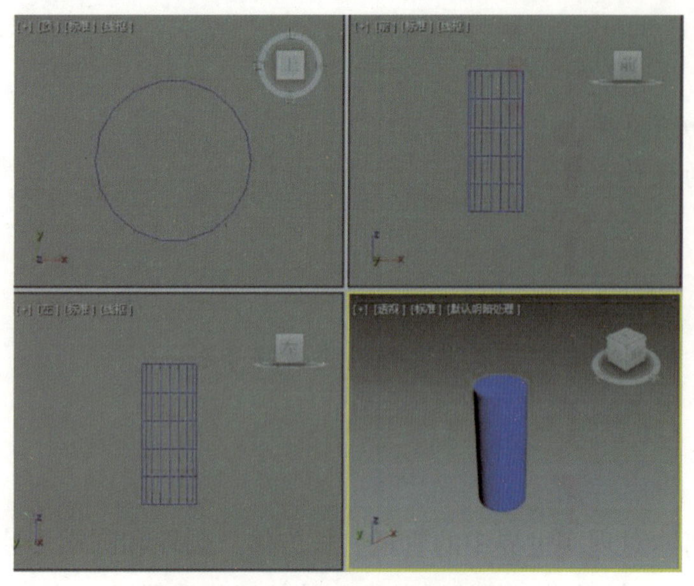

图 1-2-4　创建完成的圆柱体

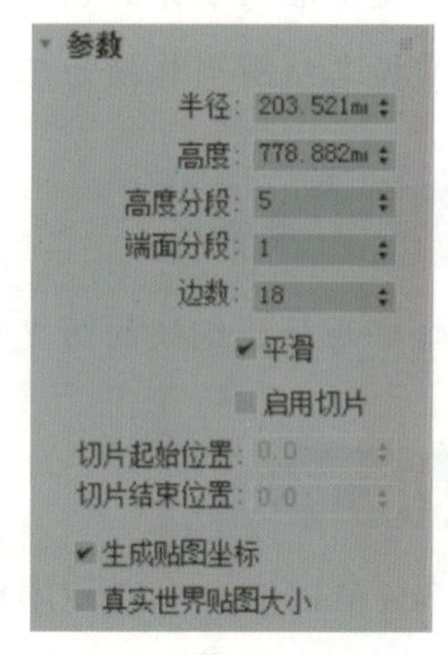

图 1-2-5　圆柱体的“参数”面板

二、管状体

管状体可生成圆形和棱柱管道，可制作各类管道模型，管状体的形状示例如图 1-2-6 所示。管状体的创建方法比较简单，具体步骤如下。

1）打开“标准基本体”创建面板，单击“管状体”按钮。

2）在任意视图中单击并拖动鼠标以定义第一个半径，释放鼠标可确定第一个半径。

3）移动到合适位置，单击以确定第二个半径。上移或下移鼠标可定义高度，正数或负数均可。单击即可设置高度，完成管状体的创建。

4）要对管状体的参数进行设置，可将其选中，单击“修改”图标进入“修改”面板，管状体的“参数”面板如图 1-2-7 所示。

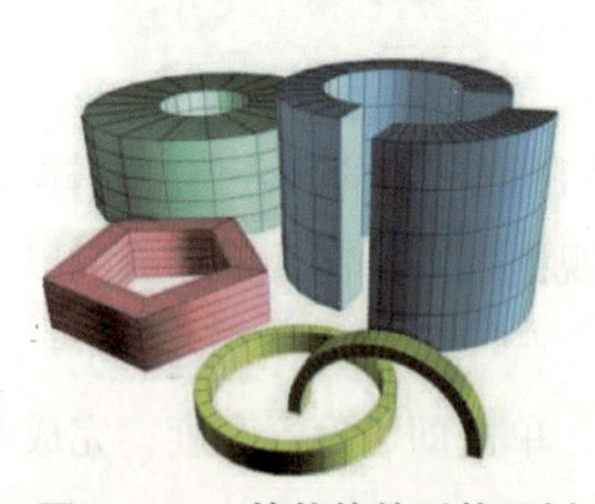

图 1-2-6　管状体的形状示例

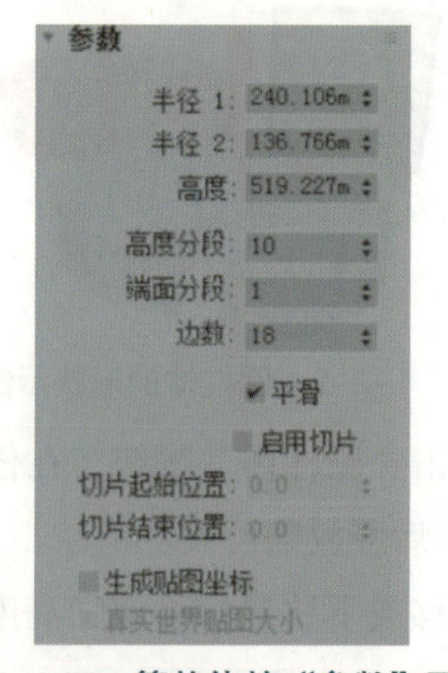

图 1-2-7　管状体的“参数”面板

三、长方体

长方体是生成的最简单的几何体，立方体是长方体的特殊形状。可以缩放和改变比例以制作不同种类的矩形对象，类型从大而平的面板和板材到高方柱和块，长方体的形状示例如图 1–2–8 所示。长方体的创建步骤如下。

1）打开“标准基本体”创建面板，单击“长方体”按钮。

2）在任意视图中单击并拖动鼠标，设置矩形的长度和宽度。

3）释放鼠标，上下移动并单击以定义高度，完成长方体的创建。

4）要对长方体的参数进行设置，可将其选中，单击“修改”图标进入“修改”面板。长方体的“参数”面板如图 1–2–9 所示。

图 1–2–8　长方体的形状示例

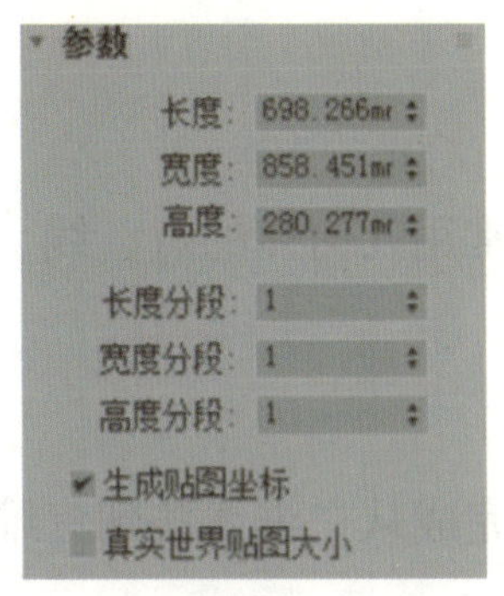

图 1–2–9　长方体的“参数”面板

四、圆锥体

圆锥体可以产生直立或倒立的圆锥体，也可以产生圆台模型，圆锥体的形状示例如图 1–2–10 所示。圆锥体的创建方法比较简单，具体步骤如下。

1）打开“标准基本体”创建面板，单击“圆锥体”按钮。

2）在任意视图中单击并拖动鼠标，然后释放即可设置半径。

3）上下移动鼠标至合适高度，单击即可确定高度。移动鼠标以确定圆锥体另一端的半径，单击完成圆锥体的创建。

4）要对圆锥体的参数进行设置，可将其选中，单击“修改”图标进入“修改”面板，圆锥体的“参数”面板如图 1–2–11 所示。

图 1–2–10　圆锥体的形状示例

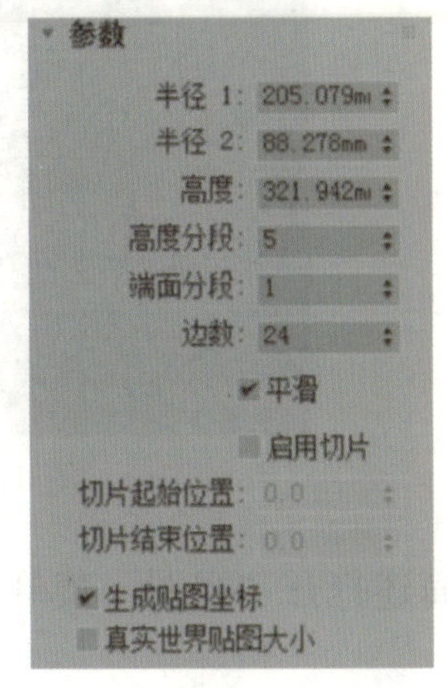

图 1–2–11　圆锥体的“参数”面板

本任务使用 3ds Max 进行铜鼓的制作，具体可观看教学视频“任务二　铜鼓的制作”。

一、自主学习

1. 简述二维图形的创建方法和转换为三维物体的方法。

2. 简述常用几何体的点、线、面的编辑方法。

3. 如何完成从二维线条到三维铜鼓的创建及编辑过程？

4. 如何对转换后的三维物体进行编辑修改？

二、实践探索

步骤 1： 打开 3ds Max 软件，打开“视图”菜单，在“视口背景”中选择“配置视口背景”命令（快捷键〈Alt+B〉），将前视图背景设置为文件“铜鼓截面图”，如图 1-2-12 所示。

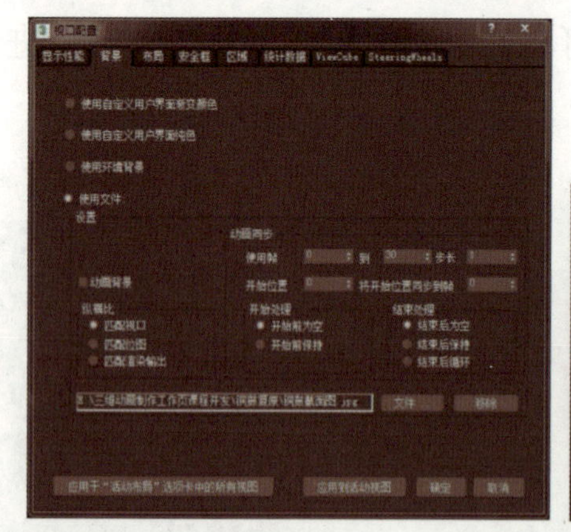

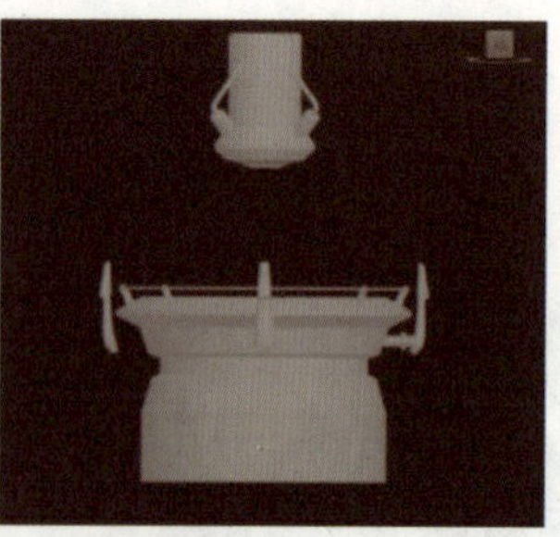

图 1-2-12　设置前视图的背景图片

思考： 简述打开“视图”菜单的方法。

步骤 2： 单击“创建”→“图形”→“线”按钮，在前视图中沿着铜鼓底座的半截面进行描边，如图 1-2-13 所示。

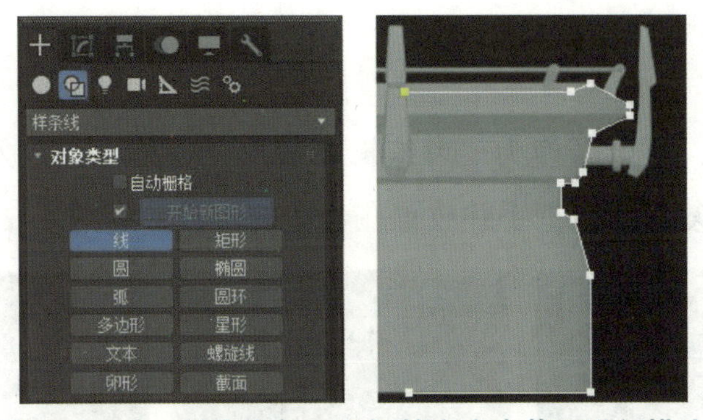

图 1-2-13　创建线条，沿铜鼓底座半截面进行描边

思考： 描边时应注意哪些问题？

步骤 3： 添加“车削”修改器，翻转法线，对齐方式选择“最小”，得到线条车削后的效果，并调整“车削”命令下的“轴”选项，使车削后的物体与背景图大小相吻合，如图 1-2-14 所示。

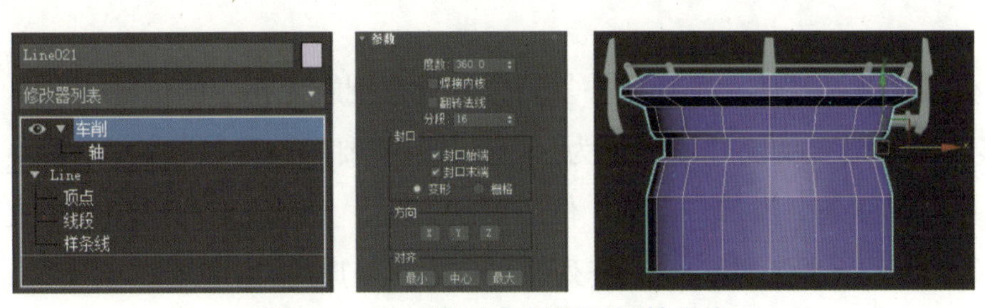

图 1-2-14　通过车削得到铜鼓底座

思考： 请展示步骤 3 操作完成后的效果。

步骤 4： 用同样的方法创建线条，描出把手的截面，将线条闭合并添加“挤出”修改器，将二维图形挤出厚度，转换为三维物体，如图 1-2-15 所示。

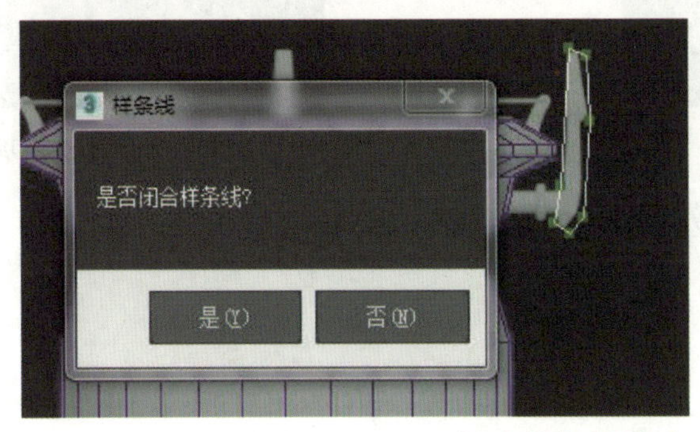

图 1-2-15　创建线条并挤出

思考：简述创建线条的方法。

步骤 5：右击把手，进行转换为“可编辑多边形”操作，进入左视图，对把手进行点、线的编辑，调整形状。复制 3 个把手并放置在合适的位置，如图 1-2-16 所示。

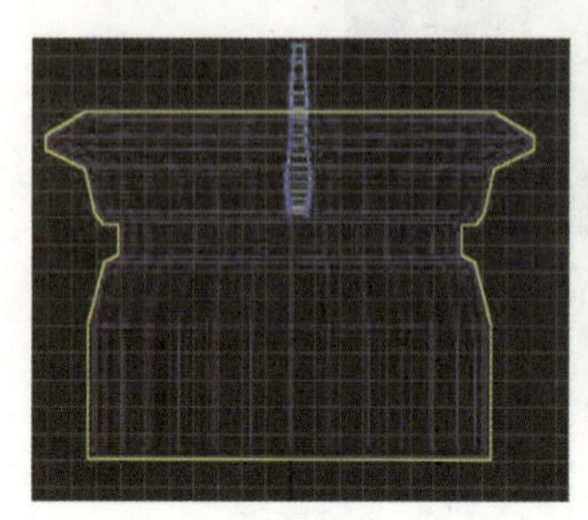
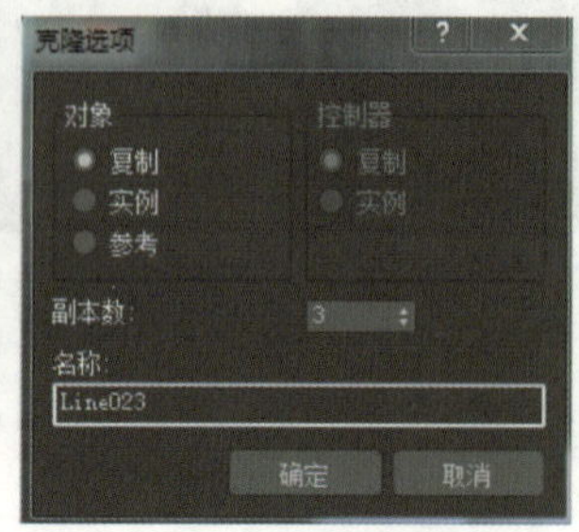

图 1-2-16　复制把手

思考：请展示把手设置完成后的效果。

步骤 6：分别创建圆柱体、圆环，并复制，放置在铜鼓上相应的位置，如图 1-2-17 所示。操作本步骤时，需要的圆柱体数量为________，需要的圆环数量为________。

步骤 7：用创建线条、添加“车削”修改器的方法，为铜鼓上的圆环创建支架，使用“层次”→“仅影响轴”→“工具”→“阵列”的方法均匀复制出 8 个相同支架，如图 1-2-18 所示。

图 1-2-17　创建圆柱、圆环

图 1-2-18　添加支架

思考：请展示创建支架后的效果。

步骤 8：对于铜鼓上半部分，创建线条，沿着背景图进行描边，再进行车削操作（参考步骤 2、3），如图 1–2–19 所示。

图 1–2–19　车削操作

思考：如何对铜鼓上半部分进行车削？

步骤 9：在前视图中绘制线条，在左视图绘制一个圆，作为放样的图形。选择“前视图”中的线条，进入“创建”面板，单击“几何体”按钮，打开“标准基本体”创建面板，单击“复合对象”→“放样”→“获取图形”按钮，再单击圆，即可以产生铜鼓上方的把手，再复制 3 个放置于合适的位置，如图 1–2–20 所示。

步骤 10：创建切角圆柱体，复制 4 个，放置于合适的位置上，如图 1–2–21 所示。至此，铜鼓制作完毕。

图 1–2–20　放样线条

图 1–2–21　创建切角圆柱体

思考：请展示制作完成后的铜鼓。

拓展训练

请运用制作铜鼓的操作知识，实现图 1-2-22 所示的生日蛋糕设计效果。

图 1-2-22　生日蛋糕设计效果

提示： 创建一个二维星形，通过“挤出”形成三维对象，再添加“扭曲”修改器得到蛋糕的底座。用相同的方法制作蜡烛、贝壳，最后制作托盘及环绕的球体，得到成品。

学习总结

1. 请写出学习过程中的收获和遇到的问题。

2. 请对自己的作品进行评价并填写表 1-2-1。

表 1-2-1　项目过程考核评价表

<table>
<tr><td>班级</td><td></td><td>项目任务</td><td colspan="3"></td></tr>
<tr><td>姓名</td><td></td><td>教师</td><td colspan="3"></td></tr>
<tr><td>学期</td><td></td><td>评分日期</td><td colspan="3"></td></tr>
<tr><td colspan="3">评分内容（满分 100 分）</td><td>学生自评</td><td>组员互评</td><td>教师评价</td></tr>
<tr><td rowspan="4">专业技能
（60 分）</td><td colspan="2">工作页完成进度（10 分）</td><td></td><td></td><td></td></tr>
<tr><td colspan="2">对理论知识的掌握程度（20 分）</td><td></td><td></td><td></td></tr>
<tr><td colspan="2">理论知识的应用能力（20 分）</td><td></td><td></td><td></td></tr>
<tr><td colspan="2">改进能力（10 分）</td><td></td><td></td><td></td></tr>
<tr><td rowspan="4">综合素养
（40 分）</td><td colspan="2">按时打卡（10 分）</td><td></td><td></td><td></td></tr>
<tr><td colspan="2">信息获取的途径（10 分）</td><td></td><td></td><td></td></tr>
<tr><td colspan="2">按时完成学习及工作任务（10 分）</td><td></td><td></td><td></td></tr>
<tr><td colspan="2">团队合作精神（10 分）</td><td></td><td></td><td></td></tr>
<tr><td colspan="3">总分</td><td></td><td></td><td></td></tr>
<tr><td colspan="3">综合得分
（学生自评 10%；组员互评 10%；教师评价 80%）</td><td colspan="3"></td></tr>
<tr><td colspan="3">学生签名：</td><td colspan="3">教师签名：</td></tr>
</table>

项目二

场景建模——印象广西

任务一

会展中心场景的搭建

任务描述

完成广西的文化元素“绣球和铜鼓”设计后，下面我们走近东盟博览会的举办地——南宁国际会展中心去看看“印象广西”，运用三维几何体的创建方法，进行会展中心的场景模型的制作。

请根据图 2-1-1（a）所示素材，实现图 2-1-1（b）所示设计效果。

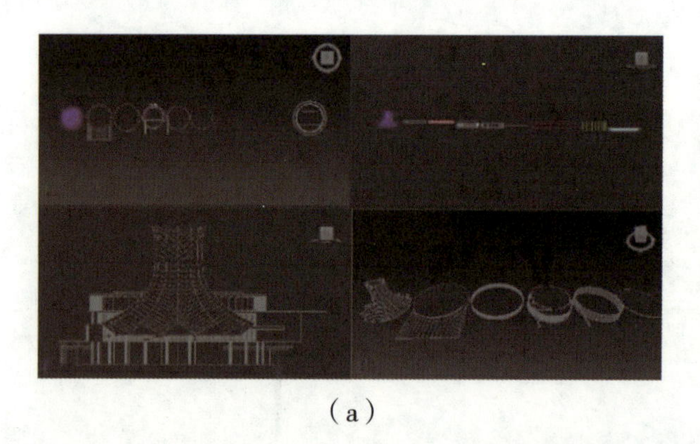

（a）

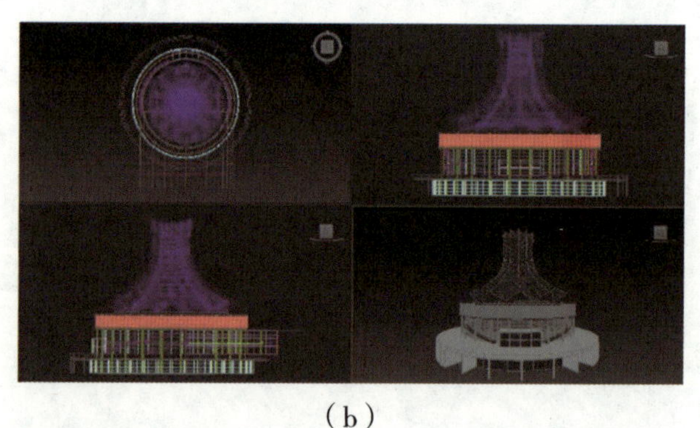

（b）

图 2-1-1　素材和设计效果

（a）素材；（b）设计效果

提示： 同学们需要创建几何体、二维图形等，并用“修改器列表”中的选项对物体进行修改，完成会展心的场景建模。

知识目标

1. 能概括 3ds Max 中三维几何体创建的方法。
2. 能归纳二维图形转换成三维物体的常用命令。
3. 了解三维场景的基础理论。

能力目标

1. 掌握 3ds Max 几何体的创建及调整方法。
2. 掌握二维图形转换成三维物体的操作方法。

职业素养

领会南宁国际会展中心是中国 - 东盟博览会的永久会址，它的建成推动了南宁对外开放和广西会展经济的发展。

学习指导

一、简单二维物体的创建

二维物体由一条或几条曲线组成，它们大部分是平面二维图形，因此被称为二维物体。一条曲线是由很多顶点和线段组成的，调整顶点与线段的参数，可以产生复杂的二维物体，利用这些二维物体可以生成更为复杂的三维物体。因此，二维物体的创建是 3ds Max 中的一个重要部分。

在命令面板中单击“创建”按钮，可显示出“创建”面板，然后单击“图形”按钮，就可以打开“样条线”面板，其中包括 12 种二维物体造型工具，如图 2-1-2 所示。

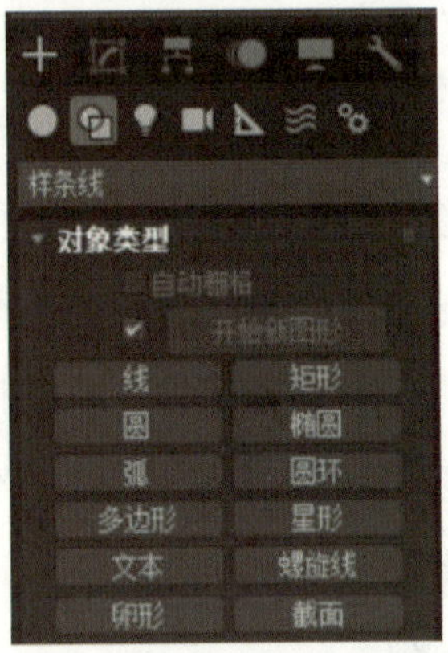

图 2-1-2 “样条线”面板

1. 线

“线”工具可用来建立从起点到终点的二维线条。创建二维线条的操作步骤如下。

1）绘制一条开放的二维线条。方法:首先单击“创建”→“图形”→“线”按钮，然后在顶视图上单击，绘制线条的起始点。松开并移动鼠标，在另一处单击，从而绘制第二个点，此时所绘制的两点之间出现一条直线段。再移动鼠标，并继续单击，则确定第三个点，如果右击，则取消了线的继续操作，这样就绘制出了一条开放的二维线条。如果在绘制线条时按住鼠标左键不动，然后拖动鼠标，就会绘制出一条曲线。

2）绘制一条封闭的二维线条。方法：首先应绘制一条开放的二维线条，不要进行取消线的操作，然后拖动鼠标到起始点位置并单击，此时会弹出“样条线”提示对话框，提示“是否闭合样条线”，如图 2-1-3 所示。单击“是”按钮，即可形成封闭的二维线条，如图 2-1-4 所示。

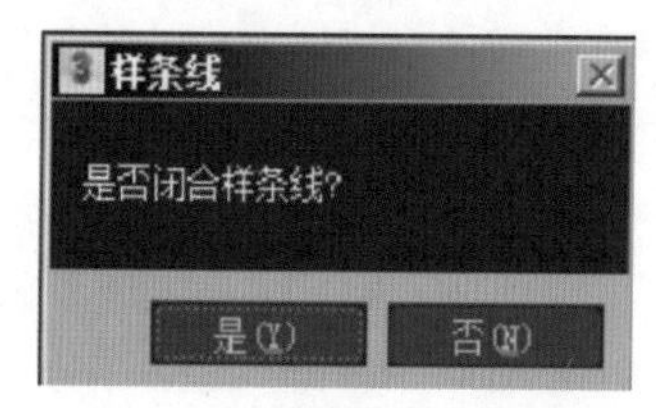

图 2-1-3 “样条线”提示对话框

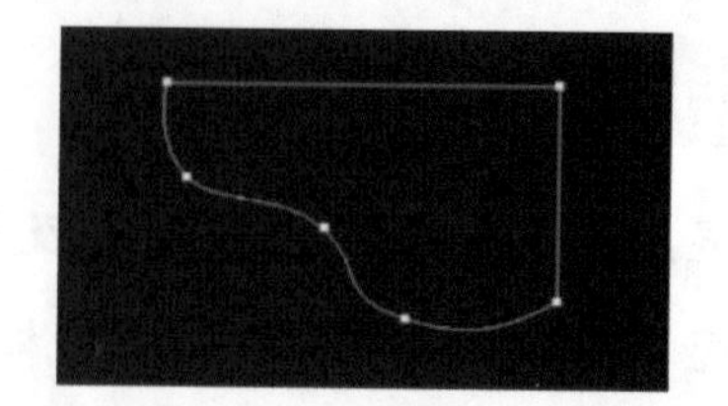
图 2-1-4 封闭的二维线条

2. 圆、椭圆和弧

1）“圆”工具用来绘制圆。创建圆的方法很简单，只需单击“创建”→“图形”→“圆”按钮，然后在工作视图中单击并拖动鼠标就可以绘制出一个圆。

2）“椭圆”工具用来绘制椭圆。创建椭圆的方法与创建圆的方法类似，这里不再赘述。

3）“圆弧”工具用来绘制二维开放或封闭式的弧线。弧线的创建方法要比圆或椭圆复杂一些，需要3个点才能创建一个圆弧。创建圆弧有以下两种方法。

方法一：端点—端点—中央。选中“参数”面板中的“端点—端点—中央”单选按钮，拖动鼠标可首先定义圆弧的起始点，然后建立圆弧的结束点，最后单击确定圆弧的曲度。

方法二：中间—端点—端点。这种方式首先确定圆弧的中心点位置，然后决定圆弧的半径值，最后根据这个半径值来确定弧线的长度。

3. 矩形、多边形和星形

1）“矩形”工具用来绘制矩形或正方形。绘制方法是单击“创建”→“图形”→“矩形”按钮，在工作视图上单击，然后拖动鼠标即可绘制一个矩形。

2）“多边形”工具用来绘制多边形。绘制方法与创建矩形的方法类似，这里不再赘述。

3）“星形”工具用来绘制不同顶点数的星形。首先单击“创建”→“图形”→“星形”按钮，然后在工作视图上单击并拖动鼠标，绘制星形的第一个半径控制的星内形，接着移动鼠标形成第二个半径控制的星角形状，最后在适当的位置单击，即可完成星形的绘制。

4. 圆环和螺旋线

1）“圆环”工具用来绘制同一个圆心的双圆造型。单击“创建”→“图形”→“圆环”按钮，在工作视图上单击并移动鼠标即可绘制第一个圆形，然后移动鼠标形成第二个圆形，最后在适当位置单击，即可完成同心圆形的绘制。

2）“螺旋线”工具用来绘制螺旋形的线条，用它画出的螺旋线可以用来生成三维物体。绘制方法：单击“创建”→“图形”→“螺旋线”按钮，然后在工作视图中按住鼠标左键拖动，绘制出一个圆形，再向上移动并在适当位置单击确定高度，最后移动鼠标，在结束位置单击，确定第二个圆形的半径，即可绘制出一条螺旋线。

二、简单三维物体的创建

在 3ds Max 中创建基本三维物体可以利用“创建”面板中的“几何体”按钮，打开“标准基本体”创建面板，其中包括 11 种三维物体造型工具，如图 2–1–5 所示。

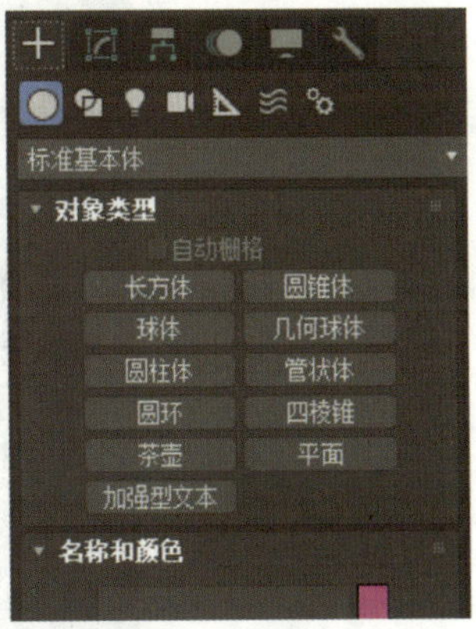

项目一中介绍了“圆柱体”“管状体”“长方体”“圆锥体”的创建方法。下面主要介绍“球体”“几何球体”“圆环”“四棱锥”“茶壶”“平面”的创建方法。

图 2–1–5　“标准基本体”创建面板

1. 球体

创建球体的操作步骤如下。

1）单击“标准基本体”创建面板中的“球体”按钮，打开“球体”面板。

2）在顶视图中按住鼠标左键，拖动鼠标到适当的位置后松开鼠标，视图中生成一个球体。

3）选中“轴心在底部”复选框，可将小球轴心点移至底端，如图 2–1–6 所示。选中“启用切片”复选框，并设置“切片结束位置”为 90，如图 2–1–7 所示，则切片启用后的效果如图 2–1–8 所示。

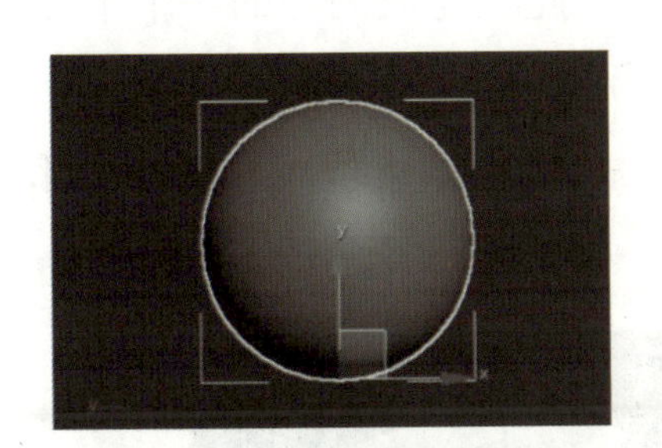

图 2–1–6　轴心点移至底端

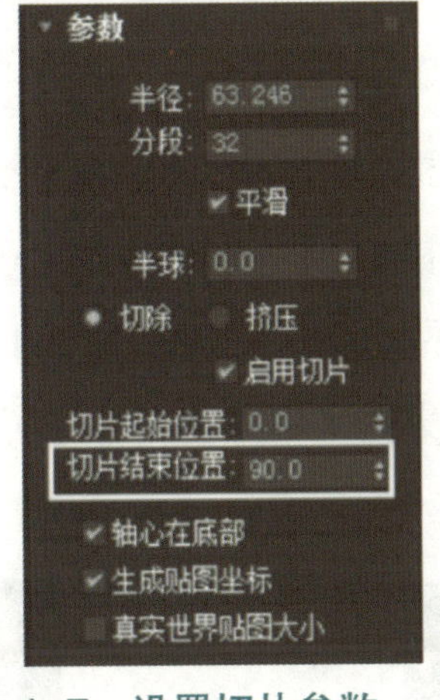

图 2–1–7　设置切片参数

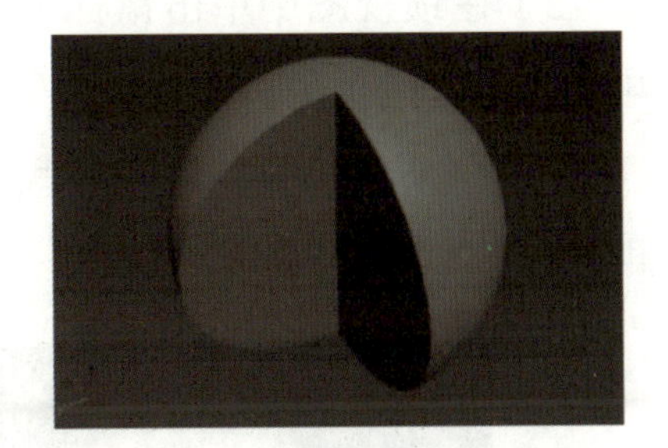

图 2–1–8　切片启用后的效果

2. 几何球体

创建几何球体的操作步骤如下。

1）单击“标准基本体”创建面板中的“几何球体”按钮，打开“几何球体”面板。

2）在顶视图中单击，拖动鼠标到适当位置后松开鼠标，一个三角形面圆球就形成了，如图 2–1–9 所示。

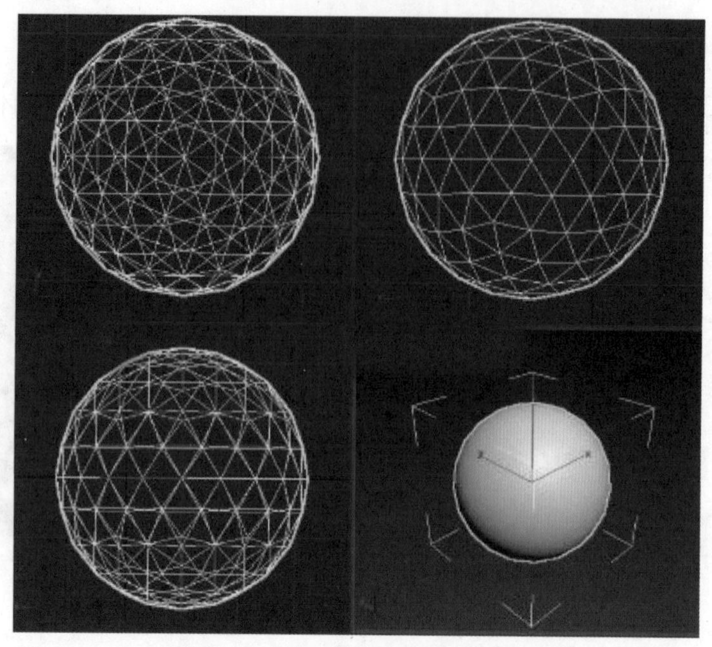

图 2-1-9 创建的几何球体

选中“平滑”复选框，可使球体平滑显示；选中“半球”复选框，可产生半球；选中“轴心在底部”复选框，可使球体轴心点移至底端。另外，“基本面类型”选项组下有“四面体”“八面体”和“二十面体”3 个选项，用来控制球体的显示状态。

3. 圆环

创建圆环的操作步骤如下。

1）单击“标准基本体”创建面板中的“圆环”按钮，打开“圆环”面板。

2）在顶视图中单击鼠标，拖动鼠标到适当位置后松开鼠标，此时完成圆环的一个半径，再次移动鼠标到另一位置单击，圆环就形成了，如图 2–1–10 所示。

选中“启用切片”复选框，并设置“切片起始位置”为 0，“切片结束位置”为 90，结果如图 2–1–11 所示。

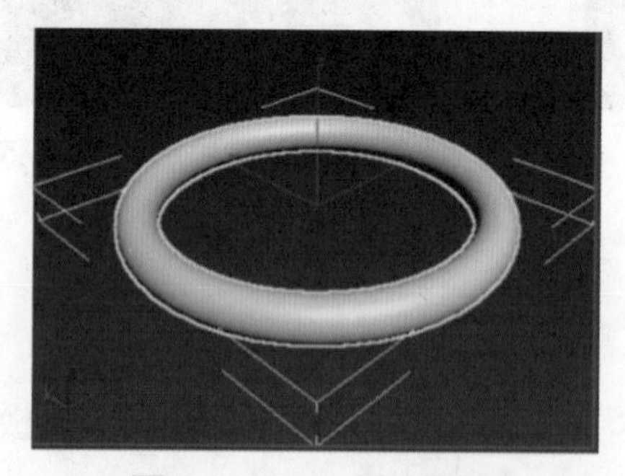

图 2–1–10 创建圆环

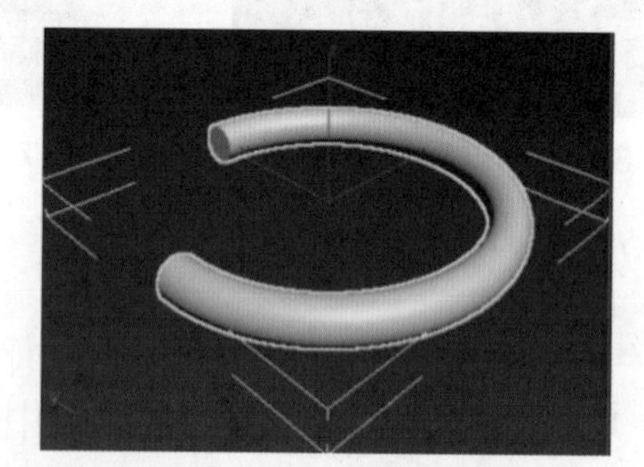

图 2–1–11 切片效果

4. 四棱锥

创建四棱锥的操作步骤如下。

1）单击“标准基本体”创建面板中的“四棱锥”按钮，打开“四棱锥”面板。

2）在顶视图中单击，拖动鼠标到适当位置后释放鼠标，产生四棱锥的底面，向上拖动鼠标形成四棱锥的高度，这样四棱锥就形成了，如图 2–1–12 所示。

图 2–1–12　创建四棱锥

5. 茶壶

创建茶壶的操作步骤如下。

1）单击“标准基本体”创建面板中的“茶壶”按钮，打开“茶壶”面板。

2）在顶视图中单击鼠标，并拖动鼠标到适当位置后松开鼠标，茶壶就形成了，如图 2–1–13 所示。

如果在“参数”命令面板中取消选中“壶体”复选框，结果如图 2–1–14 所示。

图 2–1–13　创建茶壶

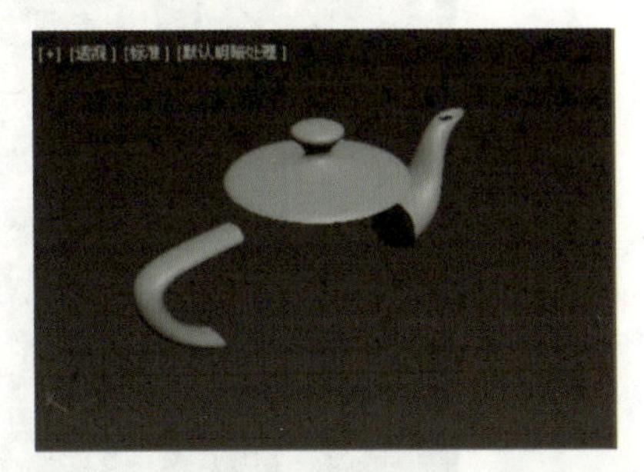

图 2–1–14　取消选中“壶体”复选框的效果

6. 平面

创建平面的操作步骤如下。

1）单击“标准基本体”创建面板中的“平面”按钮，打开“平面”面板。

2）在顶视图中单击，拖动鼠标到适当位置后释放鼠标，平面就形成了，如图 2–1–15 所示。这种图形常用于制作地面。

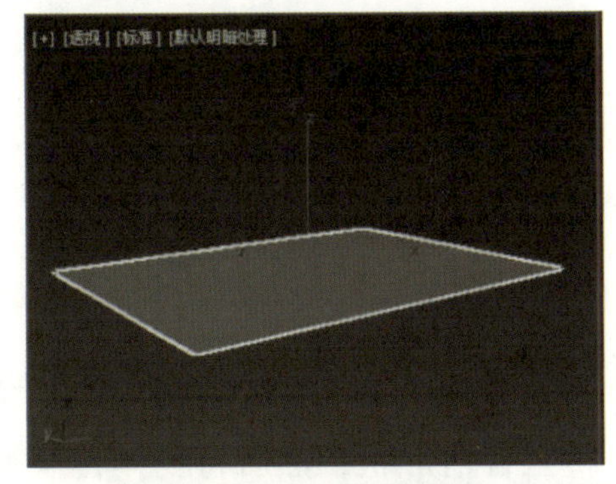

图 2–1–15　创建平面

本任务使用 3ds Max 进行会展中心场景的创建，具体可观看相应的教学视频“任务一　会展中心场景的搭建”。

会展中心场景的搭建

一、自主学习

1. 简述三维几何体和二维图形的区别。

2. 简述三维场景制作的前期准备。

3. 如何对三维场景进行合理的创建及设置？

二、实践探索

步骤 1： 打开 3ds Max 软件，在“创建”面板中单击“长方体”按钮，创建长方体并将长方体转换为“可编辑多边形”，在顶视图修改顶点位置，调整至合适位置，如图 2-1-16 所示。

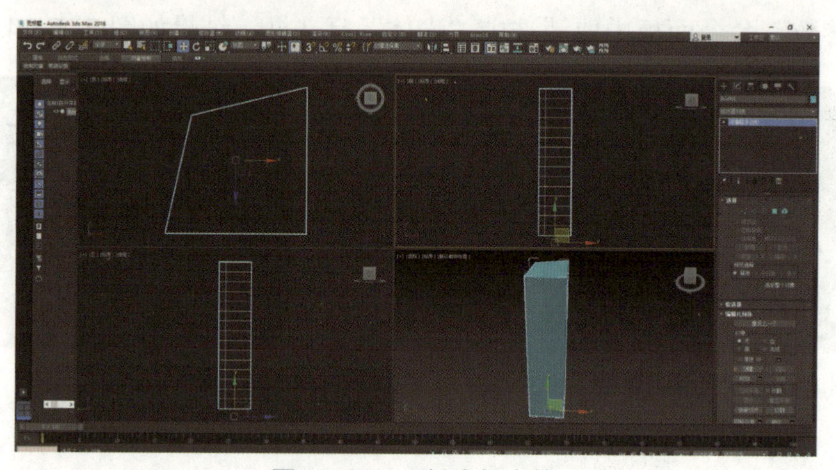

图 2-1-16　创建长方体

思考： 如何将长方体转换为“可编辑多边形”？

步骤 2： 在“修改器列表”→“FFD 2 × 2 × 2”→“FFD 3 × 3 × 3”面板中，将长方体调整至合适形状，然后将物体转换为“可编辑多边形”，如图 2-1-17 所示。

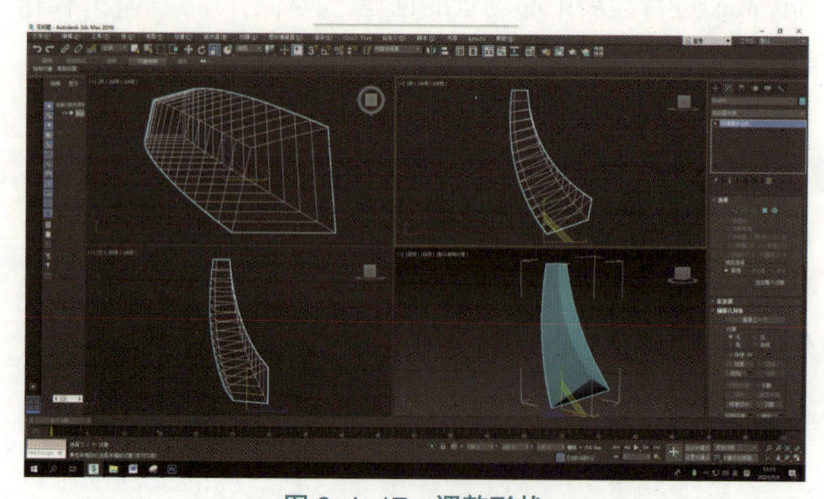

图 2-1-17　调整形状

思考：请展示调整后的长方体。

步骤 3：在“层次”→“仅影响轴”面板中，将轴心点移动至中心点位置，如图 2–1–18 所示。

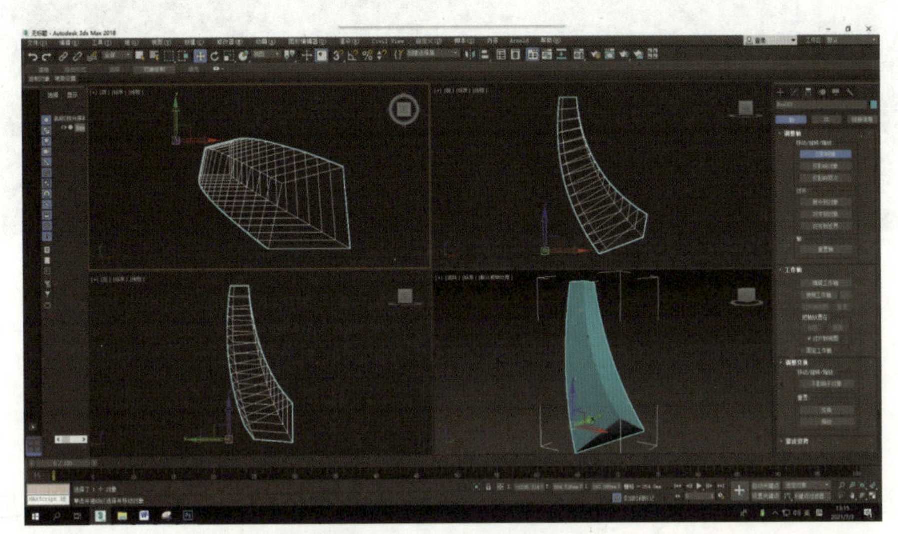

图 2–1–18 移动轴心点

思考：请展示移动轴心点后的效果。

步骤 4：用“工具”→“阵列”命令进行如图 2–1–19 所示的设置，得到一个会展中心上部主体，如图 2–1–20 所示。

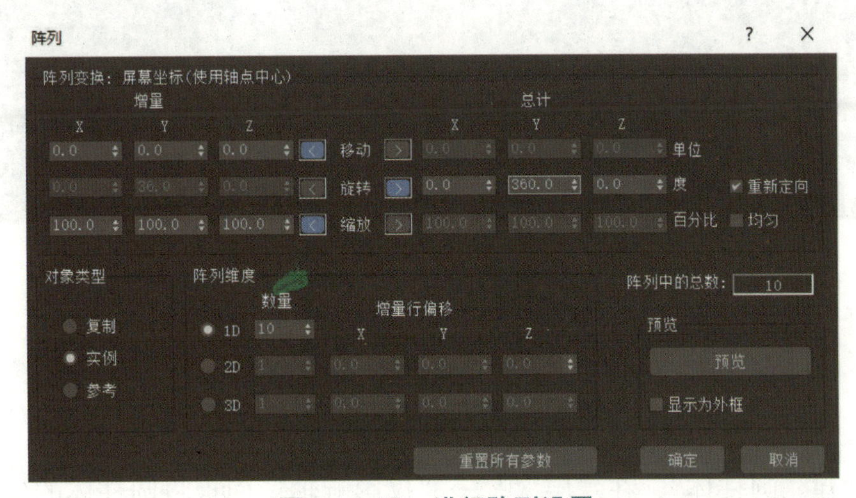

图 2–1–19 进行阵列设置

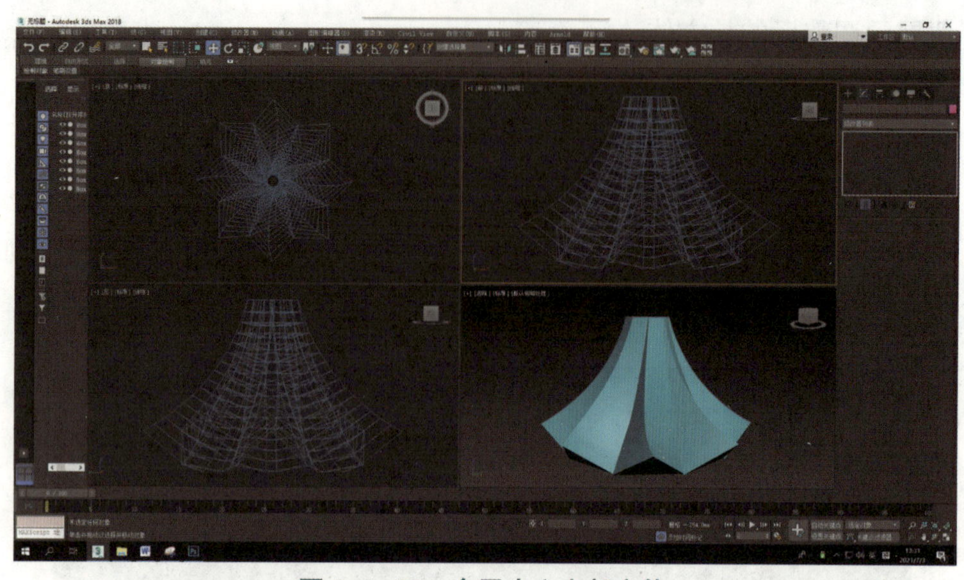

图 2-1-20　会展中心上部主体

思考：在 3ds Max 中如何打开“阵列”对话框？

步骤 5：选择“创建”→“圆柱体”→“编辑多边形”命令，使用“边”进行位置调整，选择“多边形”进行“挤出”，数值为 0，再进行均匀缩放，如图 2-1-21 所示。

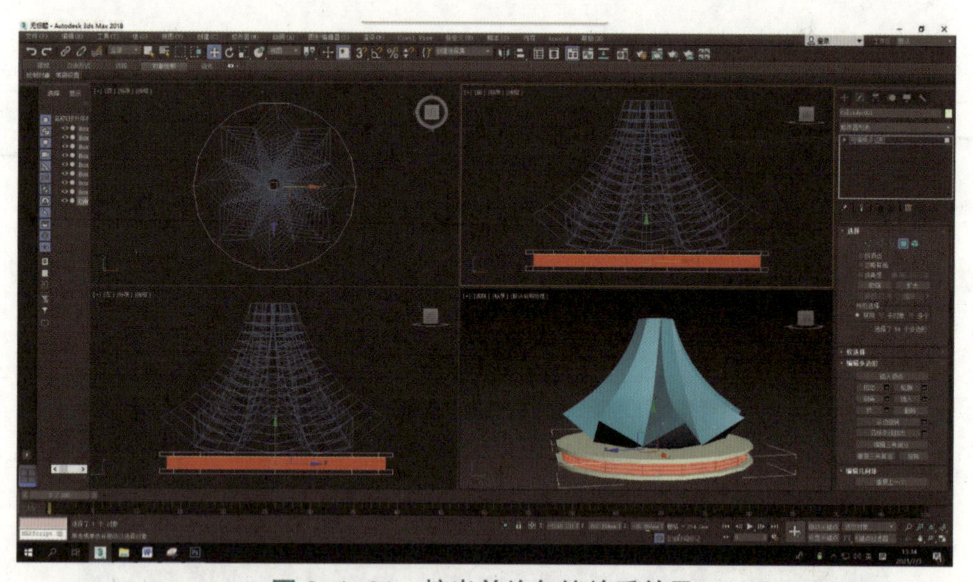

图 2-1-21　挤出并均匀缩放后效果

思考：为什么将挤出值设置为 0？

步骤 6：创建“圆柱体”，在“层次”→“仅影响轴”面板将圆柱体的坐标轴放置在主体形状中心，使用“工具”→“阵列”命令进行如图 2-1-22 所示的设置，得到重复的圆柱体如图 2-1-23 所示。

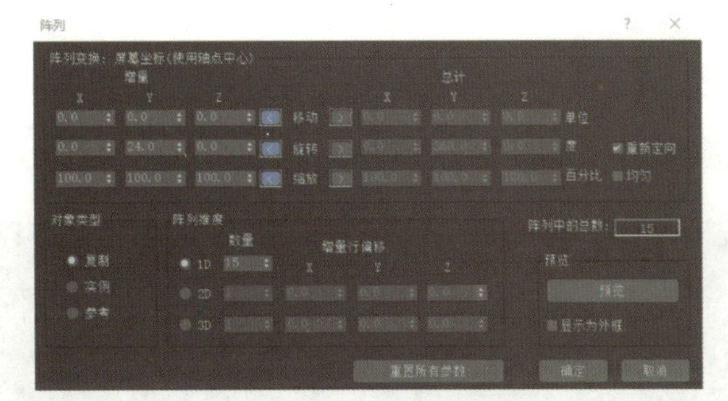

图 2-1-22　阵列设置

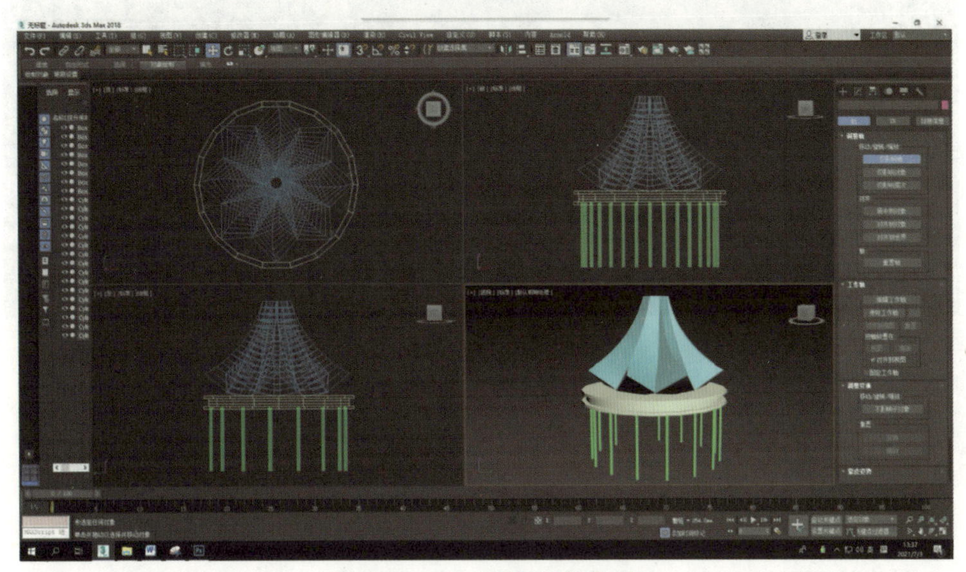

图 2-1-23　重复的圆柱体

思考：请展示得到的圆柱体。

步骤 7：创建圆柱体，使用“对齐”工具，将圆柱体对齐到中间位置，如图 2-1-24 所示。

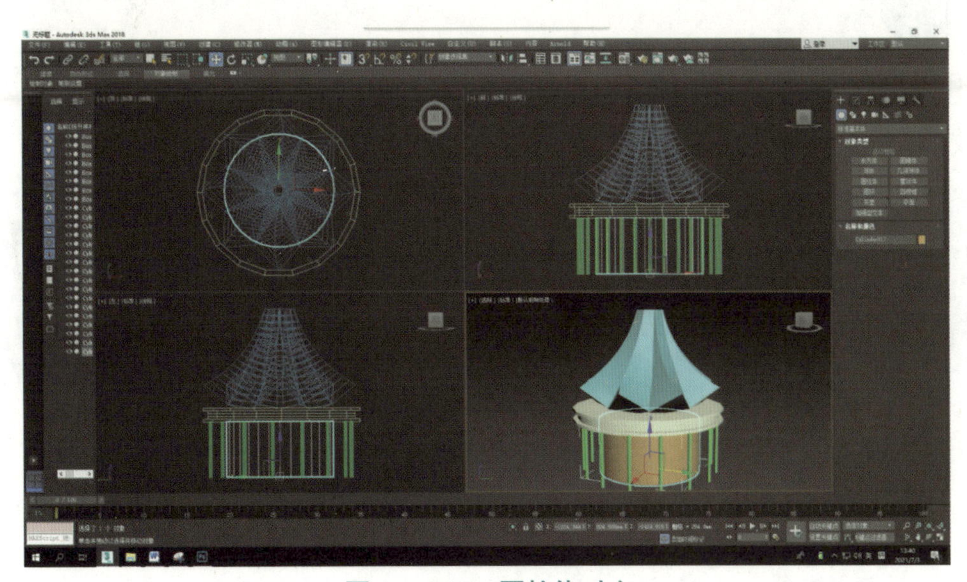

图 2-1-24　圆柱体对齐

“对齐”工具的位置是________________。

步骤 8： 创建长方体，将“高度分段”设置为 5，“修改器列表”中使用“FFD 3×3×3”，调整“控制点”得到相应形态，如图 2-1-25 所示。

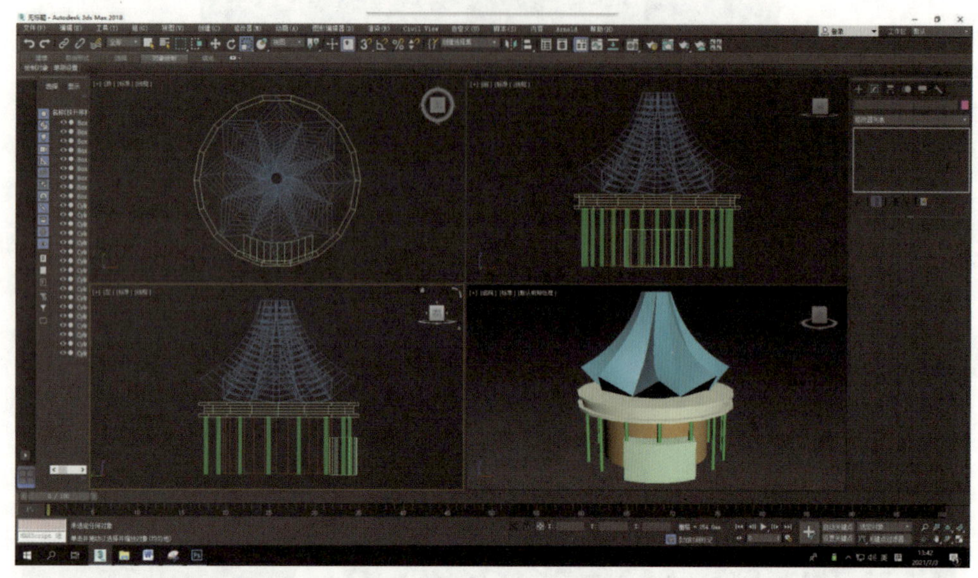

图 2-1-25　调整控制点

思考： 如何调整控制点？

步骤 9： 在建筑最下一层创建多个“圆柱体”和“长方体”，调整至合适位置，更改物体颜色。

思考： 如何调整圆柱体和长方体的颜色？

拓展训练

请运用制作会展中心场景的知识，根据图 2-1-26（a）所示素材，实现图 2-1-26（b）所示设计效果。

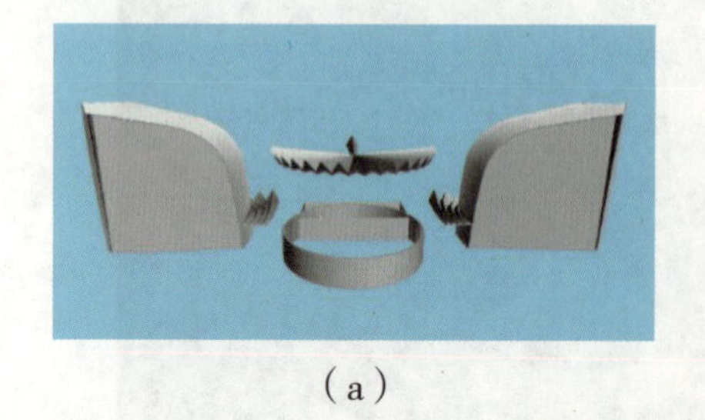

（a）

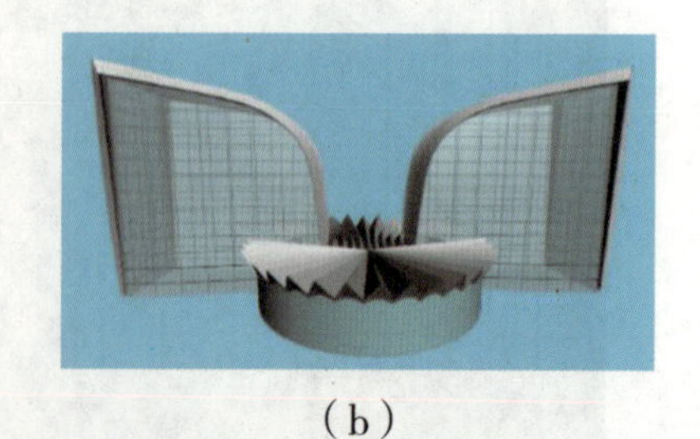

（b）

图 2-1-26　拓展训练素材和设计效果

（a）素材；（b）设计效果

提示：通过“几何体”→“图形”→“阵列”创建出模型相对应的几何形状，使用移动、旋转和缩放工具，使每一个物体组合成为建筑模型的形状。

学习总结

1. 请写出学习过程中的收获和遇到的问题。

2. 请对自己的作品进行评价并填写表 2-1-1。

表 2-1-1　项目过程考核评价表

<table>
<tr><td>班级</td><td></td><td>项目任务</td><td colspan="3"></td></tr>
<tr><td>姓名</td><td></td><td>教师</td><td colspan="3"></td></tr>
<tr><td>学期</td><td></td><td>评分日期</td><td colspan="3"></td></tr>
<tr><td colspan="3">评分内容（满分 100 分）</td><td>学生自评</td><td>组员互评</td><td>教师评价</td></tr>
<tr><td rowspan="4">专业技能（60 分）</td><td colspan="2">工作页完成进度（10 分）</td><td></td><td></td><td></td></tr>
<tr><td colspan="2">对理论知识的掌握程度（20 分）</td><td></td><td></td><td></td></tr>
<tr><td colspan="2">理论知识的应用能力（20 分）</td><td></td><td></td><td></td></tr>
<tr><td colspan="2">改进能力（10 分）</td><td></td><td></td><td></td></tr>
<tr><td rowspan="4">综合素养（40 分）</td><td colspan="2">按时打卡（10 分）</td><td></td><td></td><td></td></tr>
<tr><td colspan="2">信息获取的途径（10 分）</td><td></td><td></td><td></td></tr>
<tr><td colspan="2">按时完成学习及工作任务（10 分）</td><td></td><td></td><td></td></tr>
<tr><td colspan="2">团队合作精神（10 分）</td><td></td><td></td><td></td></tr>
<tr><td colspan="3">总分</td><td></td><td></td><td></td></tr>
<tr><td colspan="3">综合得分
（学生自评 10%；组员互评 10%；教师评价 80%）</td><td colspan="3"></td></tr>
<tr><td colspan="3">学生签名：</td><td colspan="3">教师签名：</td></tr>
</table>

任务二

地铁站场景的搭建

任务描述

会展中心已经建成，下面要完成能够到达会展中心的地铁站的建模。

提示：运用三维建模方式，通过学习UV绘制和粘贴的方法，创建出地铁站的整体建模。

请根据图 2-2-1（a）所示素材，实现图 2-2-1（b）所示设计效果。

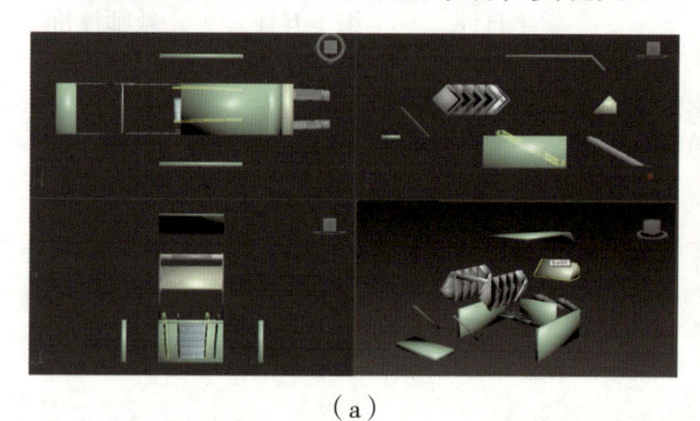

（a）

（b）

图 2-2-1　素材和设计效果
（a）素材；（b）设计效果

提示：使用三维建模的方式，通过“几何体”“二维图形”“修改器列表”，以及建筑物“贴图”和“材质”等，完成地铁站场景的建模。

知识目标

1. 能概括 3ds Max 中三维几何体创建的综合运用。
2. 能归纳出二维图形转换成三维物体的常用命令。
3. 了解 UV 材质。

能力目标

1. 掌握 3ds Max 几何体的创建及调整方法。

2. 掌握 UV 材质的绘制及粘贴。

职业素养

领会地铁站外观装饰运用了铜鼓纹样“云雷纹”来体现“鼓声今韵”的壮族文化。

学习指导

一、材质

所谓材质，就是指定物体的表面或数个面的特性，它决定这些平面在着色时以特定的方式出现，如颜色、光亮程度、自发光度及不透明度等。基础材质是指赋予对象光的特性而没有贴图的材质，其上色最快，内存占用少。当模型完成后，为了表现出物体各种不同的性质，需要给物体的表面或里面赋予不同的特性，这个过程称为给物体加上材质。它可使网格对象在着色时以真实的质感出现，表现出如石头、木板、布等的性质特征。

1. 材质设计流程

在创建新材质并将其应用于对象时，我们应该按照以下步骤进行设计。

1）单击工具栏上的“材质编辑器”图标，打开“材质编辑器”窗口，如图 2–2–2 所示。

2）激活一个空白示例窗，使其处于活动状态，输入要设计材质的名称，默认名称为“01–Default”。

3）单击“Standard”按钮，弹出“材质 / 贴图浏览器”对话框，选择材质类型，如图 2–2–3 所示。

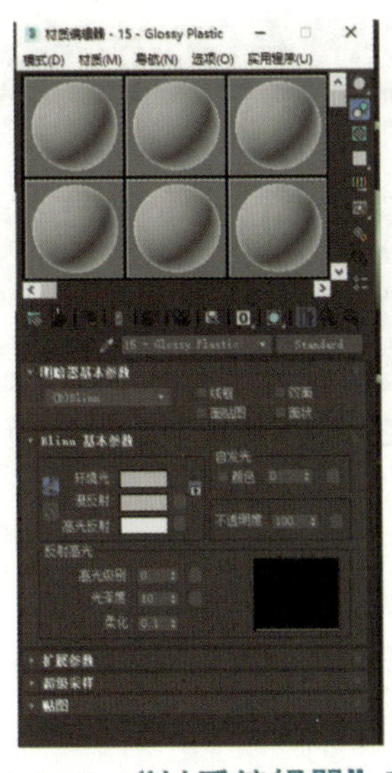

图 2–2–2　“材质编辑器”窗口

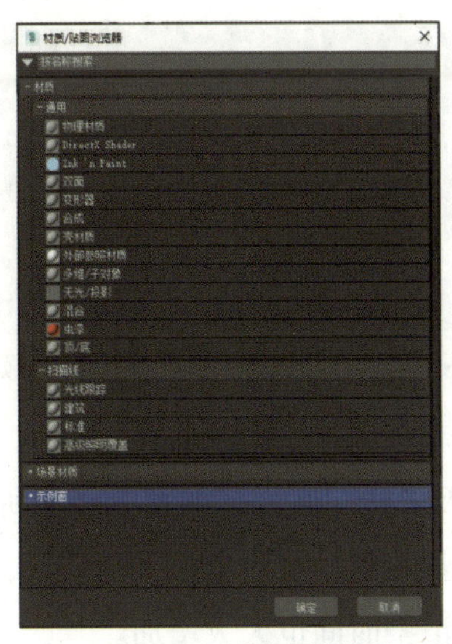

图 2–2–3　“材质 / 贴图浏览器”对话框

4）对于“标准”或“光线跟踪”材质，在“明暗器基本参数”面板中选择着色类型。

5）输入各种材质属性的设置条件：漫反射、颜色、高光级别、不透明度等。

6）打开“贴图”面板，将贴图指定给贴图通道，并调整其参数。

7）在视图中选中对象，将材质应用于对象。

8）如有需要，应调整 UV 贴图坐标，以便正确定位带有对象的贴图。

9）保存材质。

2. 标准材质的使用

（1）明暗器基本参数

在标准材质编辑情况下，3ds Max 材质编辑器的“明暗器基本参数”面板如图 2-2-4 所示。它一共提供 8 种着色模式。单击左侧的下拉列表框可以在 8 种着色方式中任选一种，如图 2-2-5 所示。

图 2-2-4 “明暗器基本参数”面板

图 2-2-5 8 种着色模式

（2）Blinn 基本参数

如图 2-2-6 所示，“Blinn 基本参数”面板包括颜色通道和强度通道两部分。其中，颜色通道有阴影色区、固有色区和高光色区。强度通道有自发光区、不透明区、高光曲线区。

（3）扩展参数

“扩展参数”是基本参数区的延伸，包括“高级透明”控制区、“线框”控制区和“反射暗淡”控制区 3 个部分，如图 2-2-7 所示。

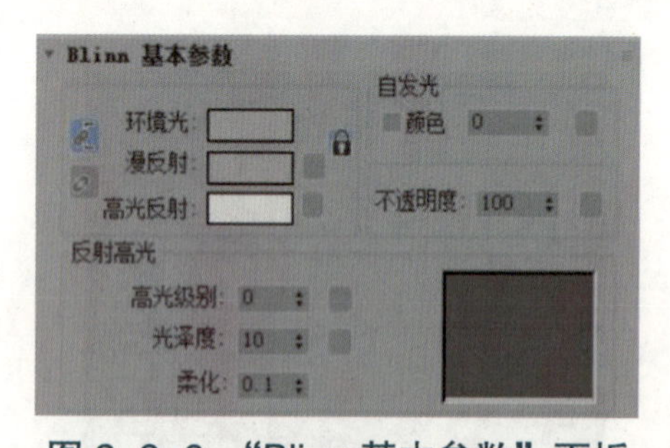

图 2-2-6 “Blinn 基本参数”面板

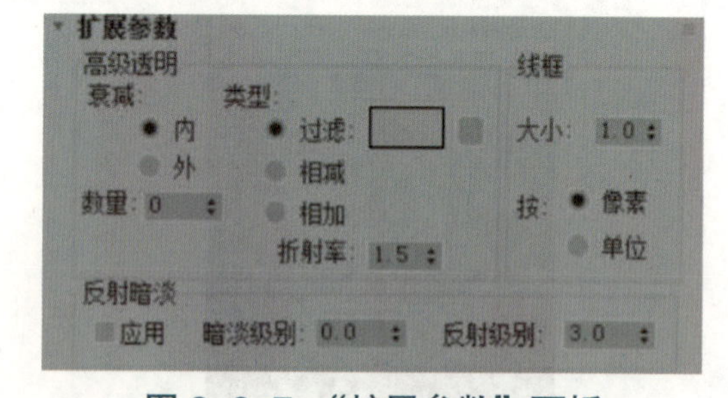

图 2-2-7 “扩展参数”面板

（4）超级采样

“超级采样”面板，如图 2-2-8 所示。针对使用凹凸感很强的贴图的对象，超级采样功能可以明显改善场景对象渲染的质量，并对材质表面进行抗锯齿计算，使反射的高光特别光滑，同时渲染时间也大大增加。

（5）贴图

贴图是材质制作的关键环节，3ds Max 在标准材质的贴图区提供了贴图方式，如图 2–2–9 所示。每一种方式都有它独特之处，能否塑造真实材质在很大程度上取决于贴图方式与形形色色的贴图类型结合运用成功与否。

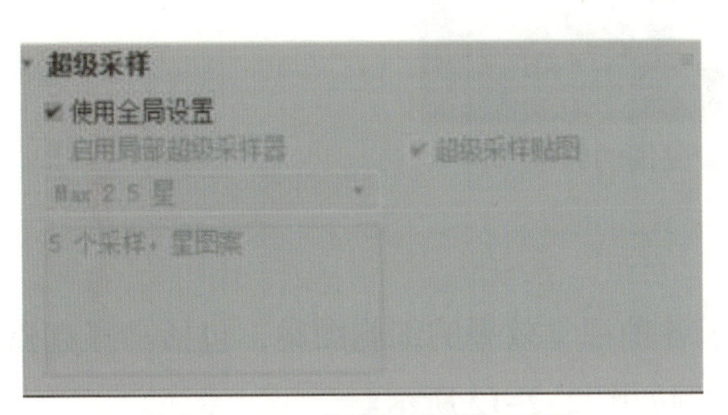

图 2–2–8 “超级采样”面板

贴图

	数量	贴图类型
环境光颜色	100	无贴图
漫反射颜色	100	无贴图
高光颜色	100	无贴图
高光级别	100	无贴图
光泽度	100	无贴图
自发光	100	无贴图
不透明度	100	无贴图
过滤色	100	无贴图
凹凸	30	无贴图
反射	100	无贴图
折射	100	无贴图
置换	100	无贴图

图 2–2–9 “贴图”面板

二、贴图

1. 位图贴图

位图是由彩色像素的固定矩阵生成的图像，是最常用的贴图类型。位图可以用来创建多种材质，从木纹和墙面到蒙皮和羽毛，也可以使用动画或视频文件替代位图来创建动画材质。位图贴图的效果示例如图 2–2–10 所示。

图 2–2–10 位图贴图的效果示例

2. 渐变贴图

渐变是从一种颜色到另一种颜色进行着色。为渐变指定两种或三种颜色，该软件将插补中间值。渐变贴图的效果示例如图 2–2–11 所示。

图 2-2-11　渐变贴图的效果示例

3. 细胞贴图

细胞贴图是一种程序贴图，可以生成用于各种视觉效果的细胞图案，包括马赛克瓷砖、鹅卵石表面甚至海洋表面。细胞贴图的效果示例如图 2-2-12 所示。

图 2-2-12　细胞贴图的效果示例

本任务使用 3ds Max 进行地铁站场景创建，具体可观看相应的教学视频“任务二　地铁站场景的搭建”。

地铁站场景的搭建

一、自主学习

1. 简述三维几何体和二维图形的区别。

2. 简述三维场景制作的前期准备。

3. 如何对三维场景进行合理的创建及设置？

二、实践探索

步骤 1：打开 3ds Max 软件，分别在顶视图和前视图创建“长方体”，使用“选择并旋转”将前视图长方体进行 45° 旋转，将旋转的长方体复制，进行“选择并缩放”，移动物体位置，如图 2-2-13 所示。

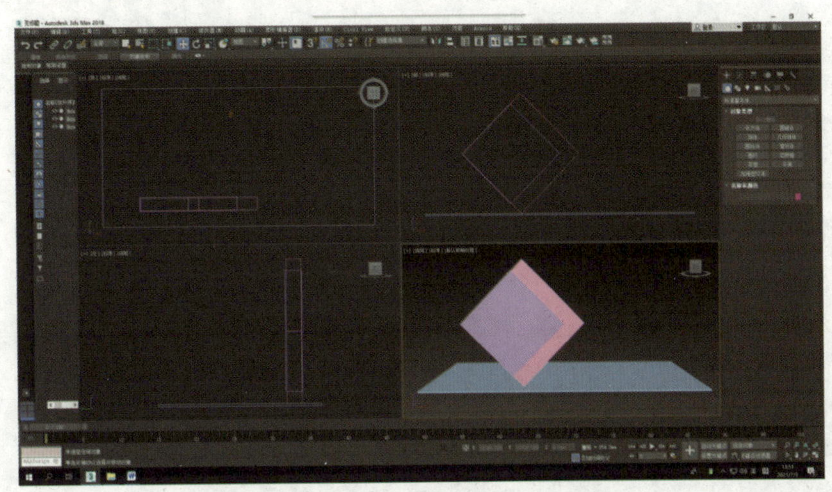

图 2-2-13　长方体的创建及设置

思考：如何进行长方体的复制和移动？

步骤 2：创建“长方体”，进行大小和位置的调整。将其中一个长方体进行“编辑多边形”→“边”→“连接”操作，使长方体中间多出一圈线，如图 2-2-14 所示，移动“顶点”，调整长方体形状，复制一个长方体，将物体调整至合适状态。

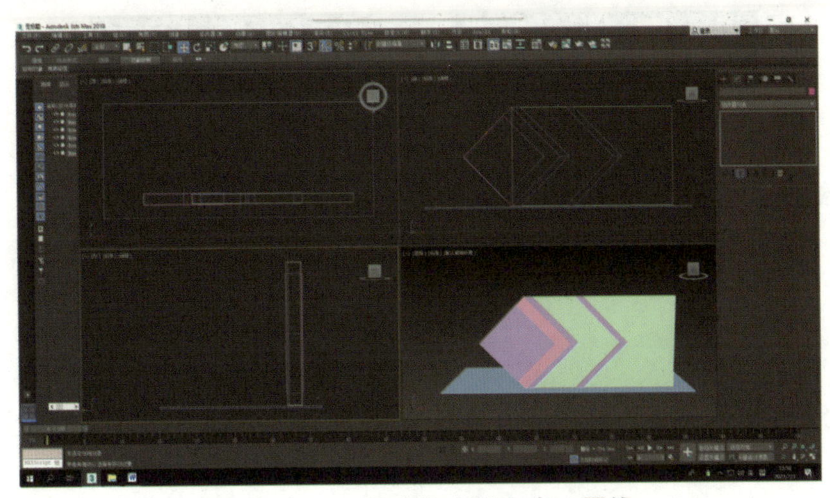

图 2-2-14　长方体中间多出一圈线

思考：如何对长方体进行边连接的操作？

步骤 3：再次创建“长方体”，使用“选择并旋转”，将长方体旋转 45°。将一边整体全部复制得到另一边，同时在顶视图中创建“长方体”，调整至合适位置，如图 2-2-15 所示。

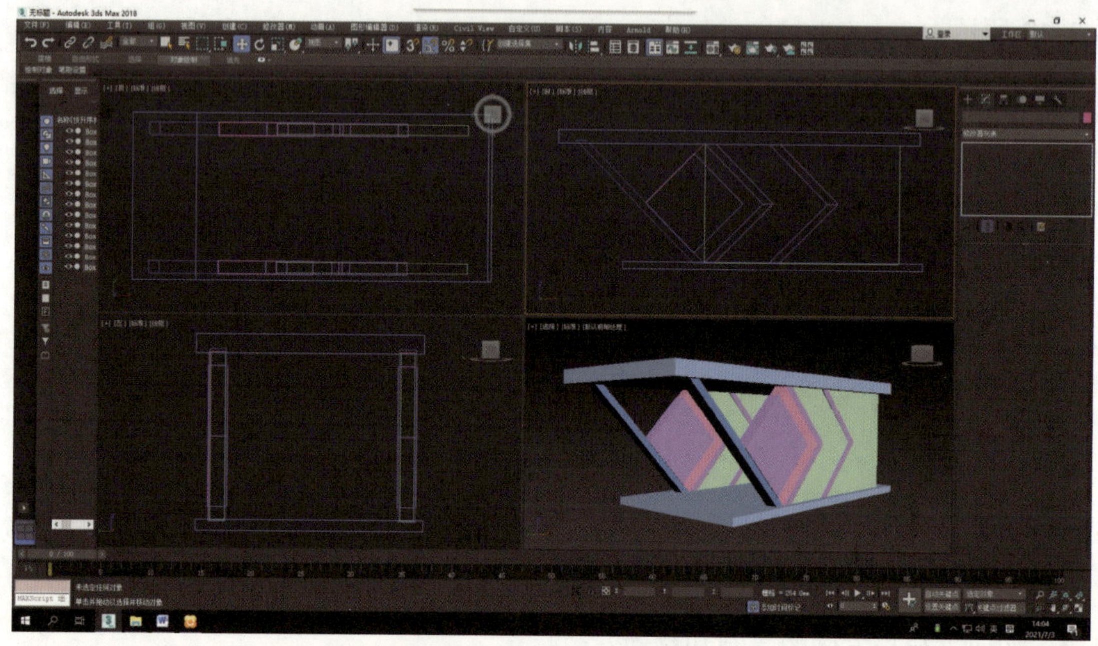

图 2-2-15 长方体设置

步骤 4：使用 Photoshop 绘制出地铁口各部分几何体的 UV 贴图，如图 2-2-16 所示。

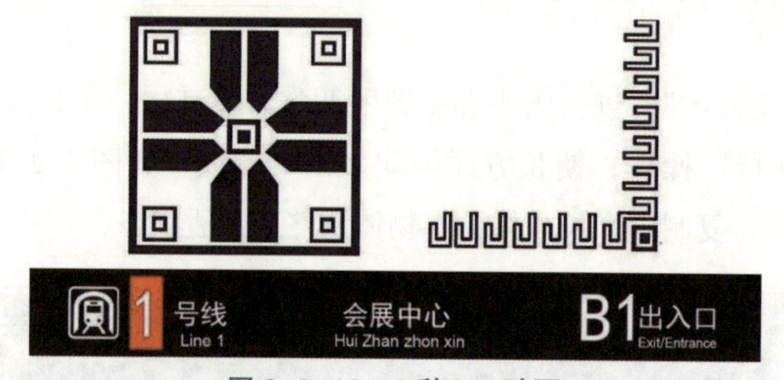

图 2-2-16 3 种 UV 贴图

思考：简述绘制 UV 贴图的过程。

步骤 5：将绘制出来的 UV 贴图，在相应的几何体上进行粘贴，调整位置和大小，如图 2-2-17 所示。

图 2-2-17　UV 贴图效果

思考：请展示完成的地铁场景效果。

拓展训练

为了让整个场景活灵活现，请在会展中心和地铁口周围创建出现代楼房，使整个场景看起来更加丰富。根据图 2-2-18（a）所示素材，实现图 2-2-18（b）所示的设计效果。

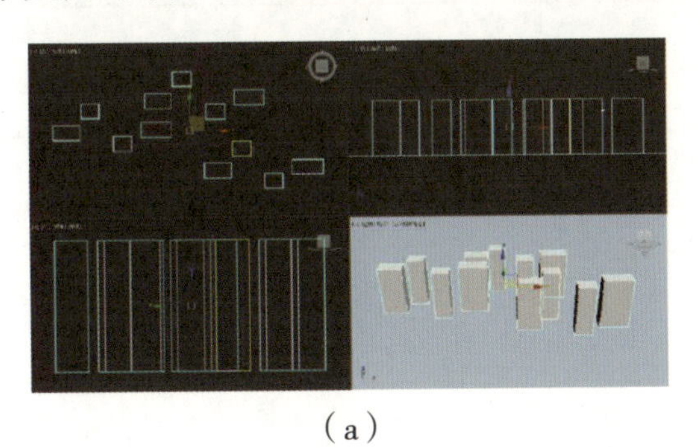

（a）

（b）

图 2-2-18　拓展训练素材和设计效果

（a）素材；（b）设计效果

提示：通过调整长方体的大小、位置，进行局部细节的修改，使用 Photoshop 进行 UV 贴图的绘制，并在 3ds Max 中进行材质粘贴。

学习总结

1. 请写出学习过程中的收获和遇到的问题。

2. 请对自己的作品进行评价并填写表 2-2-1。

表 2-2-1 项目过程考核评价表

班级		项目任务			
姓名		教师			
学期		评分日期			
评分内容（满分 100 分）			学生自评	组员互评	教师评价
专业技能（60 分）	工作页完成进度（10 分）				
	对理论知识的掌握程度（20 分）				
	理论知识的应用能力（20 分）				
	改进能力（10 分）				
综合素养（40 分）	按时打卡（10 分）				
	信息获取的途径（10 分）				
	按时完成学习及工作任务（10 分）				
	团队合作精神（10 分）				
总分					
综合得分（学生自评 10%；组员互评 10%；教师评价 80%）					
学生签名:			教师签名:		

任务三

绿色植物场景的搭建

任务描述

富有民族特色的“周边楼房建筑物”建模完成后，发现其四周缺少一些绿意，下面的设计任务就是“添加绿色植物”。

请根据图 2–3–1（a）所示素材，实现图 2–3–1（b）所示设计效果。

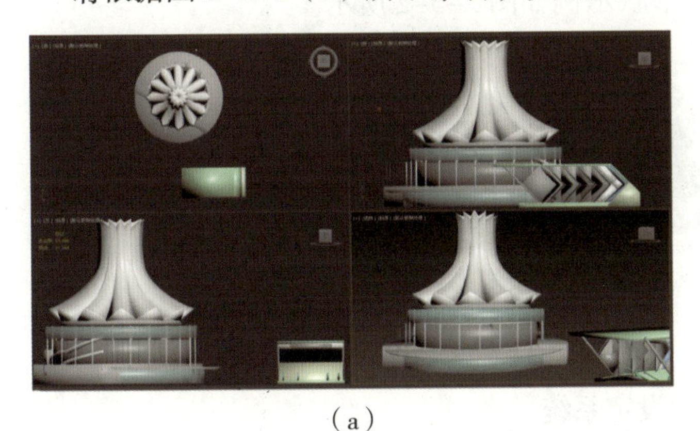

（a）

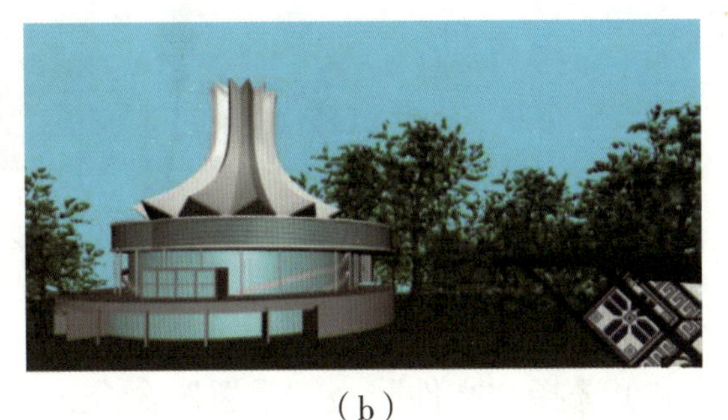

（b）

图 2–3–1 素材和设计效果

（a）素材；（b）设计效果

提示： 创建“几何体”，创建“二维图形”，利用“修改器列表”“贴图”和“材质”等面板，以及“AEC 扩展”“植物”命令来完成绿色植物的场景建模。

知识目标

1. 能概括出 AEC 扩展的基本原理。
2. 能归纳出制作植物的常用命令。

能力目标

1. 掌握 AEC 扩展的操作和方法。

2. 掌握绿色植物场景的搭建方法。

职业素养

领会铺种绿植营造绿色生态环境的意义。

学习指导

AEC 扩展对象专为在建筑、工程和构造领域的使用而设计。可以使用“植物”来创建各种植物，使用“栏杆”来创建栏杆和栅栏，使用“墙”来创建墙。下面主要介绍“植物”的创建。

利用“植物”可创建各种植物对象，如杨树、柳树等。3ds Max 用生成网格表示方法，快速、有效地创建各种漂亮的植物。植物的形状示例如图 2-3-2 所示。

图 2-3-2　植物的形状示例

创建植物的步骤如下。

1）选择“文件”→“重置”命令，重置设定系统。

2）单击“创建”→“几何体”图标，在“标准基本体”下拉列表中选择“AEC 扩展”进入“AEC 扩展”面板。“AEC 扩展”面板中列出了可以创建的各种扩展对象按钮，如图 2-3-3 所示。

3）单击“植物”按钮，打开“收藏的植物”面板，如图 2-3-4 所示。

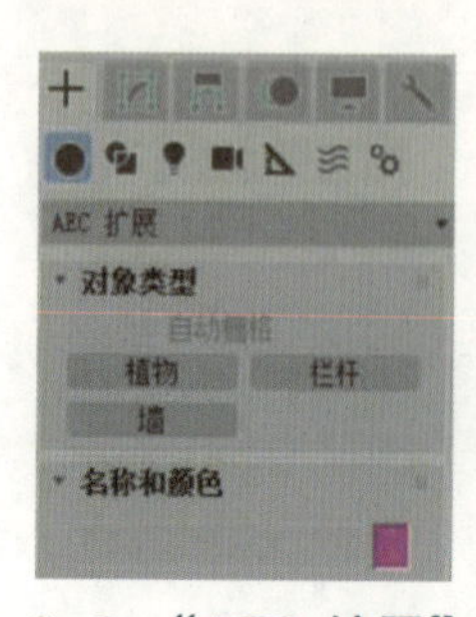

图 2-3-3　“AEC 扩展”面板

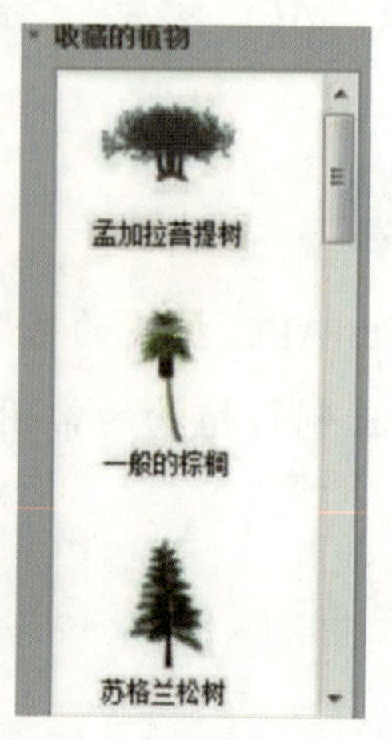

图 2-3-4　“收藏的植物”面板

4）选择需要创建的植物并将该植物拖动到视图中的某个位置。或者先单击植物，然后在视图中合适位置单击以放置植物。

本任务使用 3ds Max 进行绿色植物场景的搭建，具体可观看教学视频“任务三 绿色植物场景的搭建”。

绿色植物场景的搭建

一、自主学习

1. 简述 AEC 扩展的基本理论。

2. 简述 AEC“植物”命令的前期准备。

3. 如何对 AEC“植物”进行合理的设置？

二、实践探索

步骤 1：打开 3ds Max 软件，导入已创建好的场景模型，将会展中心和地铁口合并打开，如图 2-3-5 所示。

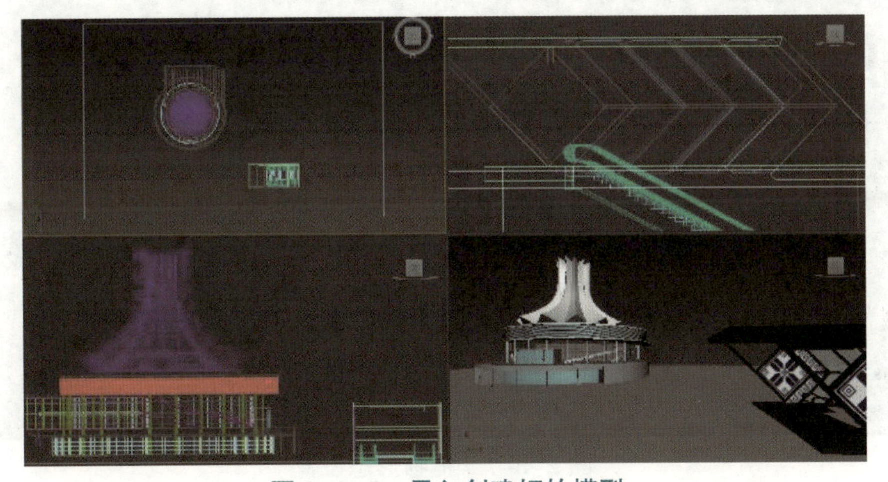
图 2-3-5　导入创建好的模型

思考：简述导入场景的步骤。

步骤 2：在顶视图中利用“AEC 扩展”→“植物”→“美洲榆”命令，创建美洲榆，如图 2-3-6 所示。

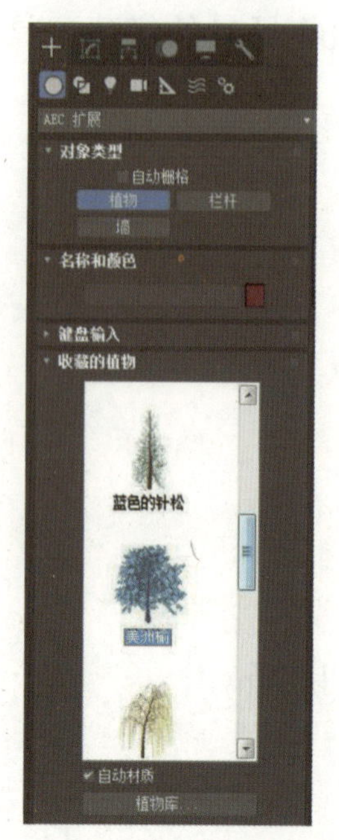

图 2-3-6　美洲榆创建步骤

思考：简述创建美洲榆的步骤。

步骤 3：对创建出来的植物进行“选择并缩放”→“选择并移动”操作，使植物呈现大小不一的形态，如图 2-3-7 所示。

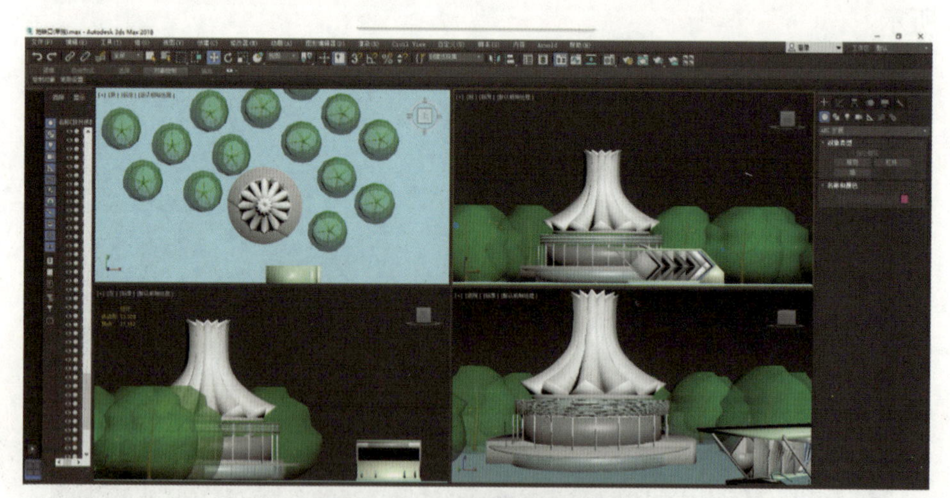

图 2-3-7　植物形态设置

思考：请展示植物创建并调整完成后的成果。

拓展训练

根据图 2-3-8（a）所示的素材，实现图 2-3-8（b）所示的设计效果。

（a）

（b）

图 2-3-8 拓展训练素材和设计效果

（a）素材；（b）设计效果

提示：为了使绿色植物显得更加有活力，可以在树下种植一些其他植物，展示南宁绿城生机勃勃的景象，同时创建出通往会展中心的石块道路，形成一个完整的整体。

技巧：导入已创建好的角色模型，在 3ds Max“创建”面板中，利用“AEC 扩展”→“植物”命令，进行“芳香蒜”“大含水茎叶”等其他植物的创建，并调整好物体的大小、位置，对整体场景进行修改。

学习总结

1. 请写出学习过程中的收获和遇到的问题。

2. 请对自己的作品进行评价并填写表 2-3-1。

表 2-3-1 项目过程考核评价表

<table>
<tr><td>班级</td><td></td><td>项目任务</td><td colspan="3"></td></tr>
<tr><td>姓名</td><td></td><td>教师</td><td colspan="3"></td></tr>
<tr><td>学期</td><td></td><td>评分日期</td><td colspan="3"></td></tr>
<tr><td colspan="3">评分内容（满分 100 分）</td><td>学生自评</td><td>组员互评</td><td>教师评价</td></tr>
<tr><td rowspan="4">专业技能（60 分）</td><td colspan="2">工作页完成进度（10 分）</td><td></td><td></td><td></td></tr>
<tr><td colspan="2">对理论知识的掌握程度（20 分）</td><td></td><td></td><td></td></tr>
<tr><td colspan="2">理论知识的应用能力（20 分）</td><td></td><td></td><td></td></tr>
<tr><td colspan="2">改进能力（10 分）</td><td></td><td></td><td></td></tr>
<tr><td rowspan="4">综合素养（40 分）</td><td colspan="2">按时打卡（10 分）</td><td></td><td></td><td></td></tr>
<tr><td colspan="2">信息获取的途径（10 分）</td><td></td><td></td><td></td></tr>
<tr><td colspan="2">按时完成学习及工作任务（10 分）</td><td></td><td></td><td></td></tr>
<tr><td colspan="2">团队合作精神（10 分）</td><td></td><td></td><td></td></tr>
<tr><td colspan="3">总分</td><td></td><td></td><td></td></tr>
<tr><td colspan="3">综合得分
（学生自评 10%；组员互评 10%；教师评价 80%）</td><td colspan="3"></td></tr>
<tr><td colspan="3">学生签名：</td><td colspan="3">教师签名：</td></tr>
</table>

任务四

室外灯光的设置

任务描述

建筑场景搭建初具规模，可是室外缺少了灵动的灯光照应，所以下面的工作任务是进行室外灯光的设置。

请根据图 2-4-1（a）所示素材，实现图 2-4-1（b）所示设计效果。

（a）

（b）

图 2-4-1 素材和设计效果

（a）素材；（b）设计效果

提示：使用“贴图”和“材质”命令，以及“灯光”命令，完成室外灯光设置。

知识目标

1. 了解灯光设置的基本原理。
2. 归纳出灯光创建的命令。
3. 了解光源数值设置的基础理论。

能力目标

1. 掌握灯光的创建方法和命令。
2. 掌握调节灯光的各项数值、基本参数。

职业素养

领会场馆铺设室外灯光营造多彩都市夜景的意义。

学习指导

在 3ds Max 中，灯光可以直接影响场景对象的光泽度、色彩度和饱和度，并且对场景对象的材质也产生巨大的烘托效果。利用灯光可以模拟日光灯、舞台灯、太阳光等，下面将介绍常用灯光及其使用方法。

一、常用灯光

在现实世界中光源是多方面的，如阳光、烛光、荧光灯等，不同光源的影响下所观察到的事物效果也会不同。三维场景中，灯光是必不可少的，它不仅仅是将物体照亮，还决定场景的基调或感觉，烘托场景气氛，向观众传达更多的信息。3ds Max 提供两种类型的灯光：“标准”灯光和“光度学”灯光。这两种灯光中以“标准”灯光最为常用。

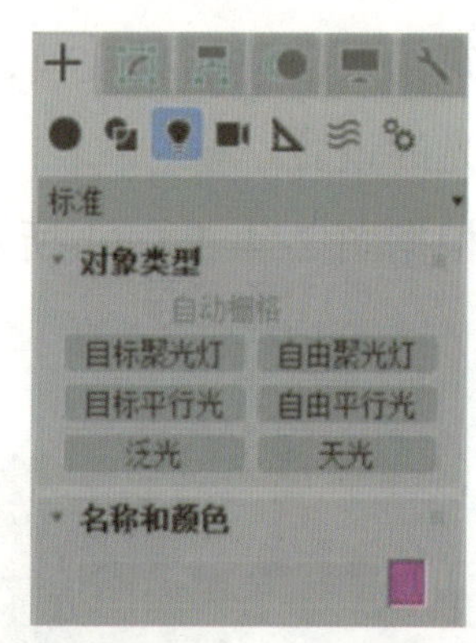

图 2-4-2 “标准”灯光的“创建”面板

“标准”灯光的“创建”面板如图 2-4-2 所示。单击“创建”面板上的“灯光”图标即可创建。

二、灯光的阴影效果

为场景中的对象添加灯光后，可以照亮对象、烘托材质。但是，如果作品中没有阴影，画面就显得不真实。下面学习如何为场景添加灯光并添加阴影效果。创建步骤如下。

1）打开源文件，快速渲染摄像机视图，观察没有阴影时的效果，如图 2-4-3 所示。

2）进入“创建”面板，单击“灯光”图标，进入“标准”灯光“创建”面板，单击“泛光”按钮，然后在前视图中椅子上方单击，即可创建“泛光”，如图 2-4-4 所示。

图 2-4-3 无阴影效果

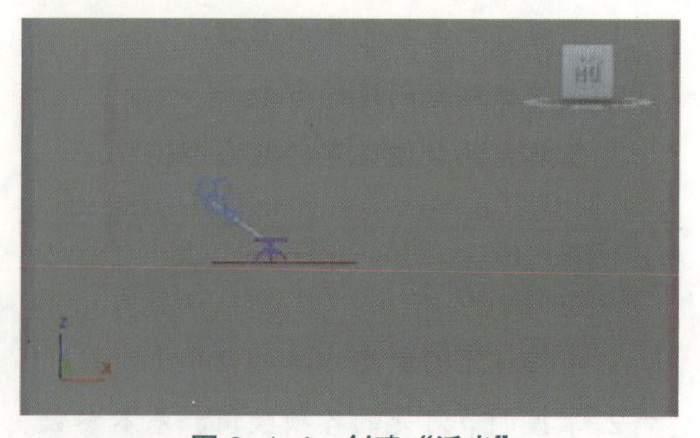

图 2-4-4 创建“泛光”

3）在主工具栏上单击“选择并移动”图标，在顶视图中调整“泛光”的位置，如图 2-4-5 所示。

4）快速渲染摄像机视图，观察添加“泛光”后的场景照明效果，如图 2-4-6 所示。

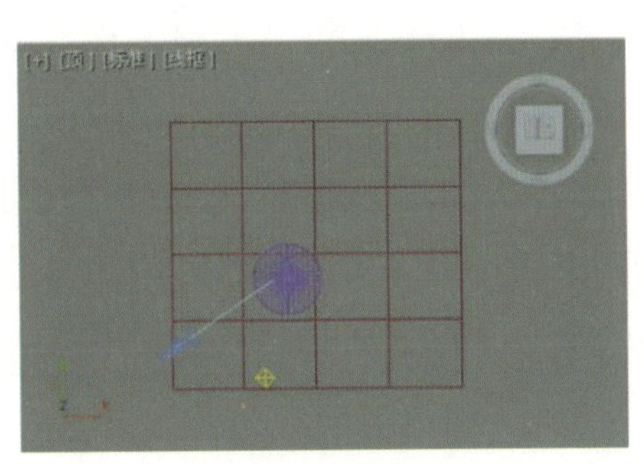
图 2-4-5　在顶视图中调整“泛光”的位置

图 2-4-6　添加“泛光”后的场景照明效果

5）选中“泛光”，进入“修改”面板。打开“常规参数”面板，选中“阴影”下的“启用”复选框，如图 2-4-7 所示。

6）快速渲染摄像机视图，观察添加阴影后的场景照明效果，如图 2-4-8 所示。可以看到，添加阴影后的画面相对真实。

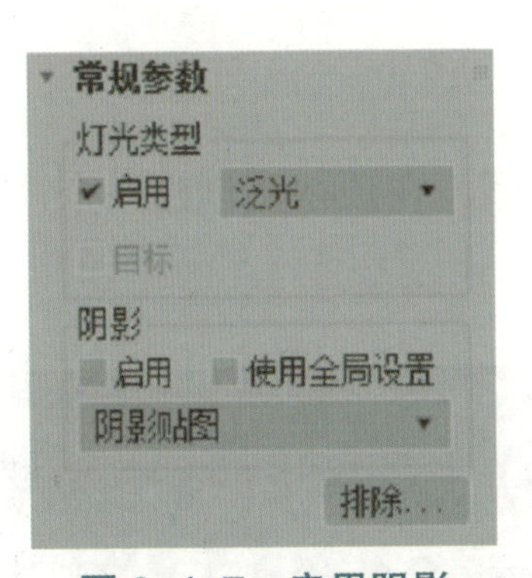

图 2-4-7　启用阴影

图 2-4-8　添加阴影后的场景效果

7）打开“阴影参数”面板，单击“颜色”后面的色样，在弹出的“颜色选择”对话框中将阴影颜色设置为“淡蓝色”，如图 2-4-9 所示。

8）快速渲染摄像机视图，观察减淡阴影颜色后的场景效果，如图 2-4-10 所示。可以看到，减淡阴影颜色后的场景画面更加真实。

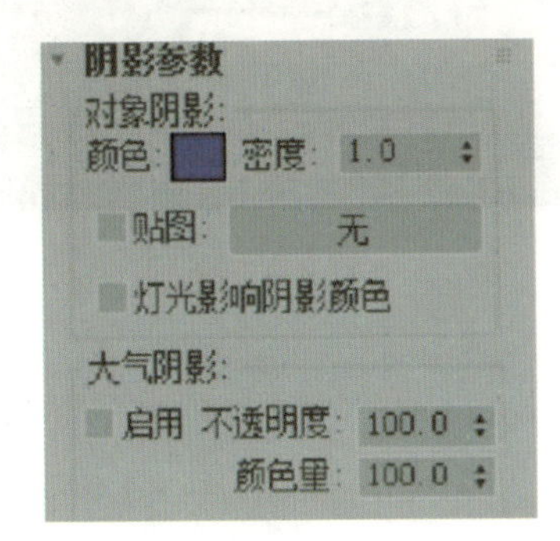

图 2-4-9　设置阴影的“颜色”

图 2-4-10　减淡阴影颜色后的场景效果

本任务使用 3ds Max 进行室外灯光的设置，具体可观看教学视频“任务四 室外灯光的设置”。

实训过程

一、自主学习

1. 简述灯光的基本概论。

2. 简述灯光设置命令的基本操作。

3. 如何对室外场景灯光进行合理的光数值设置，完成整体室外场景灯光的参数调整？

二、实践探索

步骤 1：打开 3ds Max 软件，导入已创建好的场景模型，在顶视图创建一个“球体”，将球体设置为 0.5 的半球，如图 2-4-11 所示。

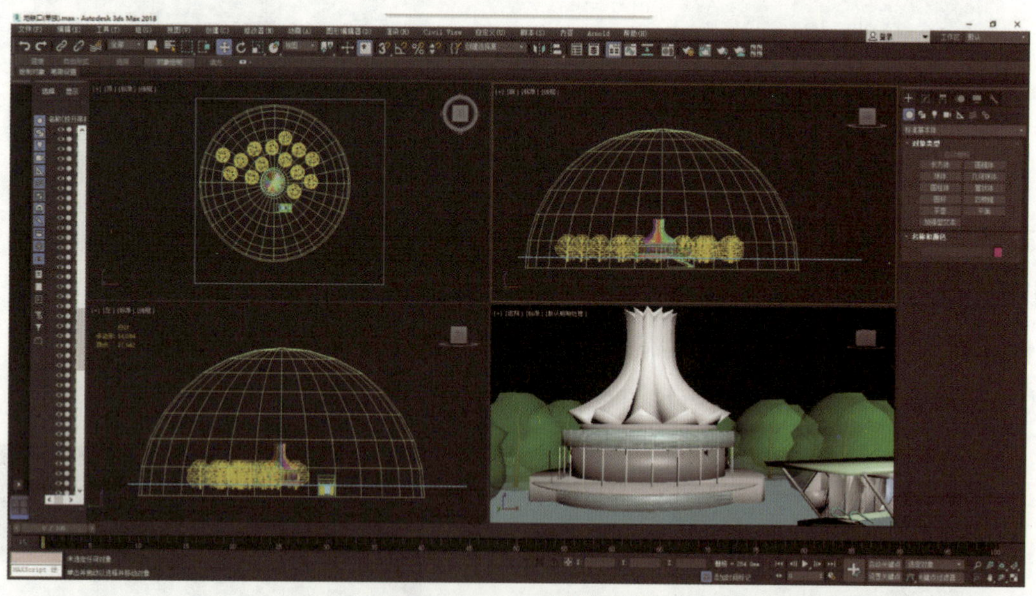

图 2-4-11　球体设计

思考：简述球体的创建步骤。

步骤 2：打开“材质编辑器”，使用材质球将天空贴图对球体进行设置及粘贴，如图 2-4-12 所示。

思考：简述材质球的操作步骤。

步骤 3：在“创建”面板中，使用“灯光”→“标准”→“目标聚光灯”命令创建聚光灯，如图 2-4-13 所示。

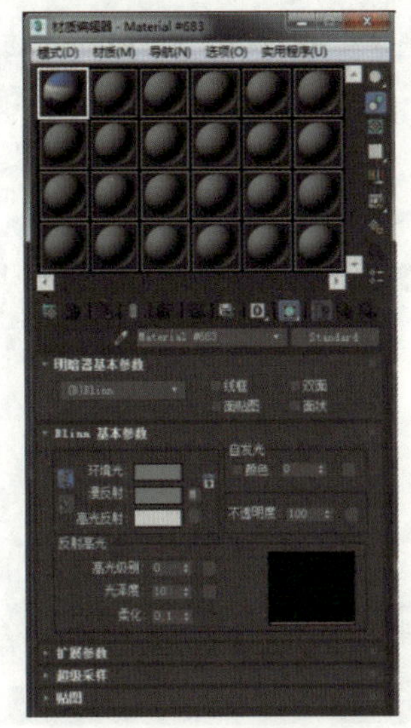

图 2-4-12 材质球使用

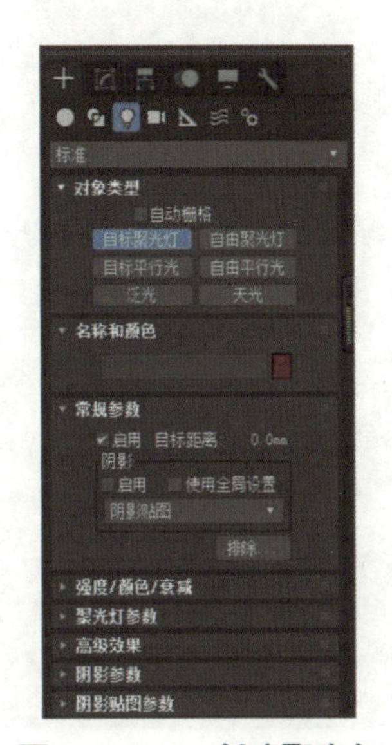

图 2-4-13 创建聚光灯

思考：简述创建聚光灯的步骤。

步骤 4：在前视图中，从左上角向右下角拖动创建出“目标聚光灯”，在“修改”中调整“倍增”“颜色”“聚光区 / 光束”的参数，效果如图 2-4-14 所示。

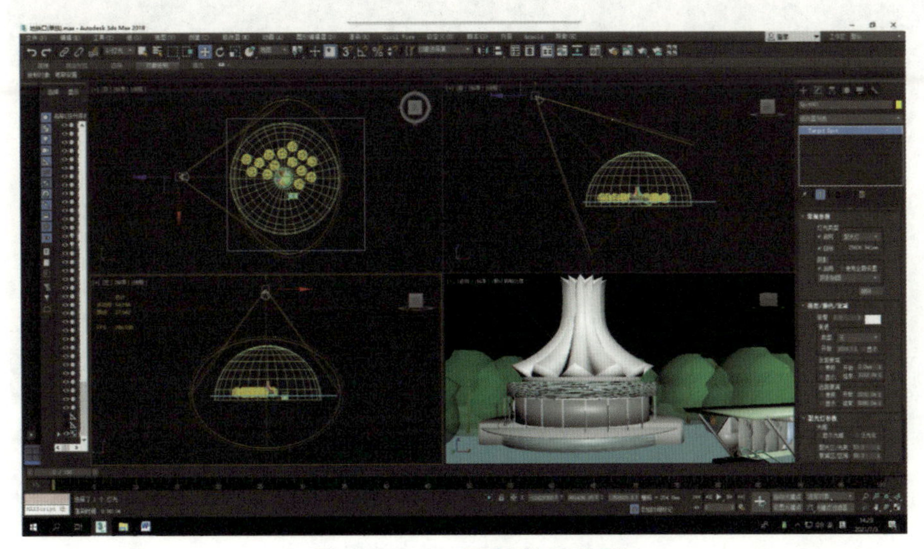

图 2-4-14 调整参数效果

思考：请展示修改参数后的面板。

步骤 5：调整已创建的“目标聚光灯”的位置，同时对“目标聚光灯”进行复制，如图 2-4-15 所示。

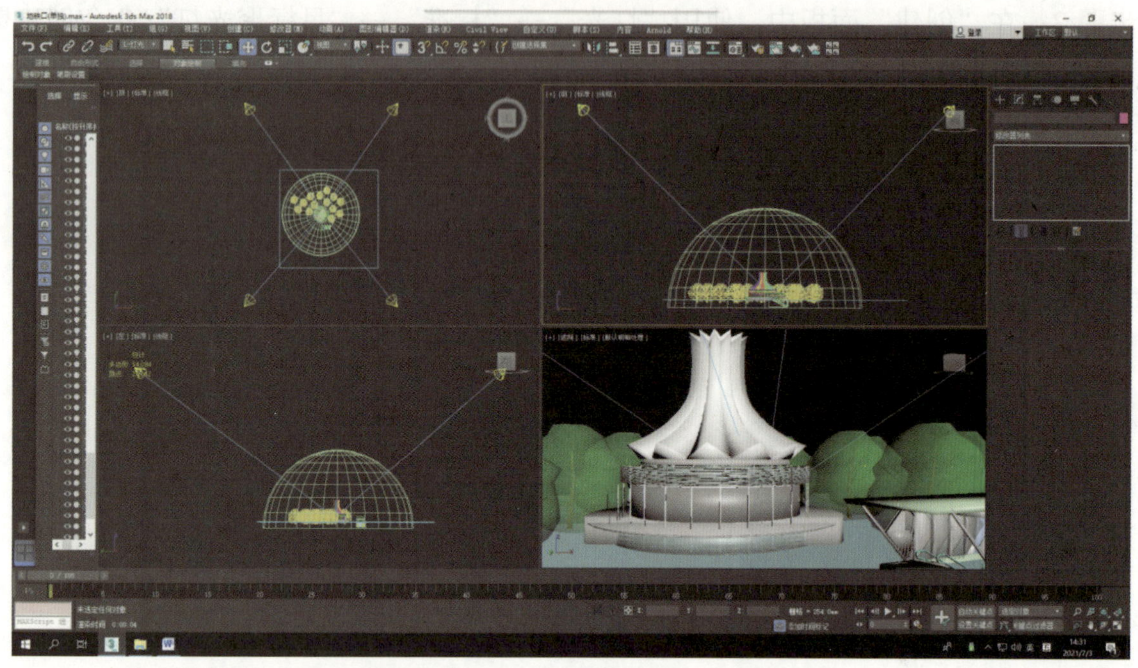

图 2-4-15 “目标聚光灯”效果

思考：请展示“目标聚光灯”的效果。

步骤 6：进行渲染，效果如图 2-4-16 所示。

图 2-4-16 渲染效果

步骤 7： 继续调整“目标聚光灯”参数至合适数，最终效果如图 2-4-17 所示。

图 2-4-17　最终效果

思考： 请展示最终效果。

拓展训练

会展中心在一天中的早、中、晚都呈现出不同的美丽风景，使用所学的方法，对场景进行“目标聚光灯”的创建和设置，制作出整个场景早上的效果。请根据图 2-4-18（a）所示素材，实现图 2-4-18（b）所示的设计效果。

（a）

（b）

图 2-4-18　拓展训练素材和设计效果

（a）素材；（b）设计效果

提示： 在 3ds Max“创建”面板中，利用“灯光”→“标准”→“目标聚光灯”命令创建“目标聚光灯”，调整“倍增”“颜色”“聚光区 / 光束”的参数，并复制出多个“目标聚光灯”，对场景进行布光。

学习总结

1. 请写出学习过程中的收获和遇到的问题。

2. 请对自己的作品进行评价并填写表 2-4-1。

表 2-4-1 项目过程考核评价表

<table>
<tr><td>班级</td><td colspan="2"></td><td>项目任务</td><td colspan="3"></td></tr>
<tr><td>姓名</td><td colspan="2"></td><td>教师</td><td colspan="3"></td></tr>
<tr><td>学期</td><td colspan="2"></td><td>评分日期</td><td colspan="3"></td></tr>
<tr><td colspan="4">评分内容（满分 100 分）</td><td>学生自评</td><td>组员互评</td><td>教师评价</td></tr>
<tr><td rowspan="4">专业技能
（60 分）</td><td colspan="3">工作页完成进度（10 分）</td><td></td><td></td><td></td></tr>
<tr><td colspan="3">对理论知识的掌握程度（20 分）</td><td></td><td></td><td></td></tr>
<tr><td colspan="3">理论知识的应用能力（20 分）</td><td></td><td></td><td></td></tr>
<tr><td colspan="3">改进能力（10 分）</td><td></td><td></td><td></td></tr>
<tr><td rowspan="4">综合素养
（40 分）</td><td colspan="3">按时打卡（10 分）</td><td></td><td></td><td></td></tr>
<tr><td colspan="3">信息获取的途径（10 分）</td><td></td><td></td><td></td></tr>
<tr><td colspan="3">按时完成学习及工作任务（10 分）</td><td></td><td></td><td></td></tr>
<tr><td colspan="3">团队合作精神（10 分）</td><td></td><td></td><td></td></tr>
<tr><td colspan="4">总分</td><td></td><td></td><td></td></tr>
<tr><td colspan="4">综合得分
（学生自评 10%；组员互评 10%；教师评价 80%）</td><td colspan="3"></td></tr>
<tr><td colspan="4">学生签名:</td><td colspan="3">教师签名:</td></tr>
</table>

项目三

角色制作——壮族女孩

任务一

角色头部的制作

任务描述

富有广西特色的场景建模已全部建成，今天将迎来一位参加东盟博览会的壮族女孩“宁宁”。下面进行宁宁头部的建模。

提示：设计中，需要用到原来掌握的“几何体”创建及“修改器列表”设置的知识，再利用“编辑多边形”命令进行线条和顶点的增加和移动，完成设计任务。

请根据图 3–1–1（a）所示素材，实现图 3–1–1（b）所示设计效果。

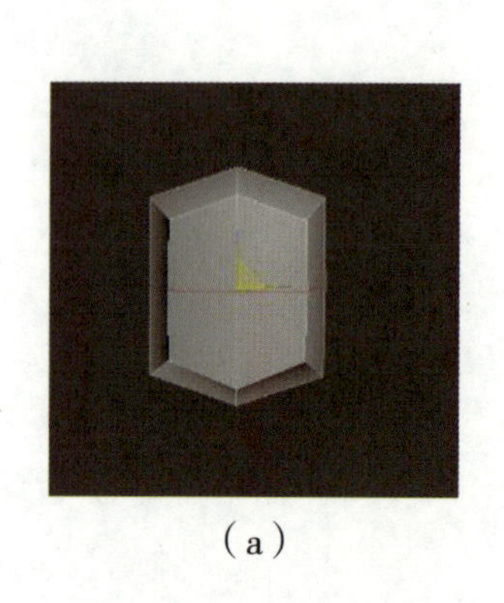

（a）

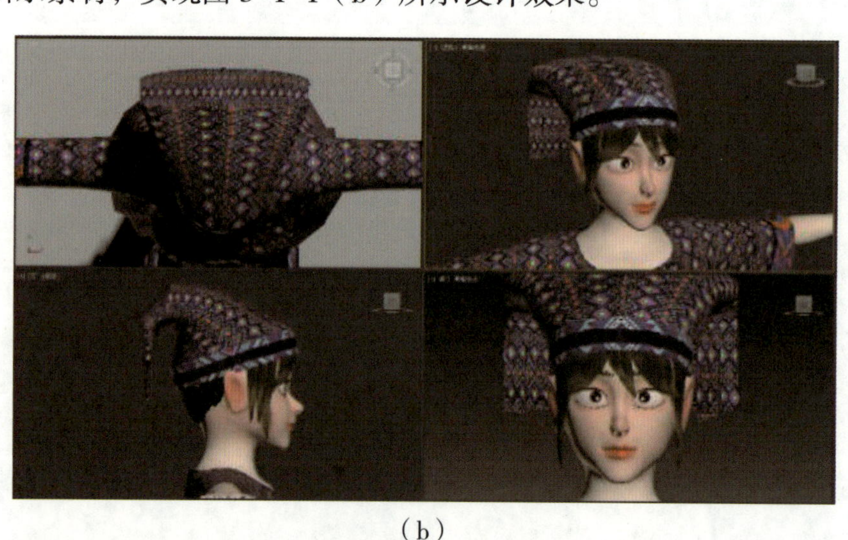

（b）

图 3–1–1　素材和设计效果

（a）素材；（b）设计效果

提示：本任务将头部建模分为：①基础头部段数划分；②头部细节编辑；③添加球体眼睛 3 个部分。灵活运用点和线的“移动”“旋转”“缩放”“增减”“网格平滑”“镜像”等命令，就能很好地制作出模型。

知识目标

1. 了解 3ds Max 中三维角色头部模型的制作流程。
2. 掌握制作头部模型的常用命令。
3. 了解头部基本造型的基础理论。

能力目标

1. 掌握头部模型的创建方法及调整方法。
2. 掌握女性头部造型的特点。

职业素养

了解符合女性头部特征的建模设计要求，培养认真细致的工作态度。

学习指导

一、人体的整体比例

现实生活中的人，身体高度比例大概为 7 ~ 7.5 个头身。艺术上则认为最佳的人体比例应该是 8 头身，而英雄的形象为 9 头身。一岁时的婴儿身体比例大概为 4 头身，身体的中心点在肚脐附近的位置。3 岁时身体比例大概为 5 头身，身体中心下移到了小腹上。长到 5 岁时，身体比例为 6 头身左右，身体中心下移到小腹下侧。而到了 10 岁以后身体中心几乎没有大的变化，身体比例从 7 头身长到了 8 头身。由上述内容可知，如果要制作一个小精灵或是 Q 版的人物，我们可以增加头部和上身、减少下身在身体上所占的比例，制作英雄或者模特一类的角色则相反。

从 1 岁到成年人体高度比例的变化如图 3-1-2 所示，其中的 3 条虚线分别为肩部、人体胯部中心点及膝部的位置变化。

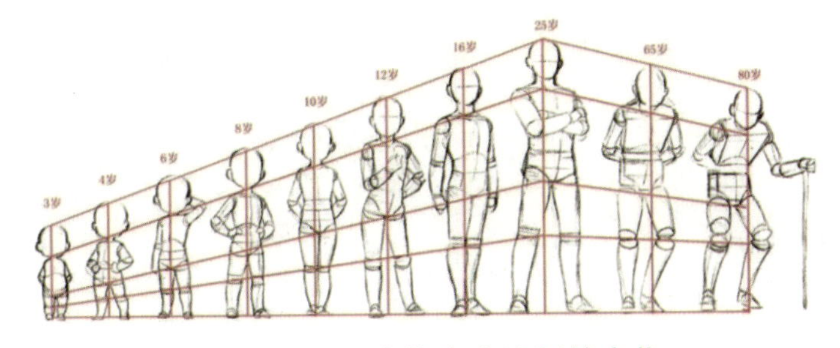

图 3-1-2　人体高度比例的变化

成年人的肩膀宽度大约为头部的两倍，制作魁梧的角色时可以适当地加宽肩膀，双手下垂时指尖的位置一般在大腿的两侧偏下，增加手臂的长度会使角色看起来像猴子，制作古怪的角色时可以使用这种办法。

二、人体的头部

人的头部是角色制作中的一个重要部分，是一个角色的主要特征，它可以传达角色的性格、性别、年龄等信息，而决定这些的主要因素是人的五官。人的五官特征、结构各有差异。绘画上把人的头部结构分为三庭五眼，就是说，从正面看人的头部，从发际线到眉弓，从眉弓到鼻头，从鼻头到下颌的 3 段距离是相等的，称为“三庭”；而两只耳朵之间的距离为 5 只眼睛的距离，称为“五眼”。成年人的眼睛大概在头部的 1/2 处，儿童和老人的眼睛略在头部的三分之一以下，两耳在眉弓与鼻头之间的平行线内。这些普通化的头部比例只能作为我们制作角色时的一个参考，在实际制作中可以根据实际情况灵活运用。角色的头部特征如图 3–1–3 所示。

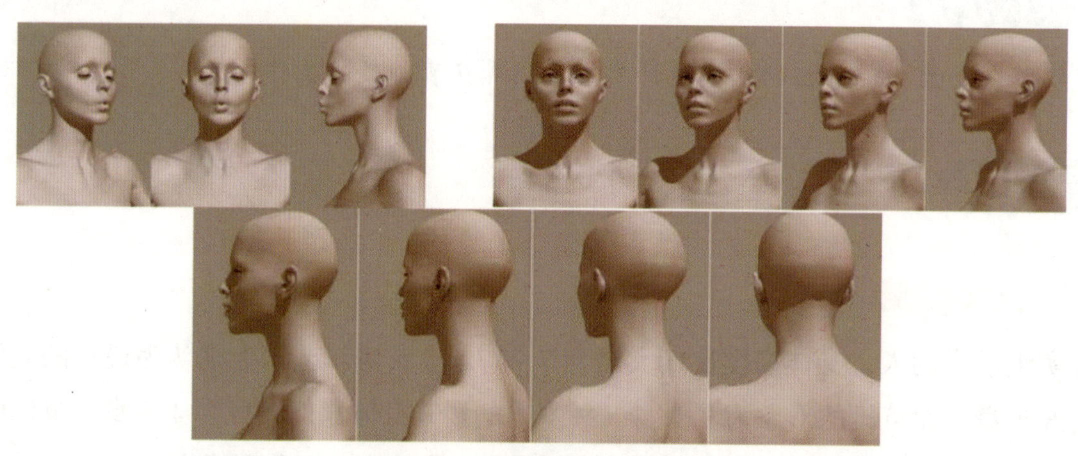

图 3–1–3　角色的头部特征

本任务使用 3ds Max 进行角色头部的制作，具体可观看教学视频“任务一　角色头部的制作”。

角色头部的制作

一、自主学习

1. 简述人物头部的组成部分。

2. 了解女性头部结构特点。

3. 思考创建头部模型将使用的命令，并简述如何完成制作。

二、实践探索

步骤 1： 打开 3ds Max 软件，在创建面板单击“几何体”→“长方体”按钮，在透视图中创建一个长方体，用于人物的头部模型制作，如图 3–1–4 所示。

图 3–1–4　创建长方体

思考： 说明所创建长方体的尺寸。

步骤 2： 调节长方体的形态并右击，在弹出的快捷菜单中选择“转换为”→“转换为可编辑多边形”命令，如图 3–1–5 所示；也可以在“修改”面板中直接增加“编辑多边形”命令。

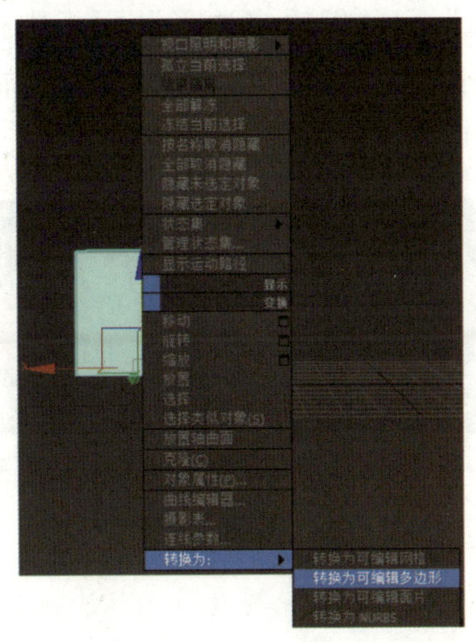

图 3–1–5　选择“转换为可编辑多边形”命令

思考： 简述调整长方体形态的过程。

步骤 3： 右击“编辑多边形”，进行“NURMS 切换”，如图 3-1-6 所示，再转换成“可编辑多边形”，如图 3-1-7 所示。

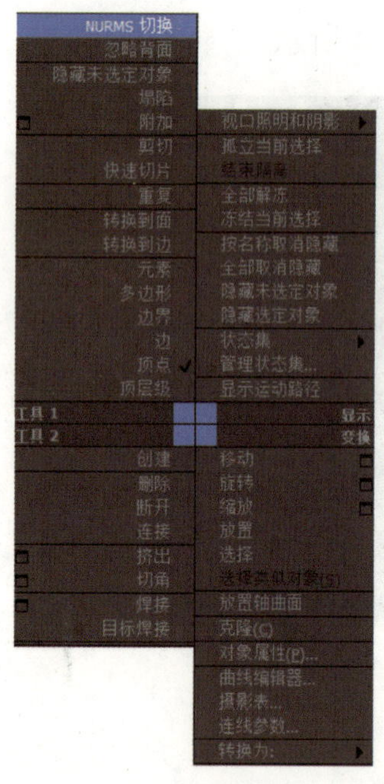

图 3-1-6 “NURMS 切换”快捷菜单

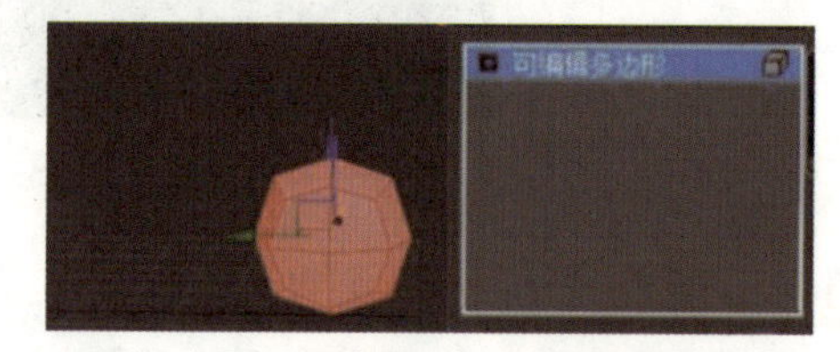

图 3-1-7 转换成“可编辑多边形”

思考： 请展示转换为“可编辑多边形”的效果。

步骤 4： 在“修改器列表”→“编辑多边形”面板中选择“边”，调整头部模型（图 3-1-8），选择“点”继续调整模型（图 3-1-9），选择“面”，调整底部（图 3-1-10），最终调整模型效果如图 3-1-11 所示。

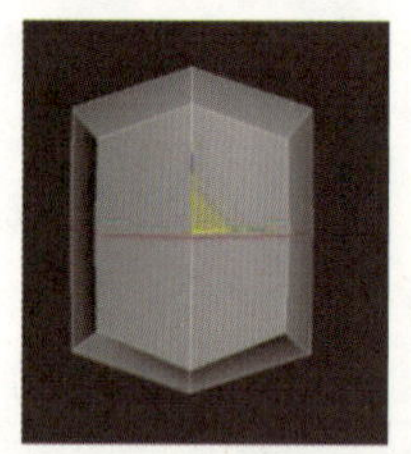

图 3-1-8 调整头部一

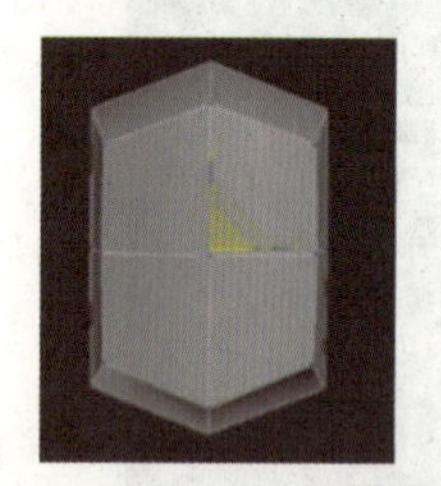

图 3-1-9 调整头部二

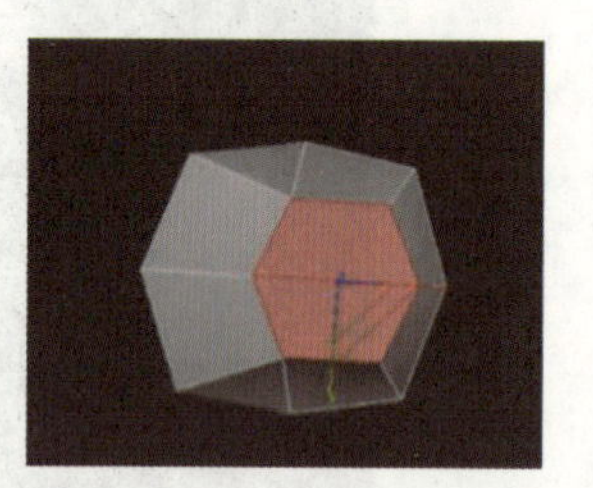

图 3-1-10 调整底部

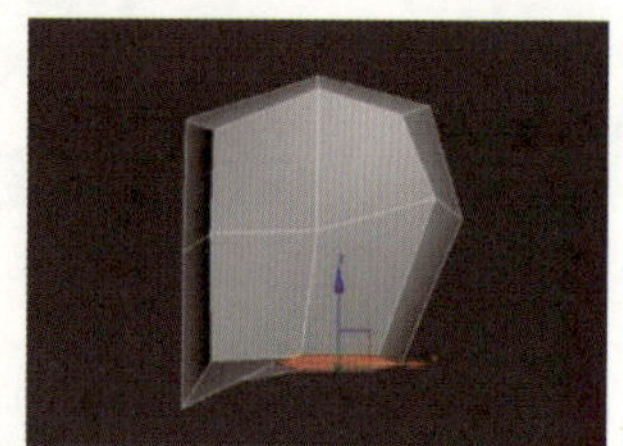

图 3-1-11 最终效果

思考： 请描述调整头部的过程。

步骤 5： 在“修改”面板中选择“面”进行“挤出”操作，将底部面删除（图 3-1-12），选择几何体，进行“网格平滑”操作（图 3-1-13）。

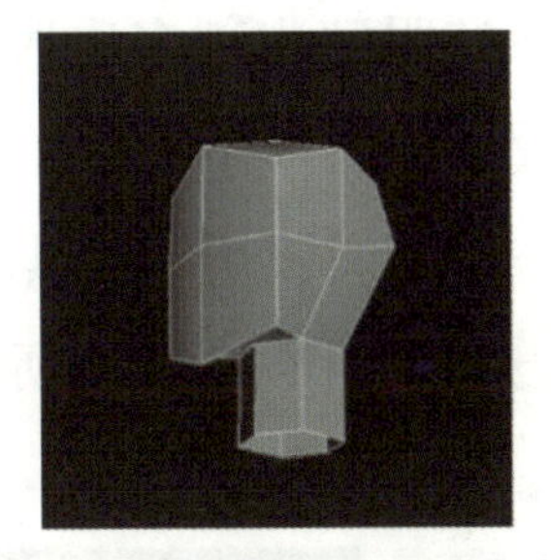

图 3-1-12　进行“挤出”操作

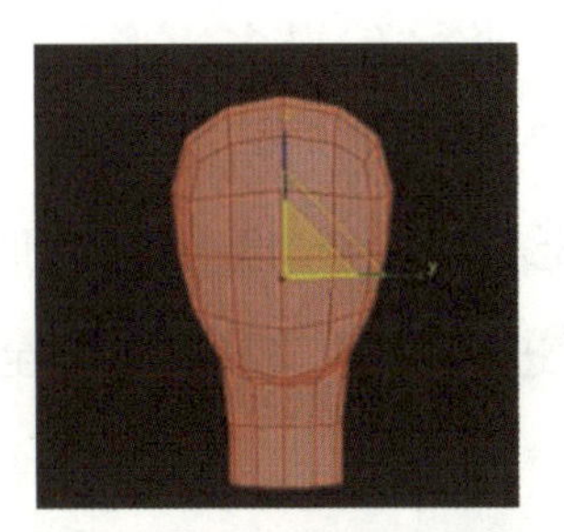

图 3-1-13　进行“网格平滑”操作

思考：简述使网格平滑的操作步骤。

步骤 6：在前视图中切换至“编辑多边形”的“顶点”模式，然后选择球体半侧的顶点，使用〈Delete〉键将头部的一半删除（图 3-1-14），选择模型，将模型的坐标居中（图 3-1-15）。

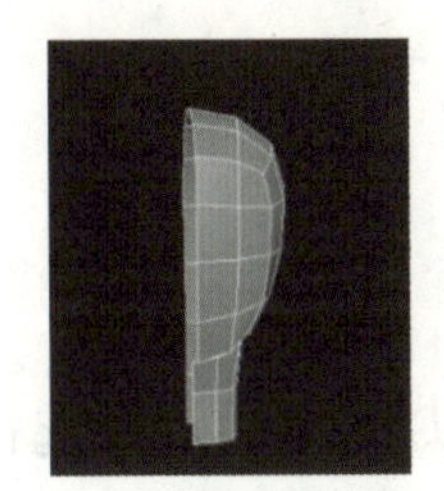

图 3-1-14　删除头部的一半

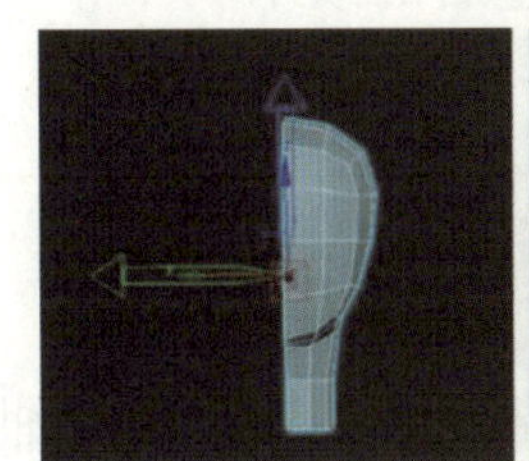

图 3-1-15　模型居中设置

步骤 7：选择“镜像”命令，弹出“镜像：世界坐标”对话框，如图 3-1-16 所示。对模型进行调整，效果如图 3-1-17 所示。

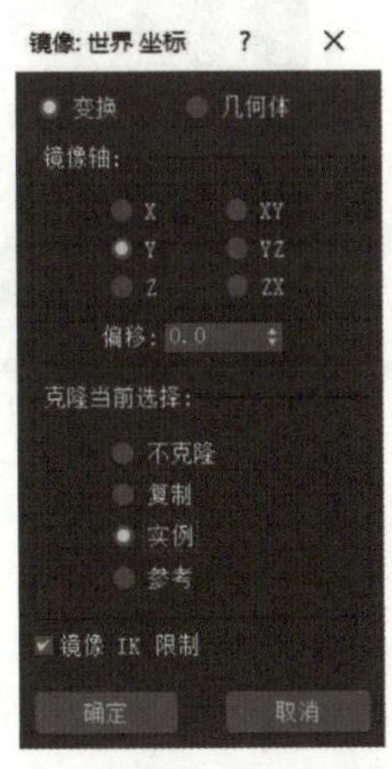

图 3-1-16　“镜像：世界坐标”对话框

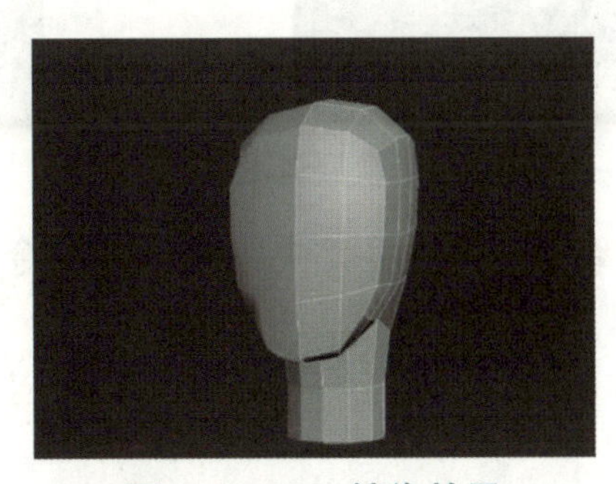

图 3-1-17　镜像效果

思考：简述镜像操作的步骤。

步骤 8：将“编辑多边形”切换至“多边形”模式，保持眼睛内部多边形的选择状态，使用“挤出”工具进行一次操作，制作出眼睛内部凹陷的效果（图 3–1–18）。为了得到比较理想的面部结构，将“编辑多边形”切换至“顶点”模式，使用“剪切”工具（图 3–1–19）在面部位置进行切割，得到眉弓至鼻头的过渡，调整模型，效果如图 3–1–20 所示。

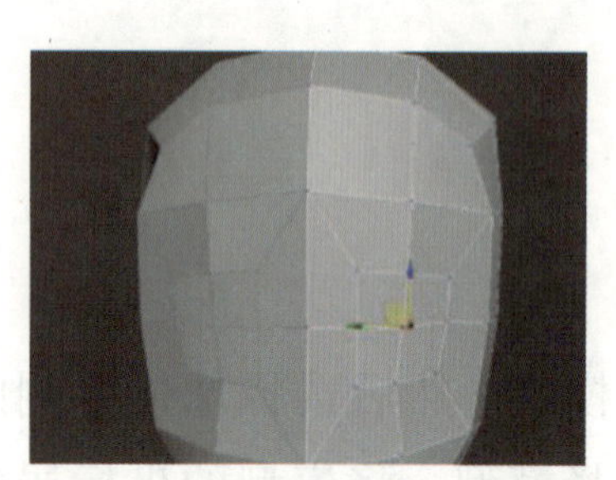

图 3–1–18 眼睛内部凹陷效果

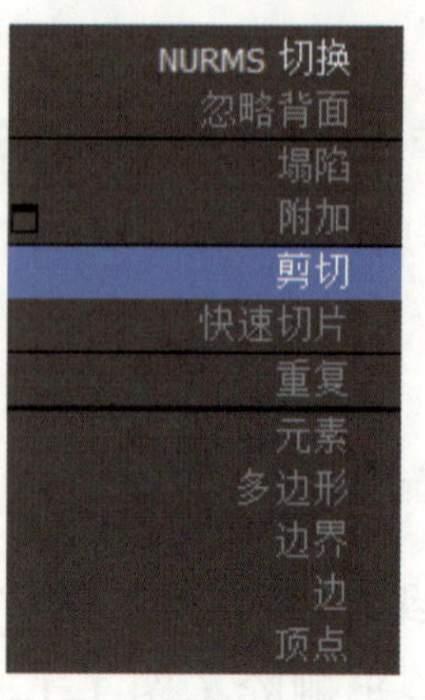

图 3–1–19 “剪切”工具选择

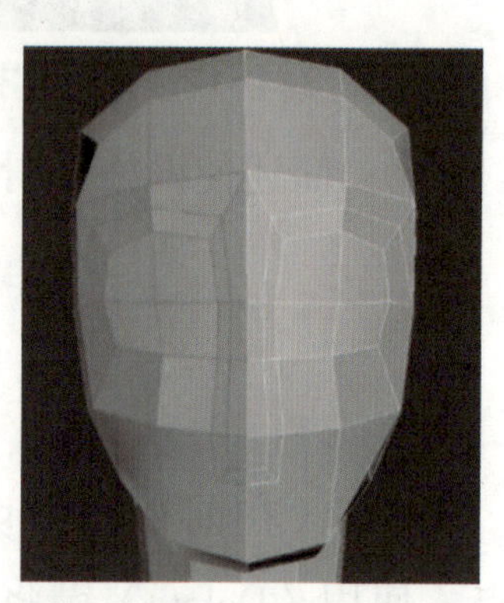

图 3–1–20 调整模型效果

思考：请展示模型调整后的效果。

步骤 9：将切割后的鼻子中心顶点沿 Y 轴向前调节，编辑鼻尖上翘的效果选择点，调整模型（图 3–1–21），选择“快速循环”命令加线（图 3–1–22），再选择“剪切”命令进行调整（图 3–1–23）。

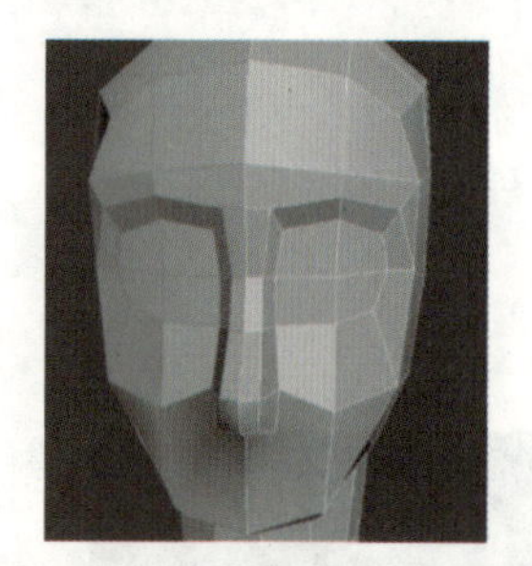

图 3–1–21 进行模型调整

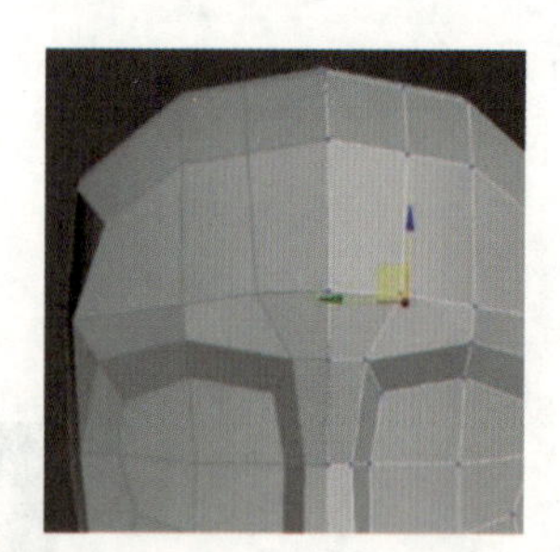

图 3–1–22 加线

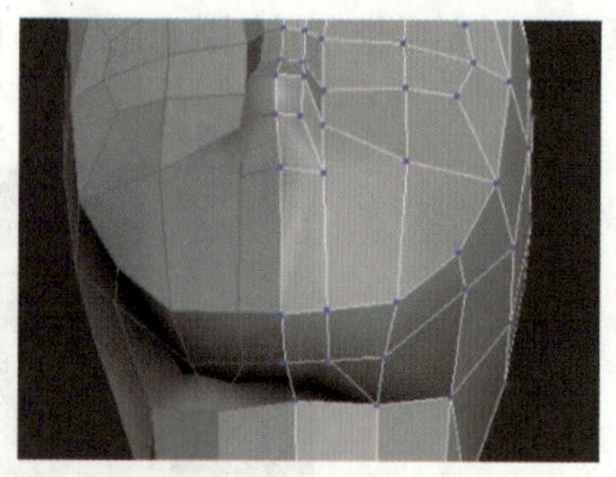

图 3–1–23 进行“剪切”

思考：简述使用“快速循环”命令加线的步骤。

步骤 10：使用“剪切”命令调整模型（图 3–1–24），在“编辑多边形”的“顶点”模式下使用“剪切”工具，切割出模型的嘴部轮廓，调节嘴部内的顶点，再沿 Y 轴向口腔内部调节，得到双唇缝隙的效果（图 3–1–25）。

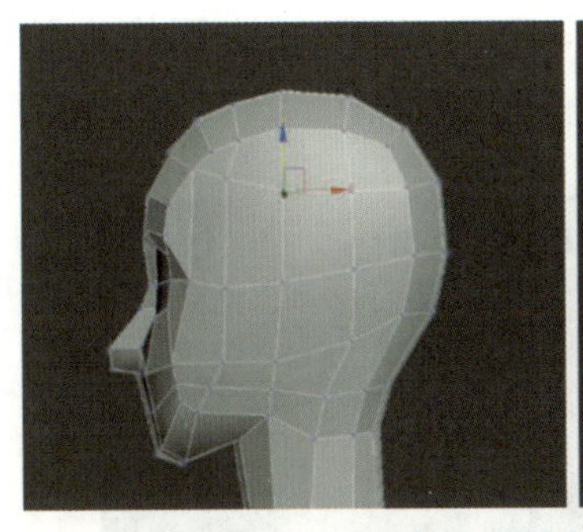
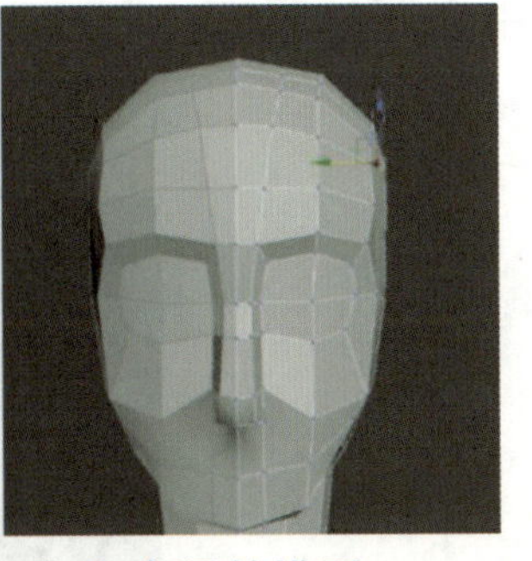

图 3-1-24　使用“剪切”命令调整模型

图 3-1-25　双唇缝隙的效果

思考：请展示制作的双唇缝隙效果。

步骤 11：选择点对模型进行调整（图 3-1-26），为了得到嘴唇向外微微翘起的效果，再次使用“剪切”工具对嘴唇外部进行切割，控制嘴唇外部轮廓的结构（图 3-1-27），选择点调整嘴角（图 3-1-28）。

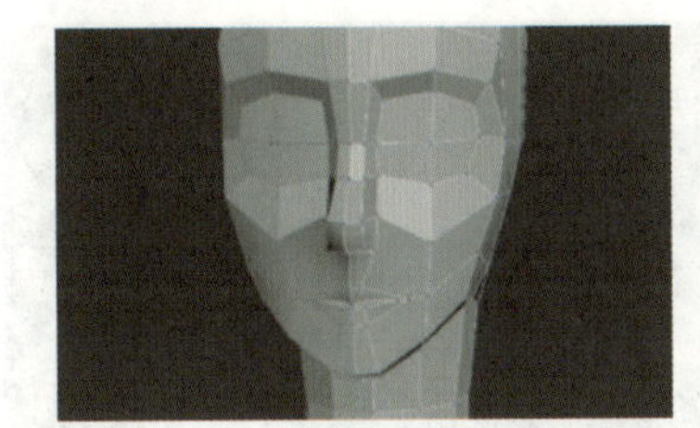

图 3-1-26　选择点对模型进行调整

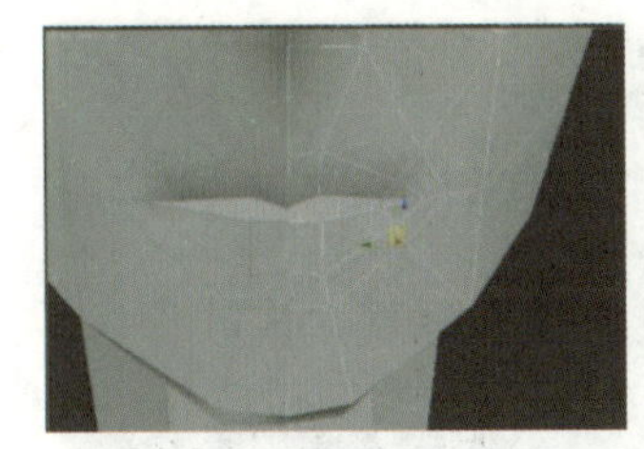

图 3-1-27　嘴唇外部轮廓结构

图 3-1-28　调整嘴角

思考：请展示嘴角调整后的效果。

步骤 12：在透视图中将“编辑多边形”切换至“多边形”模式，再选择头部耳朵位置的多边形，使用“挤出”工具制作出耳朵的轮廓（图 3-1-29），选择点调整模型，再使用“目标焊接”进行调整（图 3-1-30），选择“挤出”命令调整模型（图 3-1-31）。

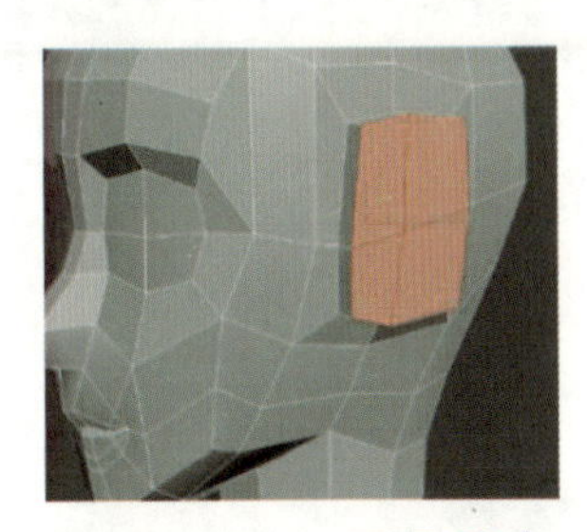

图 3-1-29　耳朵轮廓

图 3-1-30　使用“目标焊接”进行调整

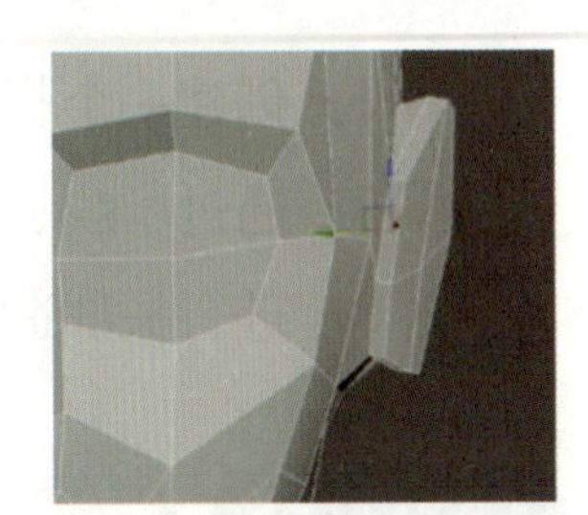

图 3-1-31　耳朵调整效果

思考：请展示耳朵轮廓调整后的效果。

步骤 13： 选择面，选择“挤出”命令调整眼眶（图 3-1-32），创建球体用作人物眼球（图 3-1-33）。

图 3-1-32 调整眼眶

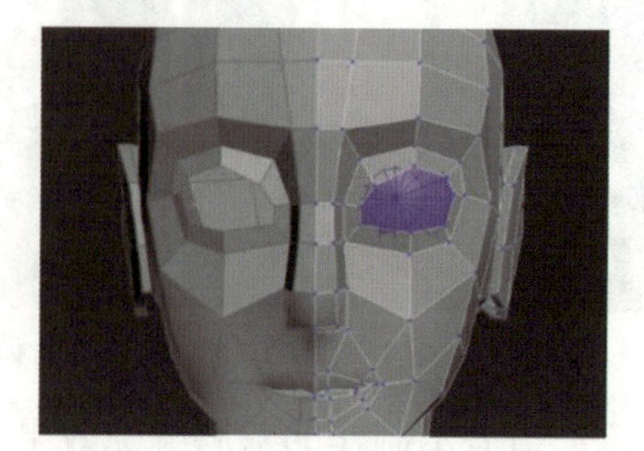

图 3-1-33 创建人物眼球

拓展训练

宁宁有个好朋友——小白，它是一只广西特有的白头叶猴，他们每天都在一起玩耍，形影不离。请根据图 3-1-34（a）所示的素材，实现图 3-1-34（b）所示的设计效果。

（a）

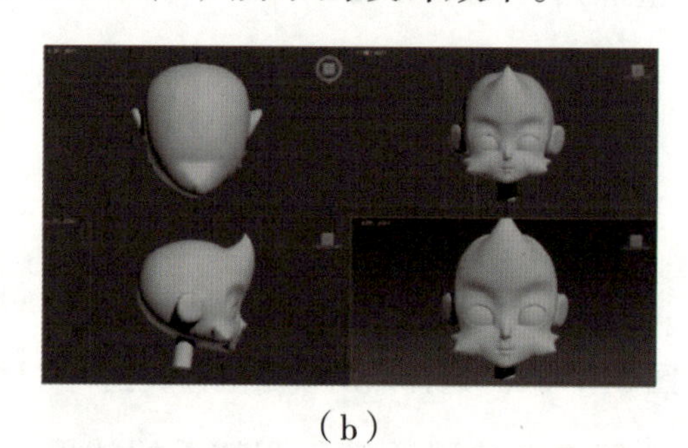

（b）

图 3-1-34 拓展训练素材和设计效果

（a）素材；（b）设计效果

提示： 运用制作人物头像的方法建一个正方体，在 3ds Max 的“修改”面板中，灵活运用点和线的“移动”“旋转”“缩放”“增减”“网格平滑”“镜像”等命令，细分出头部轮廓，并注意观察 Q 版人物头部形态，对比参考图做出头部模型。参考步骤如下。

步骤 1： 创建一个长方体，进入多边形编辑模式，调整头型。

步骤 2： 通过增线、挤出、调点的方式，完善头型。

步骤 3： 进行头部造型的整体调整。

学习总结

1. 请写出学习过程中的收获和遇到的问题。

2. 请对自己的作品进行评价并填写表 3-1-1。

表 3-1-1　项目过程考核评价表

<table>
<tr><td>班级</td><td></td><td>项目任务</td><td colspan="3"></td></tr>
<tr><td>姓名</td><td></td><td>教师</td><td colspan="3"></td></tr>
<tr><td>学期</td><td></td><td>评分日期</td><td colspan="3"></td></tr>
<tr><td colspan="3">评分内容（满分 100 分）</td><td>学生自评</td><td>组员互评</td><td>教师评价</td></tr>
<tr><td rowspan="4">专业技能
（60 分）</td><td colspan="2">工作页完成进度（10 分）</td><td></td><td></td><td></td></tr>
<tr><td colspan="2">对理论知识的掌握程度（20 分）</td><td></td><td></td><td></td></tr>
<tr><td colspan="2">理论知识的应用能力（20 分）</td><td></td><td></td><td></td></tr>
<tr><td colspan="2">改进能力（10 分）</td><td></td><td></td><td></td></tr>
<tr><td rowspan="4">综合素养
（40 分）</td><td colspan="2">按时打卡（10 分）</td><td></td><td></td><td></td></tr>
<tr><td colspan="2">信息获取的途径（10 分）</td><td></td><td></td><td></td></tr>
<tr><td colspan="2">按时完成学习及工作任务（10 分）</td><td></td><td></td><td></td></tr>
<tr><td colspan="2">团队合作精神（10 分）</td><td></td><td></td><td></td></tr>
<tr><td colspan="3">总分</td><td></td><td></td><td></td></tr>
<tr><td colspan="3">综合得分
（学生自评 10%；组员互评 10%；教师评价 80%）</td><td colspan="3"></td></tr>
<tr><td colspan="3">学生签名:</td><td colspan="3">教师签名:</td></tr>
</table>

任务二

角色身体的制作

任务描述

完成宁宁的“头部”建模后，下面进行宁宁身体的制作，最终效果如图 3-2-1 所示。

提示：设计中需要用到已掌握的“编辑多边形”和“修改器列表”操作，并用“编辑多边形”进行各顶点和线条的形状调整，最后完成本设计任务。

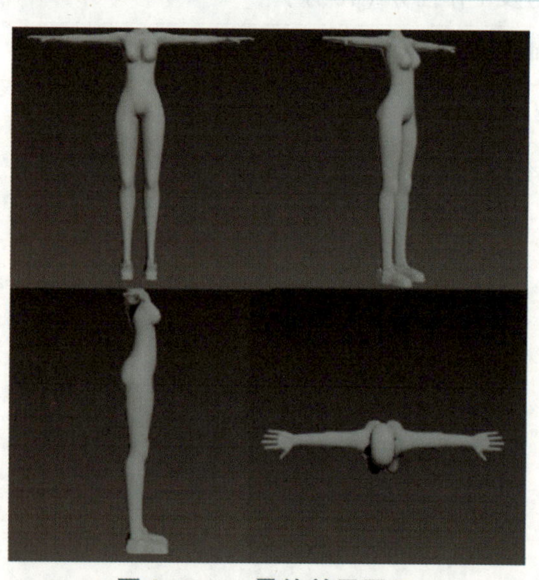

图 3-2-1　最终效果展示

提示：本任务将身体建模分为：①基础身体段数划分；②身体细节编辑两个流程。灵活运用点和线的“移动”“旋转”“缩放”“增减”“网格平滑”“镜像”等命令，就能很好地制作出模型。

知识目标

1. 了解 3ds Max 中三维角色身体模型的制作流程。
2. 归纳制作身体模型的常用命令。
3. 了解身体基本造型的基础理论。

能力目标

1. 掌握身体模型的创建方法及调整方法。
2. 掌握女性身体造型特点。

职业素养

了解符合女性身体结构和比例特征的建模设计要求，培养认真细致的工作态度。

学习指导

一、人物躯干

人的躯干从颈部到骨盆都是由脊椎连接的。正常人的脊椎从侧面看呈 S 形。人们将胸部前面的骨骼称为胸骨，肋骨从前面的胸骨开始呈椭圆形围绕到脊椎，组成了胸腔。肋骨从胸骨开始向下延伸，直到身体两侧，这是肋骨的最低位置。骨盆的部分常呈楔状，由脊椎和逐渐缩小的腰腹肌肉与椭圆形的胸腔相连，并与胸腔部分形成了鲜明的对比。从通常的站立姿势上看，人体躯干的两个大块呈现出相对平衡的关系以保持站立时的平衡。胸腔后倾，肩膀后拉，胸腔正面突出，下部的骨盆前倾，下腹内收，后臀部呈弧形拱起。

二、手臂和腿

手臂和腿部的块体比较相似，都可以伸展，由两节组成，每节的形状都可以概括成圆柱体和圆锥体。人的上肢下垂后，肘部关节一般在从头顶开始 3 倍头部长度左右的位置上，而且上臂比下臂长。在正常站立的时候，人的小腿基本垂直于地面，大腿和骨盆前倾，并与小腿产生一定的角度，大腿比小腿略长。成年人的手臂和腿部示例如图 3-2-2 所示。

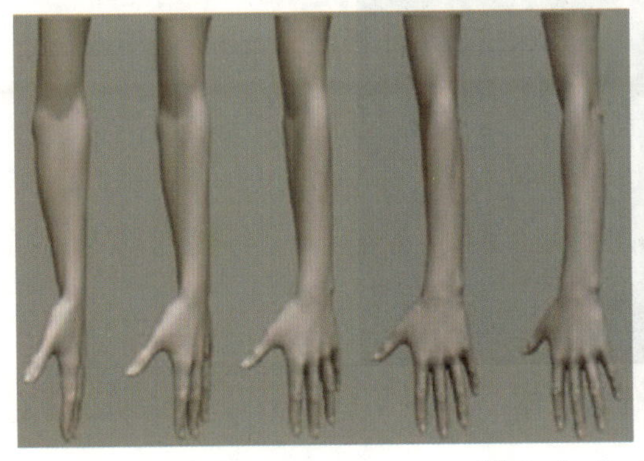
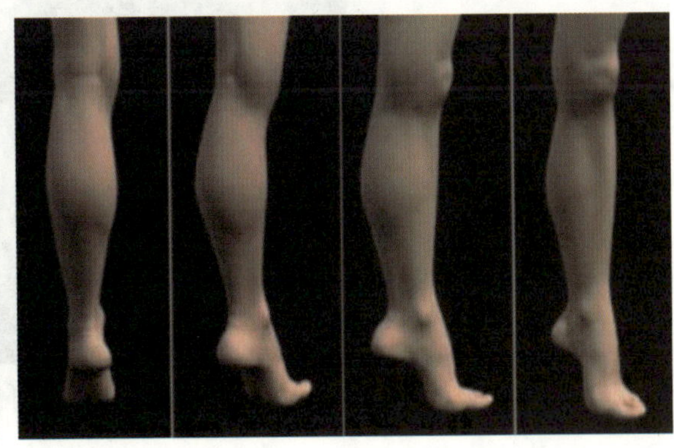

图 3-2-2　手臂和腿部示例

本任务使用 3ds Max 进行角色身体的制作，具体可观看相应的教学视频“任务二　角色身体的制作”。

角色身体的制作 1

角色身体的制作 2

角色身体的制作 3

实训过程

一、自主学习

1. 简述人物身体的组成部分。

2. 了解女性身体结构特点。

3. 思考创建身体模型将使用的命令，并简述如何完成制作。

二、实践探索

步骤 1：在前视图中创建长方体，用于人物的身体模型制作，如图 3-2-3 所示。

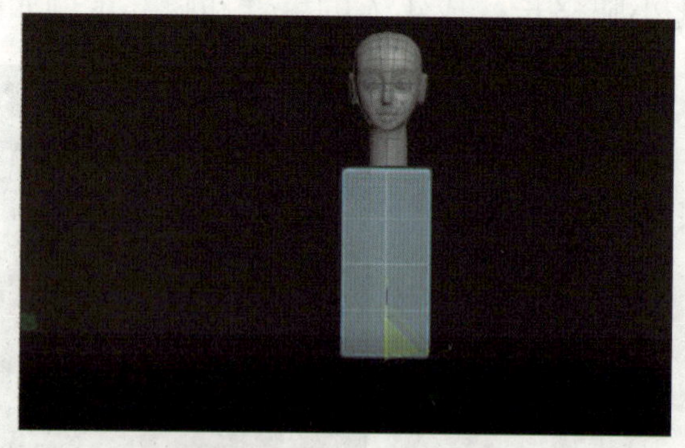
图 3-2-3　制作长方体

思考：请说明长方体的设计过程。

步骤 2： 在透视图中将长方体转换为“可编辑多边形”，再切换至“顶点”模式，将半侧长方体的顶点删除，如图 3–2–4 所示。选择“镜像”命令，弹出“镜像：世界坐标”对话框，镜像 Y 轴。

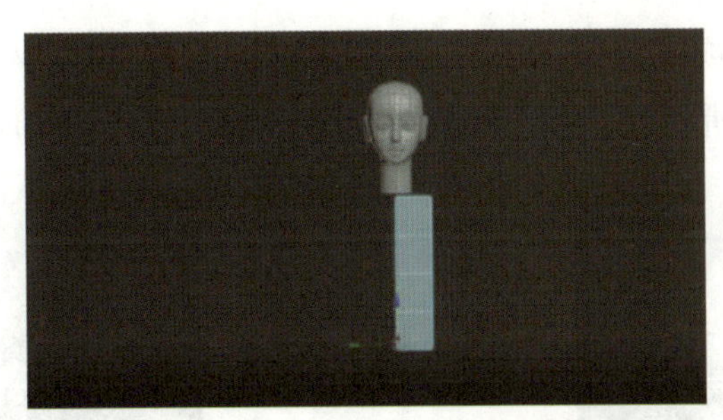

图 3–2–4　将半侧长方体的顶点删除

思考： 请展示镜像后的效果。

步骤 3： 在“编辑多边形”命令的“顶点”模式下，控制顶点的位置，调节出身体的弧度，效果如图 3–2–5 所示。选择“多边形”→“挤出”命令，挤出肩膀如图 3–2–6 所示。选择点调整模型，如图 3–2–7 所示。

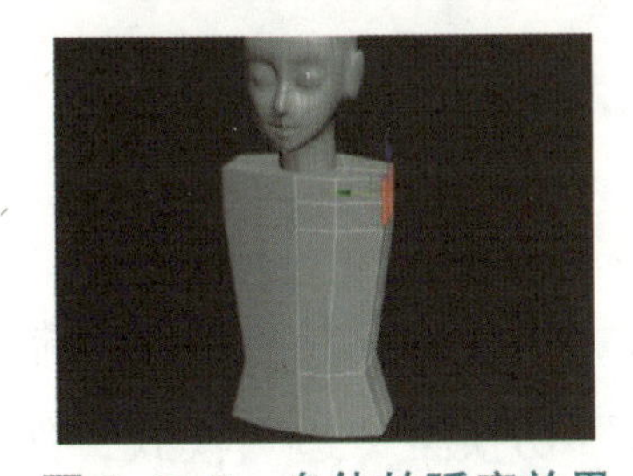

图 3–2–5　身体的弧度效果

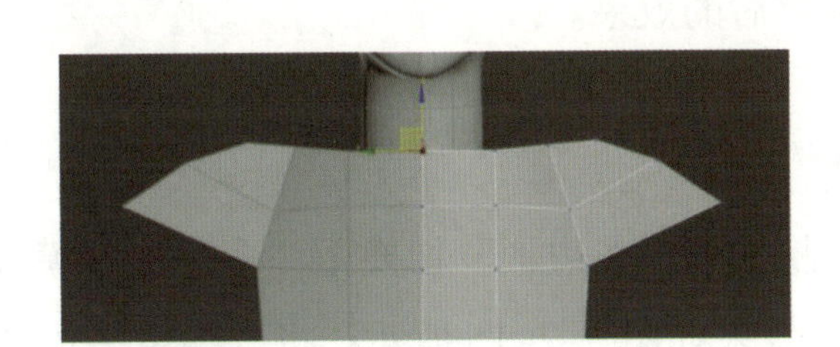

图 3–2–6　挤出肩膀效果

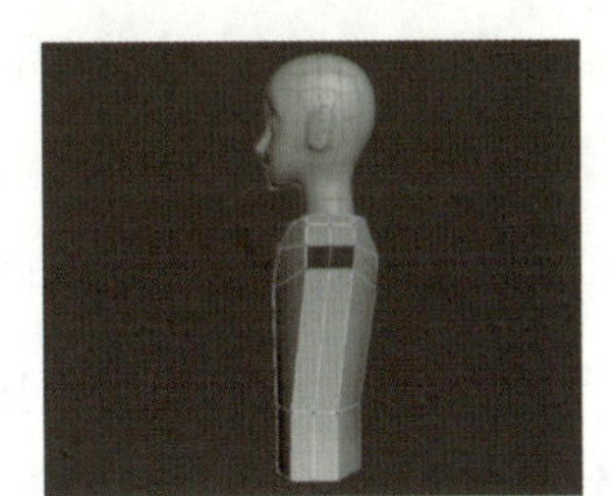

图 3–2–7　调整模型效果

思考： 请展示本步骤完成后模型的效果。

步骤 4： 选择“多边形”→“挤出”命令，制作人物领口，如图 3–2–8 所示。使用“挤出”工具进行多次操作，产生三维手臂模型效果。完成多次挤出操作后，将“编辑多边形”切换至“顶点”模式，调节手臂模型的结构，效果如图 3–2–9 所示。选择“挤出”命令制作人物胯部，如图 3–2–10 所示。

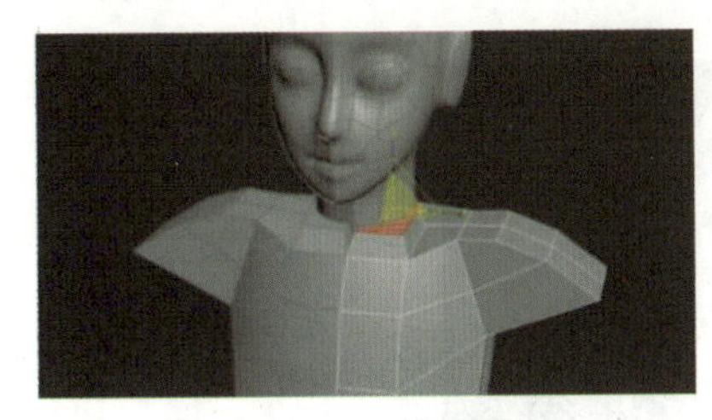

图 3–2–8　领口制作

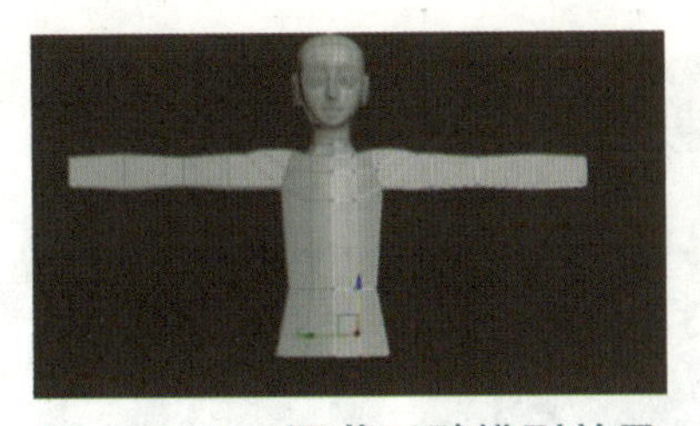

图 3–2–9　调节手臂模型效果

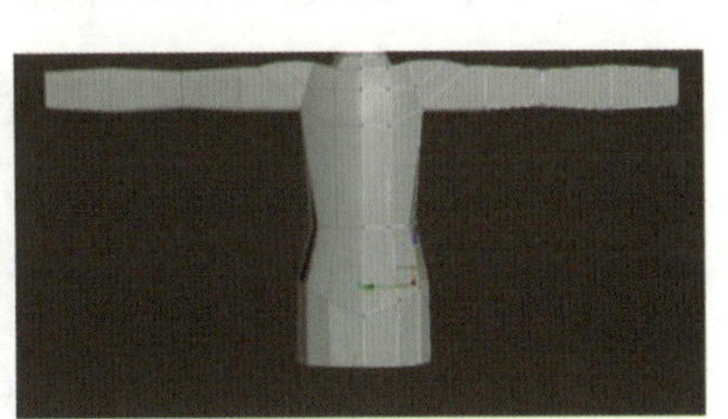

图 3–2–10　制作胯部

思考：简述制作胯部时的步骤。

步骤 5：利用“剪切”命令调整模型，如图 3-2-11 和 图 3-2-12 所示；利用“挤出”命令调整模型，如图 3-2-13 所示；选择点调整模型，如图 3-2-14 所示。

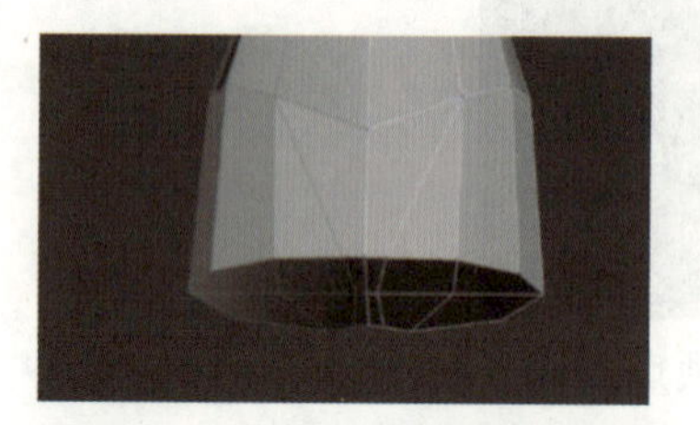

图 3-2-11　调整模型一

图 3-2-12　调整模型二

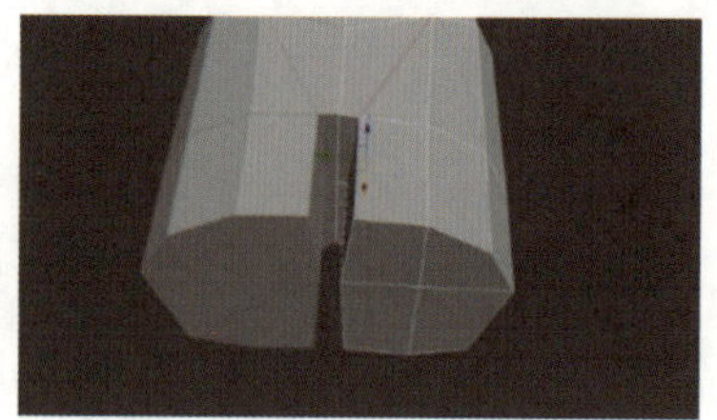
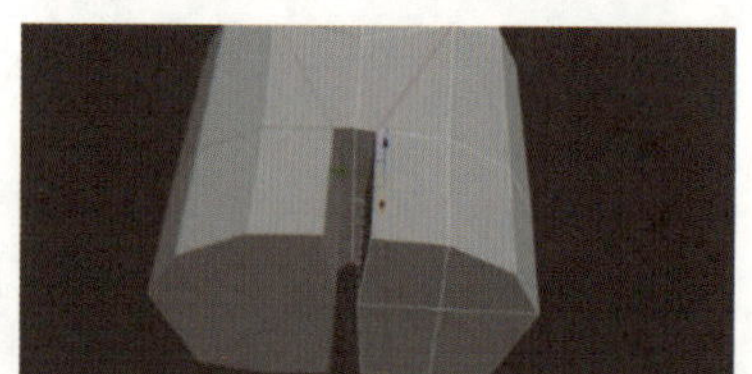

图 3-2-13　调整模型三

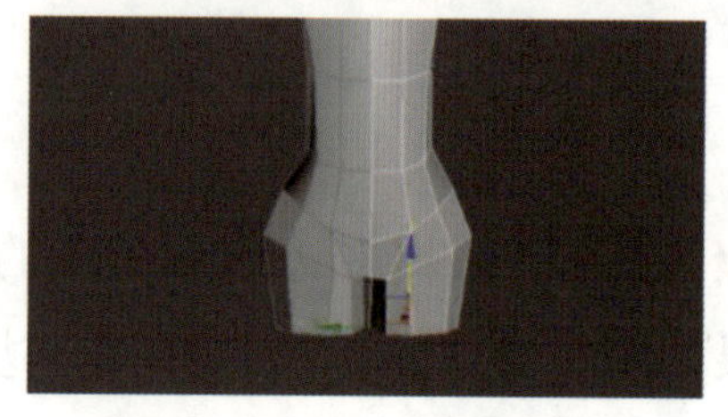

图 3-2-14　调整模型四

思考：请展示模型调整后的效果。

步骤 6：在透视图中将“编辑多边形”切换至“多边形”模式，再使用“挤出”工具制作腿部模型的长度模型，效果如图 3-2-15 所示；将“编辑多边形”切换至“边”模式，然后选中腿部位置的边，选择“快速循环”命令，进行加线操作，如图 3-2-16 所示；将“编辑多边形”切换至“顶点”模式，调节关节的顶点，效果如图 3-2-17 所示。

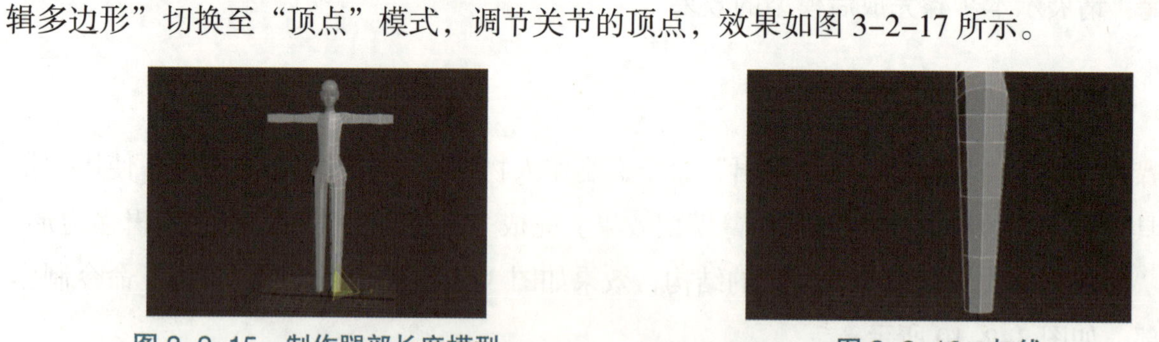
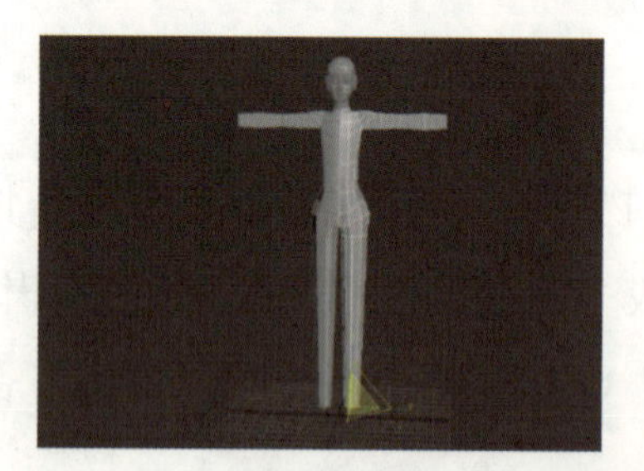

图 3-2-15　制作腿部长度模型

图 3-2-16　加线

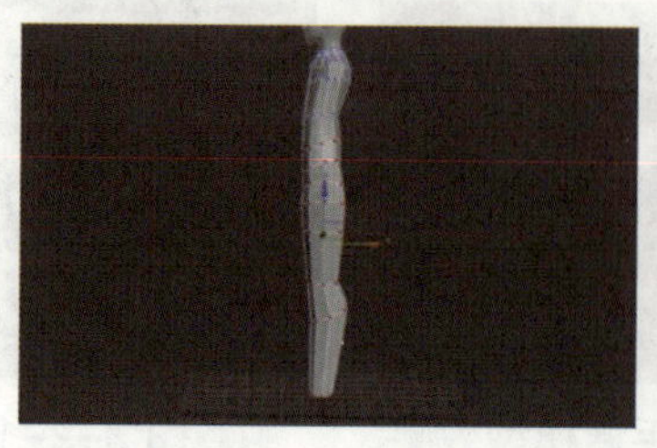

图 3-2-17　调节关节效果

思考：简述在调节关节顶点时遇到的问题。

步骤7：选择点，进行调整，效果如图3-2-18所示；选择面，利用“挤出”命令进行调整，效果如图3-2-19所示。

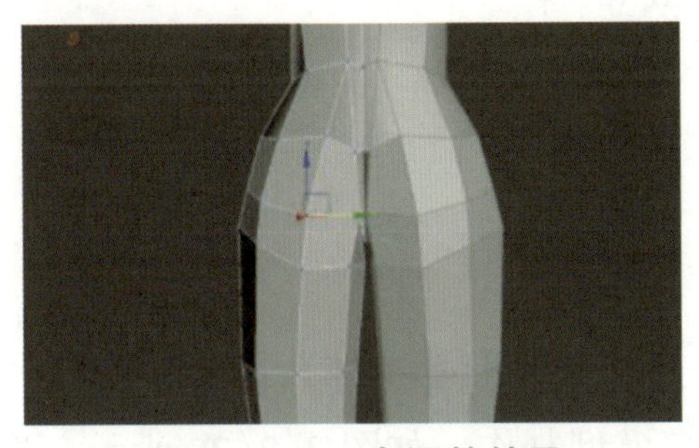
图3-2-18 点调整效果

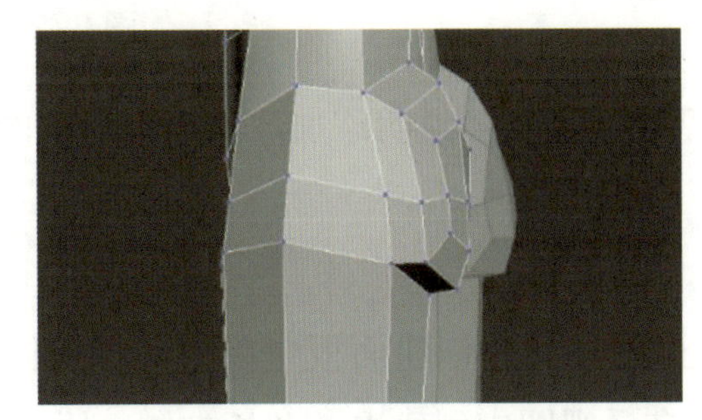
图3-2-19 面的挤出效果

思考：简述挤出时的具体操作步骤。

步骤8：选择面，调整模型，效果如图3-2-20所示；选择“挤出”命令，调整模型，效果如图3-2-21所示；选择边（图3-2-22），选择“连接”命令，进行连接，效果如图3-2-23所示。

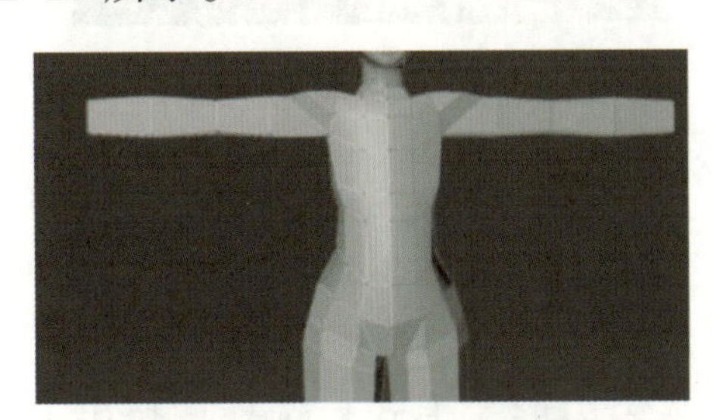
图3-2-20 面调整效果

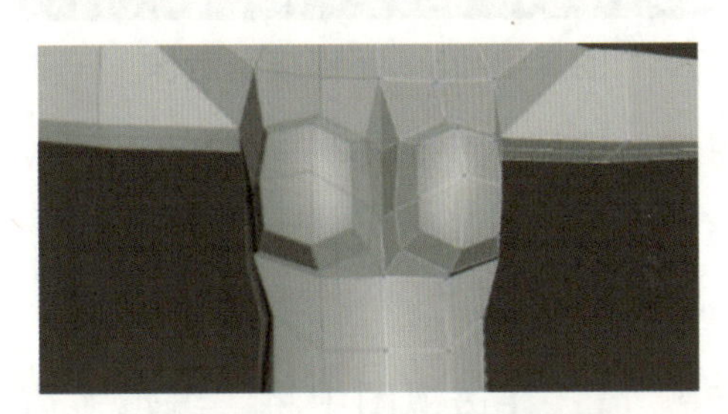
图3-2-21 挤出操作效果

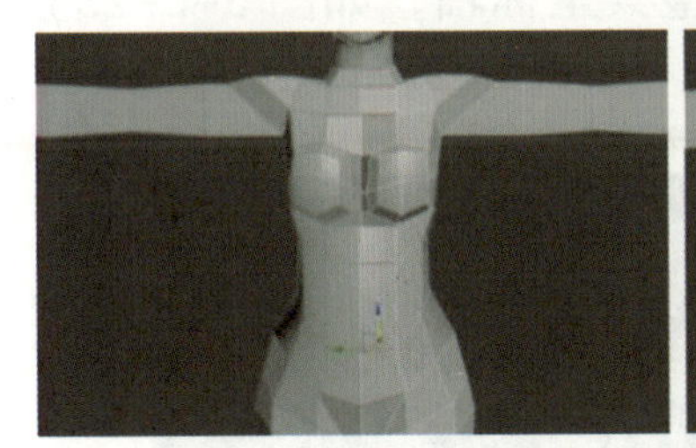
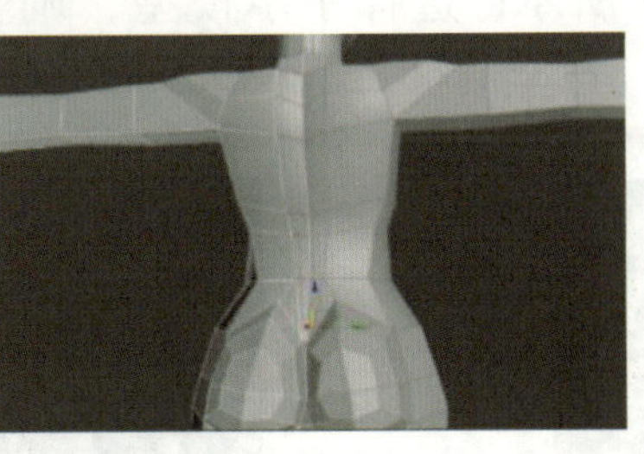
图3-2-22 选择边

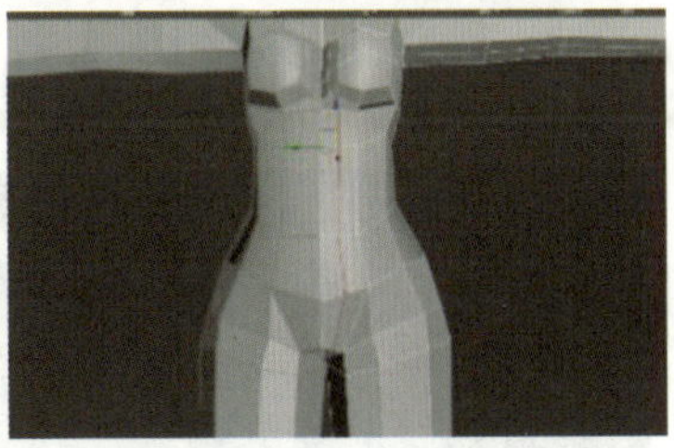

图3-2-23 连接效果

思考：请展示步骤8完成后的模型效果。

步骤9：将“编辑多边形”切换至“顶点”模式，调节整体的顶点效果，在“修改”面板中增加“涡轮平滑”命令，效果如图3-2-24所示。

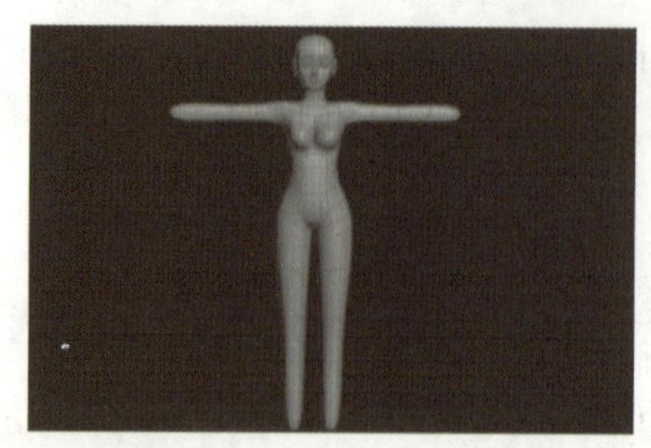

图 3–2–24 修改后效果

思考：请具体说明添加“涡轮平滑”的步骤。

步骤 10：在创建面板中单击“几何体”按钮，打开“标准基本体”面板，选择“长方体”，在透视图中创建出一个长方体，用于人物的手部模型制作，如图 3–2–25 所示。将“编辑多边形”切换至“顶点”模式，调整模型效果如图 3–2–26 所示。

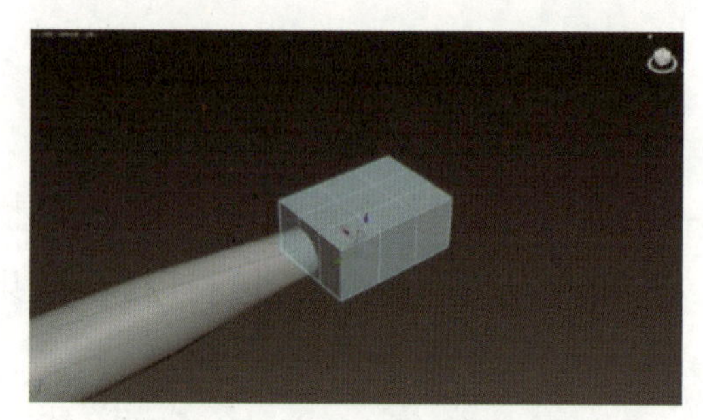

图 3–2–25 手部模型制作

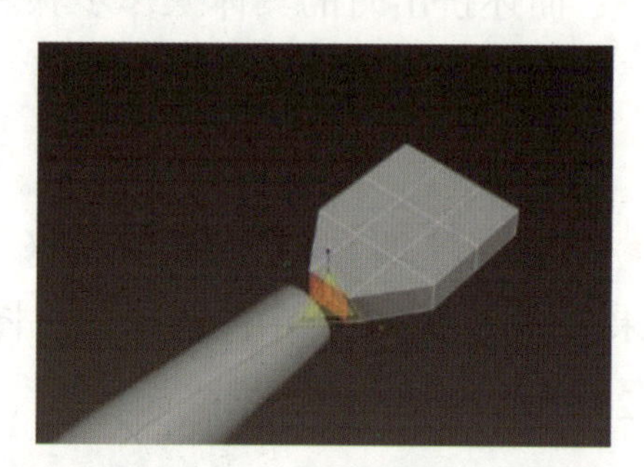

图 3–2–26 手部调整后效果

思考：请展示完成本步骤后的手部效果。

步骤 11：在透视图中将“编辑多边形”切换至“多边形”模式，选择“挤出”命令，制作出模型手腕部分，如图 3–2–27 所示；选择手掌模型，调整其坐标轴，如图 3–2–28 所示；选择“镜像”命令，制作出另一只手掌。

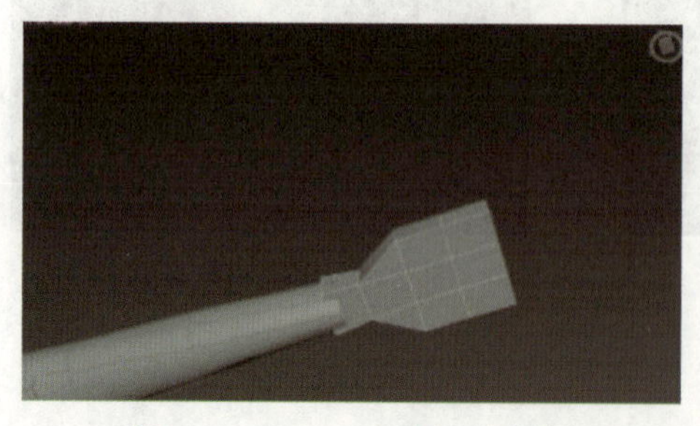

图 3–2–27 手腕部分效果

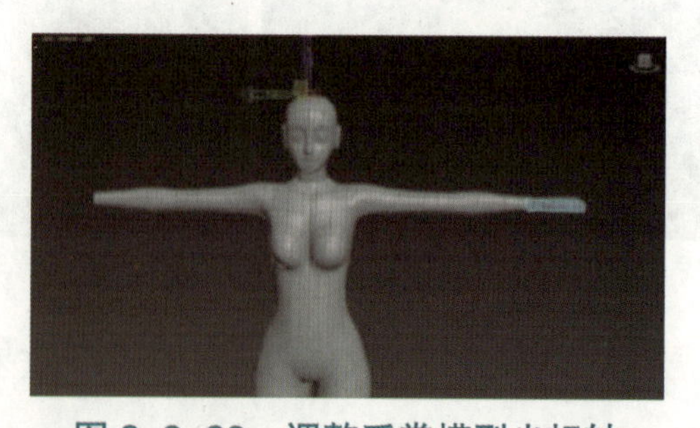

图 3–2–28 调整手掌模型坐标轴

思考：请展示手掌制作完成的效果。

步骤 12： 在透视图中将“编辑多边形”切换至“点”模式，调整模型，如图 3-2-29 所示；选择“快速循环”命令给模型加线，如图 3-2-30 所示；在透视图中将“编辑多边形”切换至“边”模式，选择“切角”工具，如图 3-2-31 所示；再使用“挤出”工具制作出模型的手指，如图 3-2-32 所示。

图 3-2-29　“点”模式下调整模型

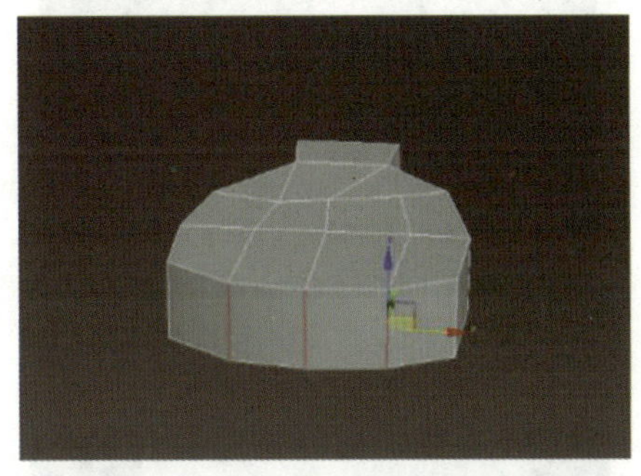

图 3-2-30　模型加线效果

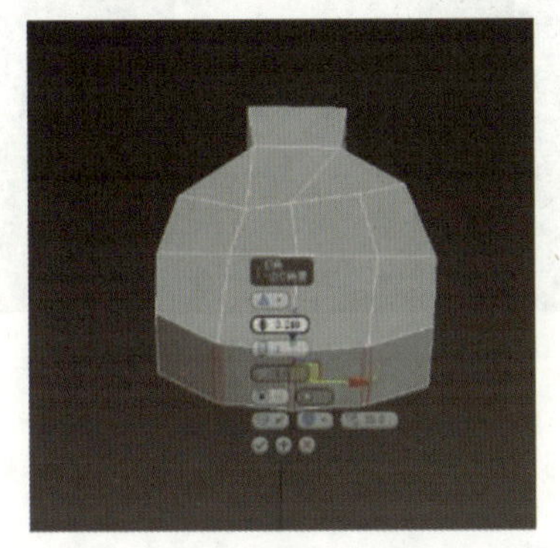

图 3-2-31　选择“切角”工具

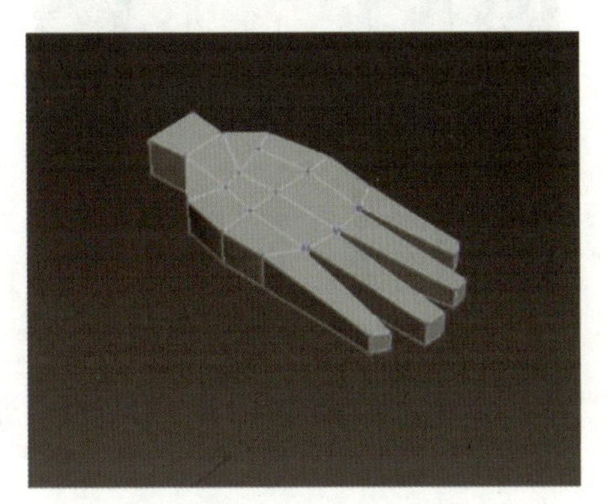

图 3-2-32　手指效果

步骤 13： 在透视图中将“编辑多边形”切换至“多边形”模式，选择“挤出”命令，制作出手掌拇指部分，如图 3-2-33 所示。

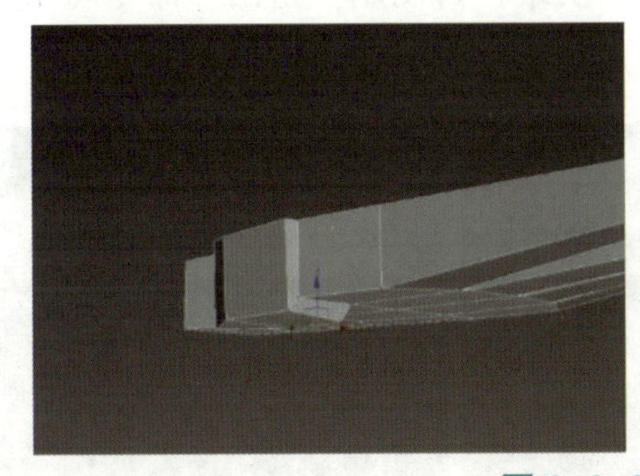

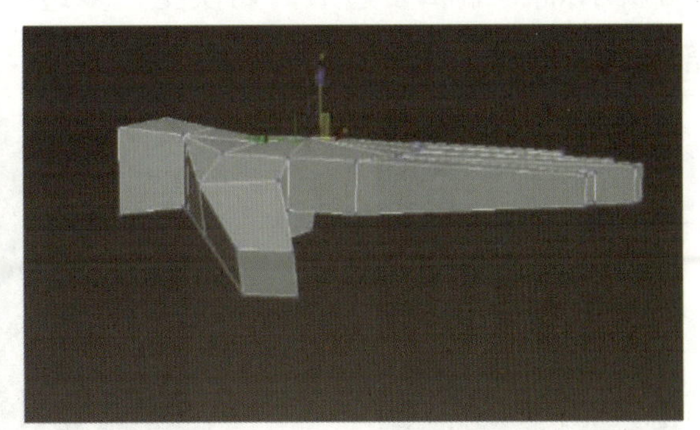

图 3-2-33　拇指部分制作

思考： 请说明制作拇指时遇到的困难及解决措施。

步骤 14： 在透视图中将“编辑多边形”切换至“边”模式，使用“快速循环”命令做出手指关节，如图 3-2-34 所示；再使用“切角”工具制作关节，如图 3-2-35 所示；使用

“快速循环”命令给手指根部加线，如图 3-2-36 所示。重复上述操作给拇指制作关节，如图 3-2-37 所示。

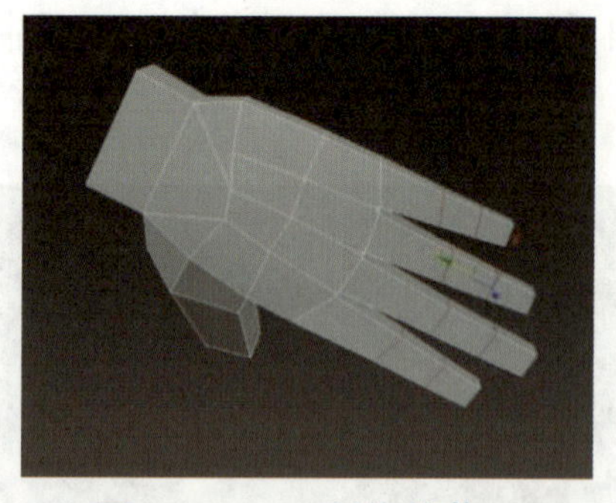
图 3-2-34　制作关节一

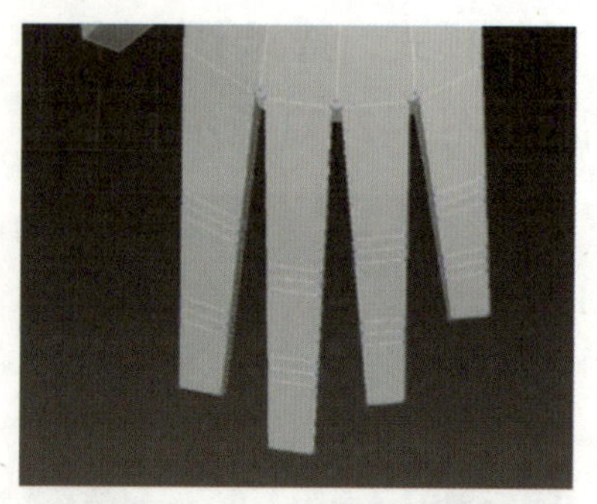
图 3-2-35　制作关节二

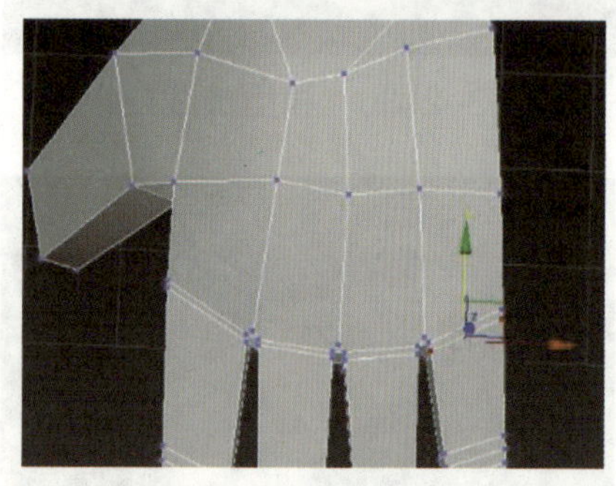
图 3-2-36　手指根部加线

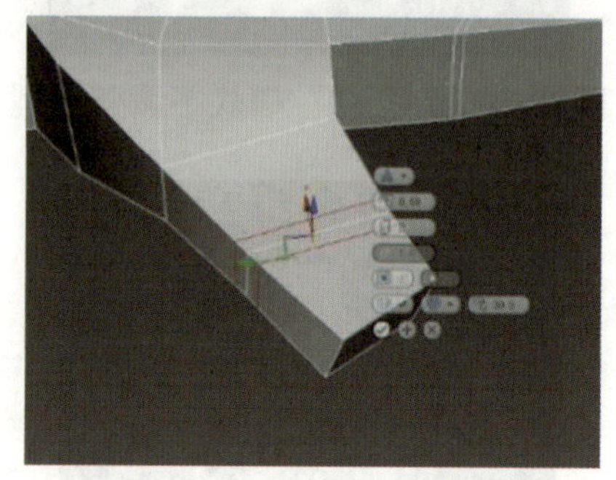
图 3-2-37　拇指关节制作

思考：请展示关节制作完成后的手掌模型效果。

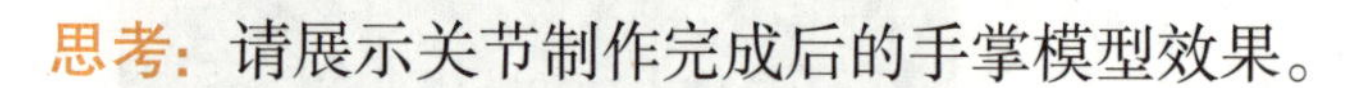

步骤 15：在透视图中将“编辑多边形”切换至“点”模式，调整手部整体模型，如图 3-2-38 所示;将“编辑多边形”切换至“多边形”模式，再使用“挤出”命令（重复两次）完成手部指甲的制作，如图 3-2-39 所示。

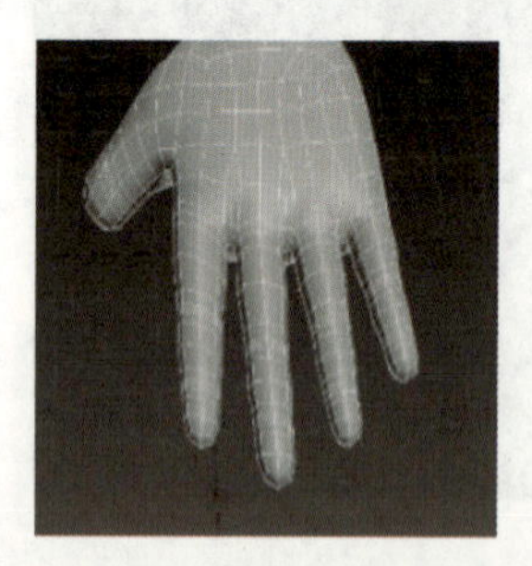
图 3-2-38　调整手部整体模型

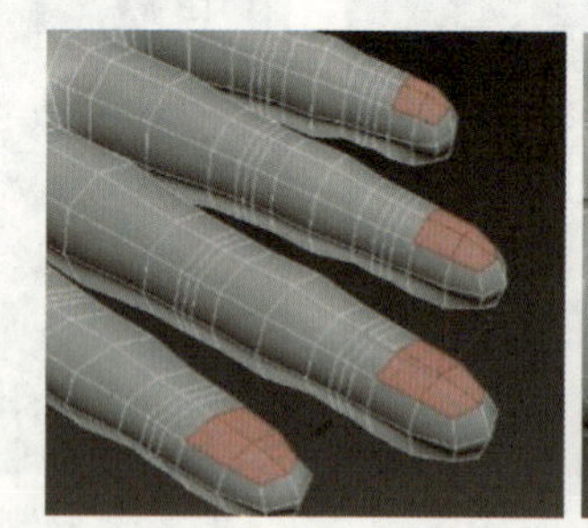
图 3-2-39　指甲效果

思考：简述两次使用“挤出”命令的作用分别是什么。

步骤 16：在透视图中将“编辑多边形”切换至“点”模式，调整手部整体模型，开启“涡轮平滑”，观察效果，如图 3-2-40 所示。

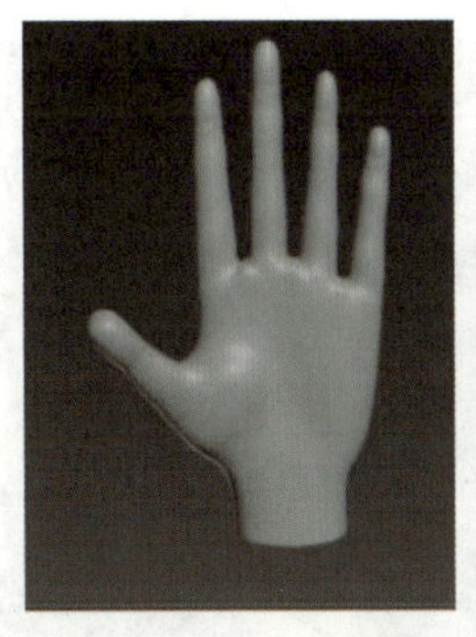
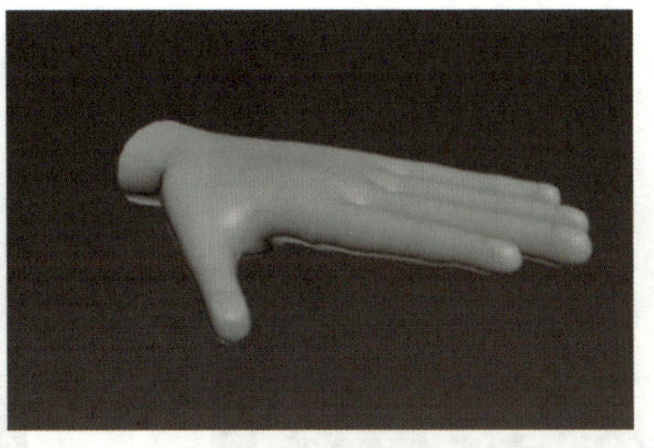

图 3-2-40　“涡轮平滑”效果

思考：开启“涡轮平滑”的目的是什么?

步骤 17：在透视图中将“编辑多边形”切换至“边界”模式，选择手部与身体模型使用“桥接”命令进行桥接，如图 3-2-41 所示;选择“点”模式，调整模型，效果如图 3-2-42 所示，将手部制作完成。

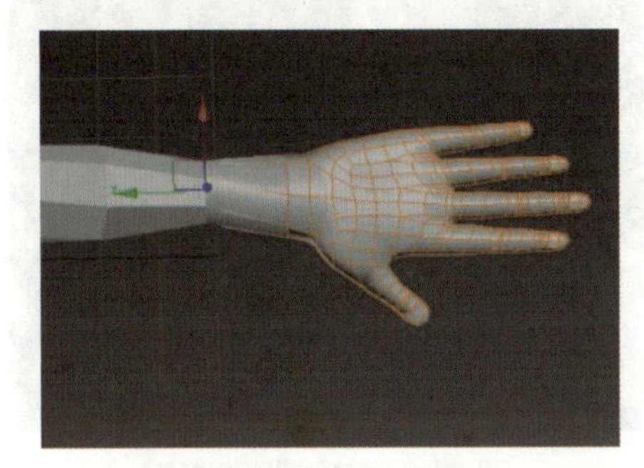

图 3-2-41　桥接

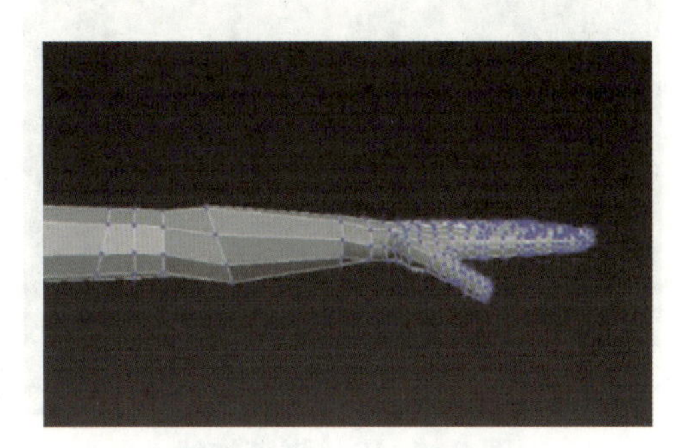

图 3-2-42　调整手部

思考：请展示制作完成的手部模型。

步骤 18：在透视图中将“编辑多边形”切换至“多边形”模式，选择腿部末端，多次使用“挤出”命令制作人物脚部，如图 3-2-43 所示；使用“快速循环”命令加线，如图 3-2-44 所示；再使用“快速循环”命令给脚腕部分加线，切换到“点”模式调整模型，如图 3-2-45 所示。

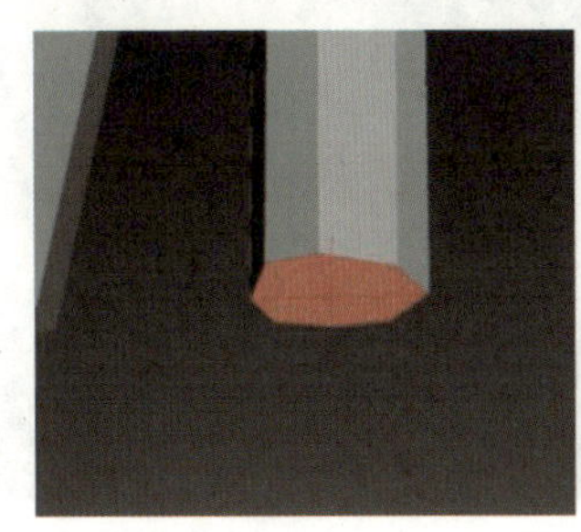
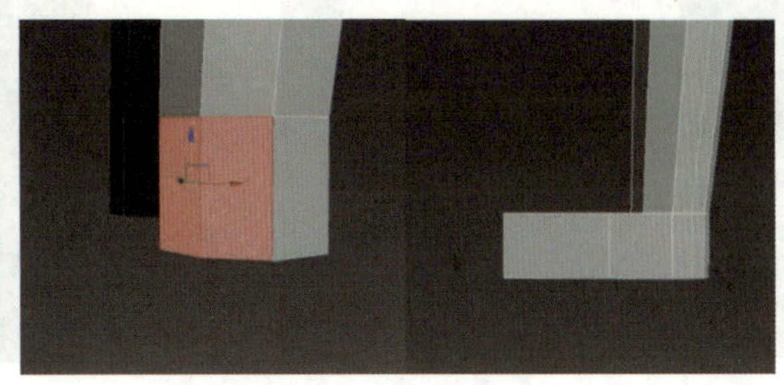

图 3-2-43　制作脚部

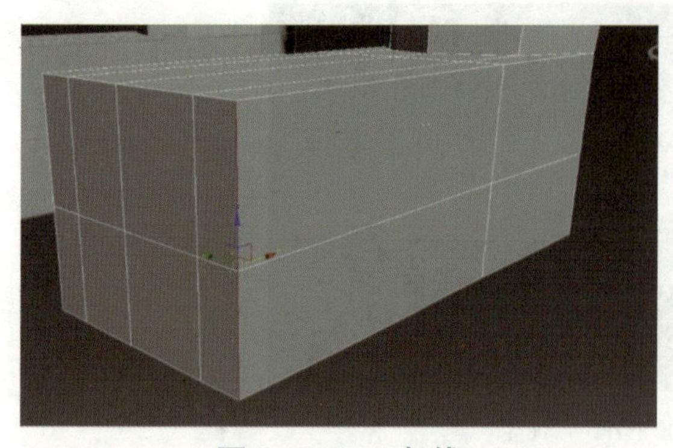

图 3-2-44 加线

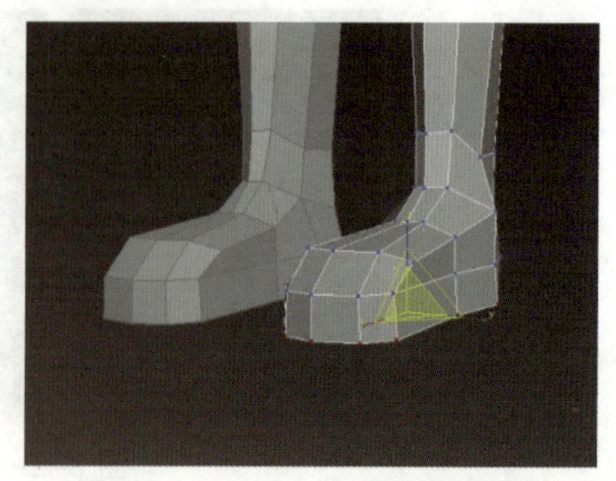

图 3-2-45 脚部模型调整

思考：与手部相比，给脚部模型加线时有何注意事项？

步骤 19：在透视图中将“编辑多边形”切换至“边”模式，使用“快速循环”命令给脚腕部分加线，如图 3-2-46 所示。选择“边”，调整模型，如图 3-2-47 所示。

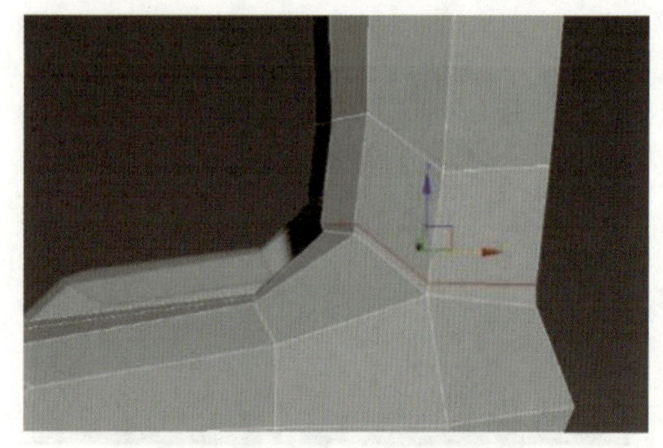

图 3-2-46 脚腕加线

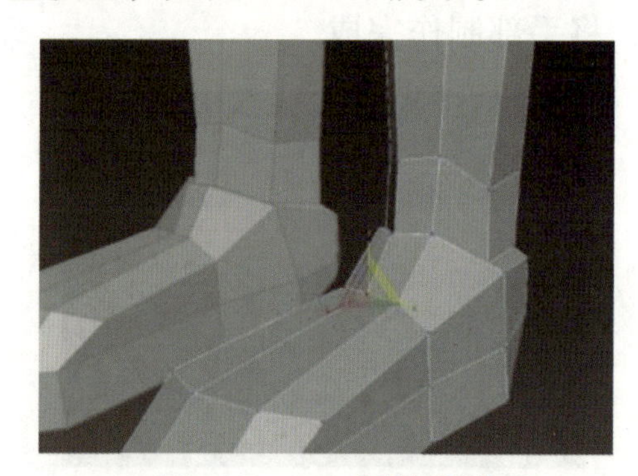

图 3-2-47 调整脚腕

思考：简述给脚腕部分加线的过程。

步骤 20：在透视图中将“编辑多边形”切换至“多边形”模式，选择整个鞋子部分使用“分离”工具，如图 3-2-48 所示，再使用“镜像”工具复制右脚。使用“挤出”命令制作鞋子细节，如图 3-2-49 所示。

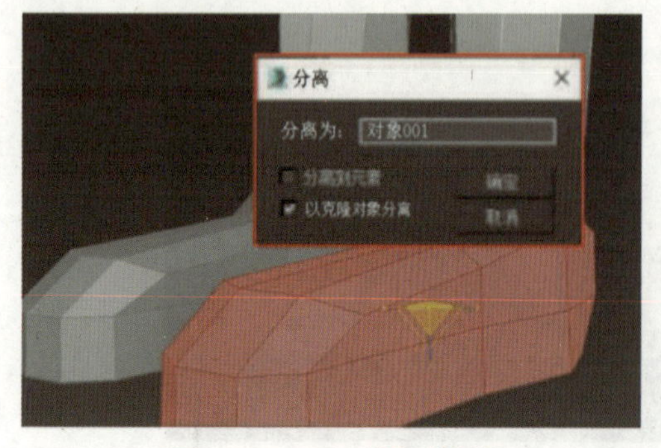

图 3-2-48 鞋子制作

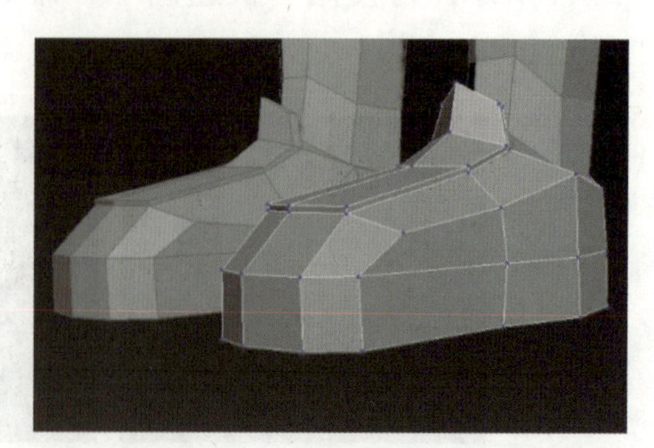

图 3-2-49 制作鞋子细节

思考：简述进行鞋子分离的方法。

步骤 21：在透视图中将“编辑多边形”切换至“边”模式，使用“快速循环”命令给鞋子加线，如图 3-2-50 所示;在“边”模式中调整模型制作出鞋子底部，如图 3-2-51 所示；切换至“点”模式调整整体鞋子造型，启用“涡轮平滑”观察效果，如图 3-2-52 所示。

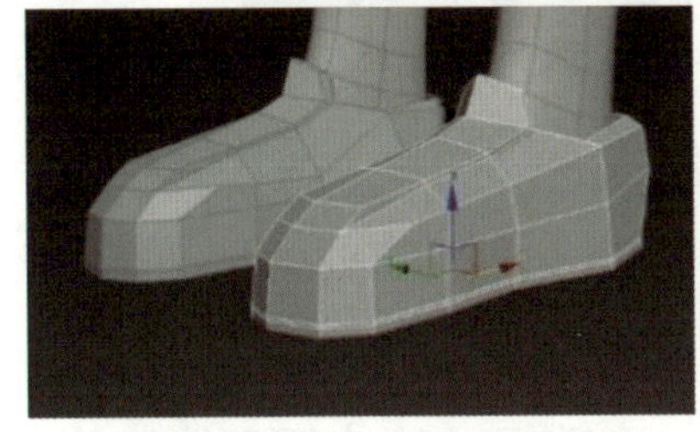
图 3-2-50　为鞋子加线

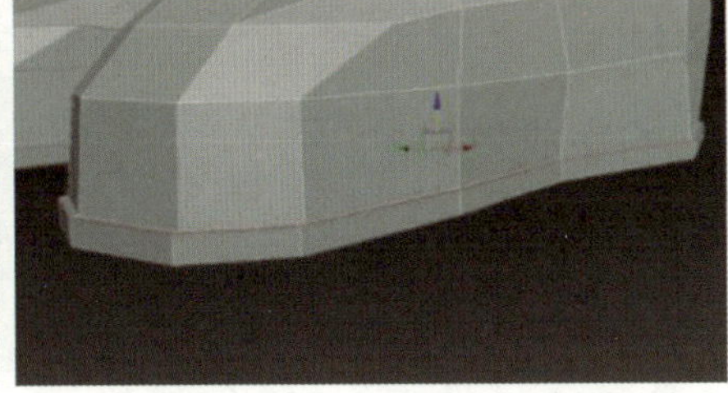
图 3-2-51　制作鞋子底部

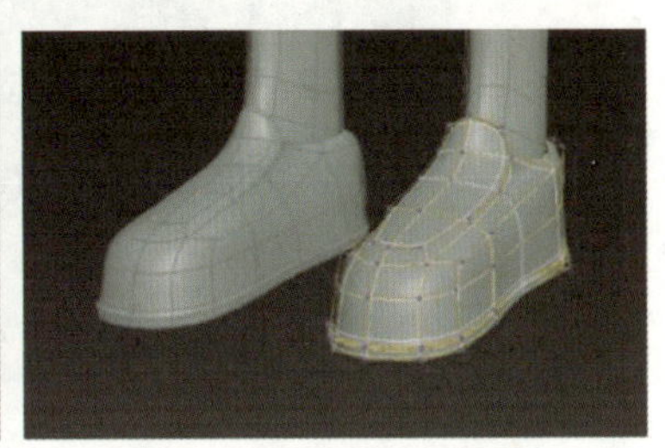
图 3-2-52　平滑效果

思考：请展示本步骤完成后鞋子的效果。

步骤 22：在透视图中将“编辑多边形”切换至“边”模式，选择“快速循环”命令，给腿部加线，如图 3-2-53 所示；切换至“点”模式，调整腿部膝盖位置，如图 3-2-54 所示；切换至“多边形”模式，选择膝盖位置；使用“挤出”命令调整出腿部膝盖，如图 3-2-55 所示。

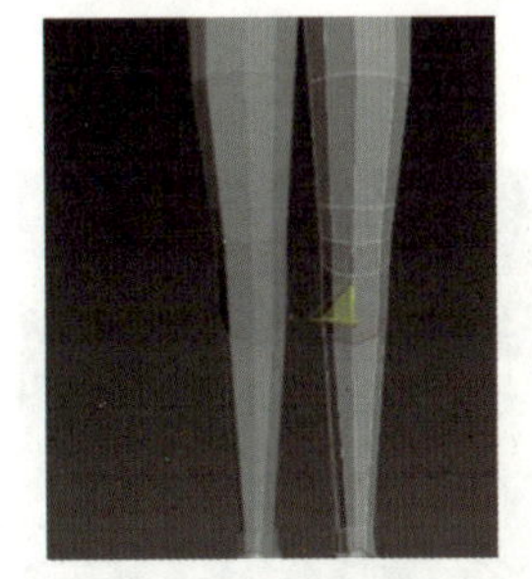
图 3-2-53　腿部加线

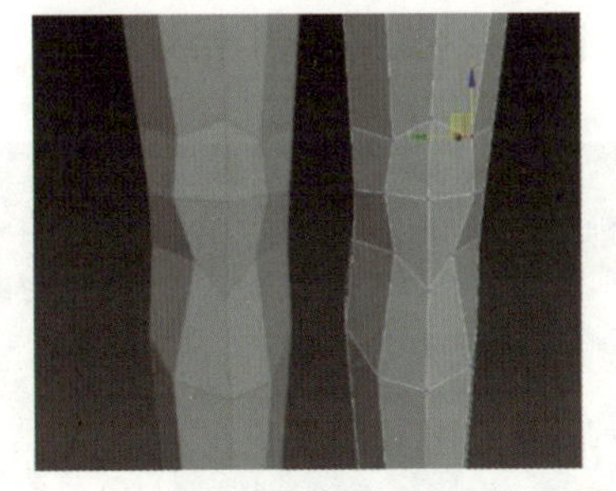
图 3-2-54　调整腿部膝盖位置

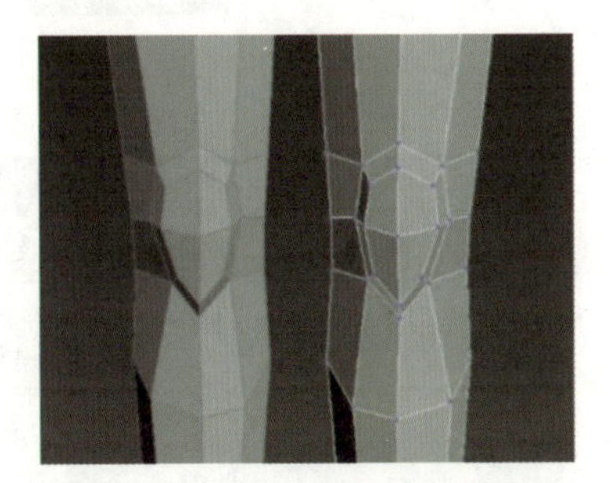
图 3-2-55　调整出腿部膝盖

思考：请展示调整完成后的膝盖效果。

步骤 23：在透视图中将“编辑多边形”切换至“边”模式，选择“快速循环”命令，给小腿位置加线，如图 3-2-56 所示；再切换至“点”模式，调整腿部整体模型，如图 3-2-57 所示。

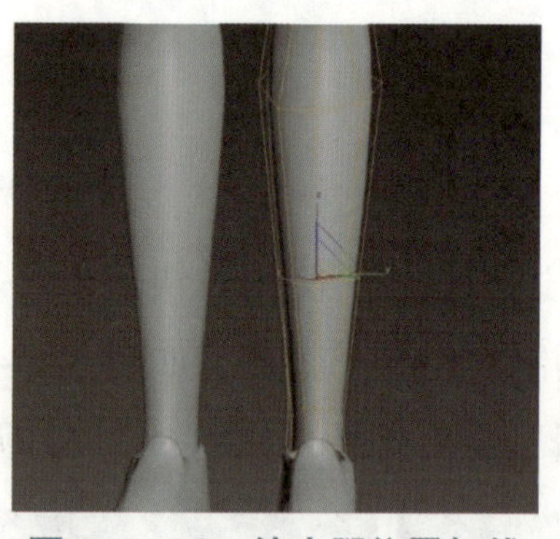
图 3-2-56　给小腿位置加线

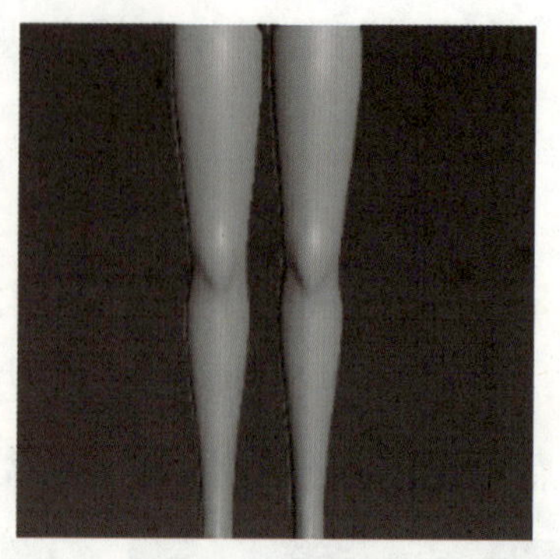
图 3-2-57　调整腿部整体模型

思考：请展示最终腿部模型的完成效果。

步骤 24：在透视图中将“编辑多边形”切换至“边”模式，选择“快速循环”命令给手臂位置加线，如图 3-2-58 所示；选择肩膀位置的多余边进行删除操作，如图 3-2-59 所示；再使用“剪切”工具给前后加线，如图 3-2-60 所示。

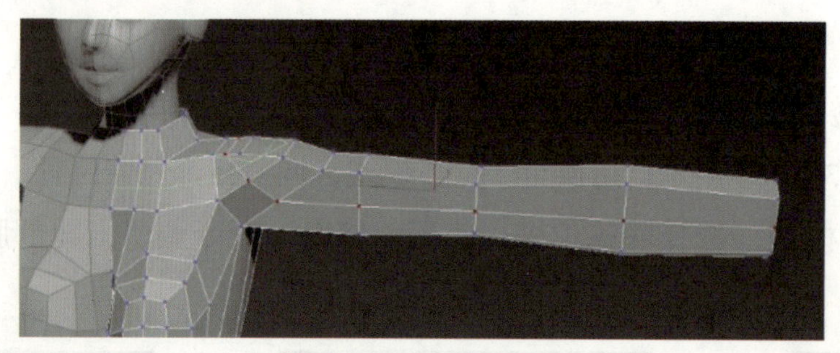
图 3-2-58　手臂加线

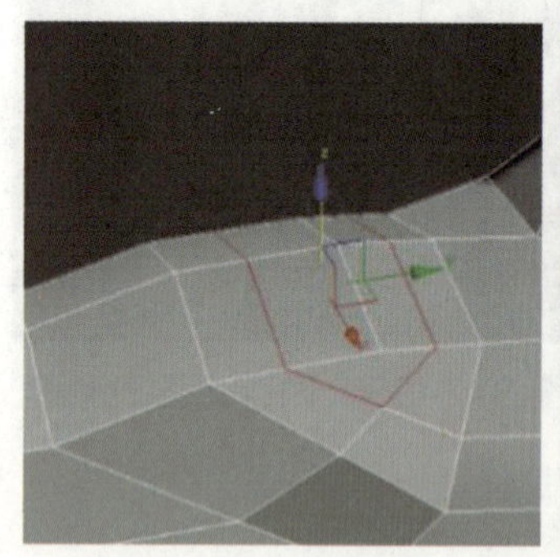
图 3-2-59　删除多余边

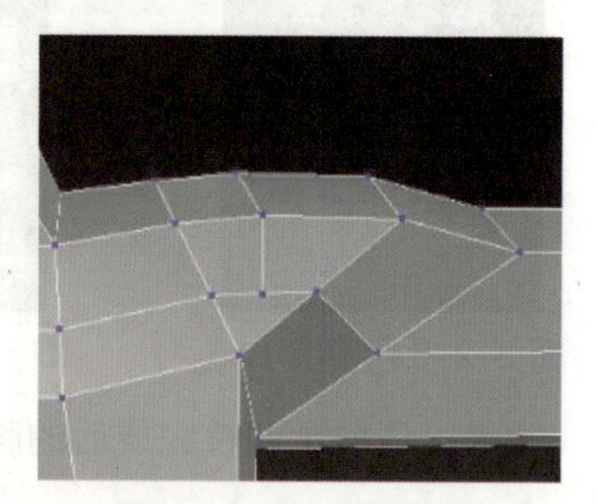
图 3-2-60　前后加线

思考：肩膀位置哪些边是多余的？

步骤 25：在透视图中将“编辑多边形”切换至“点”模式，调整整体模型，如图 3-2-61 所示；选择手臂末端的点进行旋转操作，如图 3-2-62 所示；选择“快速循环”命令为手臂关节加线，如图 3-2-63 所示。

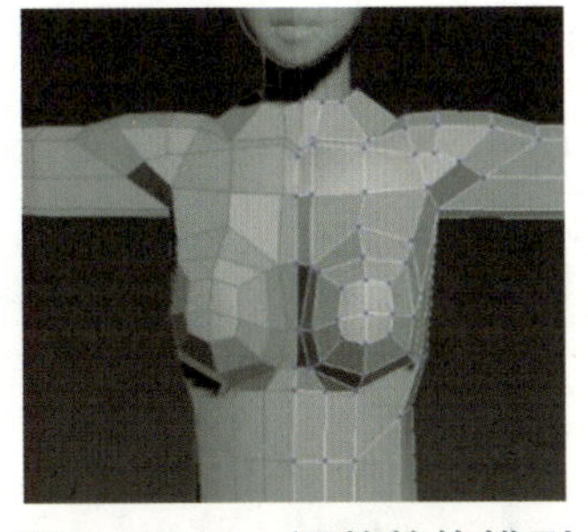

图 3-2-61　调整整体模型

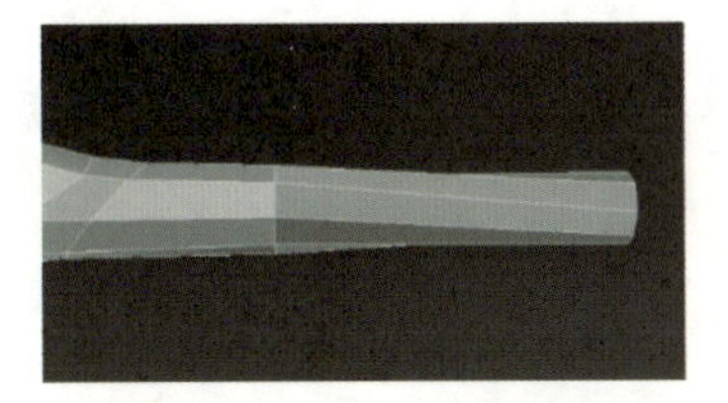

图 3-2-62　旋转操作

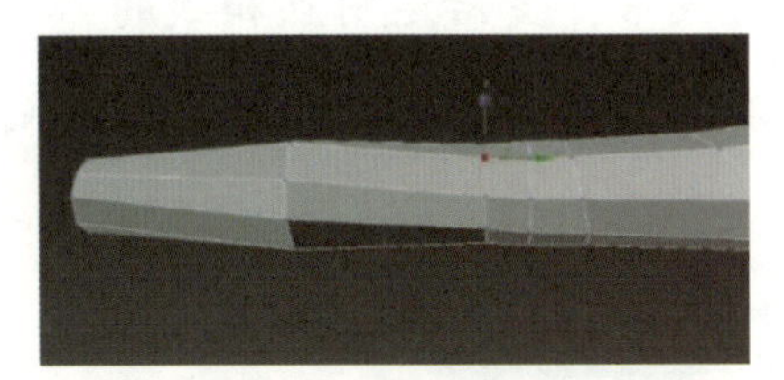

图 3-2-63　为手臂关节加线

思考：简述旋转时的要点。

步骤 26：在透视图中将“编辑多边形”切换至“多边形”模式，使用“挤出”工具制作出肘关节，如图 3-2-64 所示；将“编辑多边形”切换至“点”模式，调整模型背部，如图 3-2-65 所示。

步骤 27：整体调整身体结构，最终效果如图 3-2-66 所示。

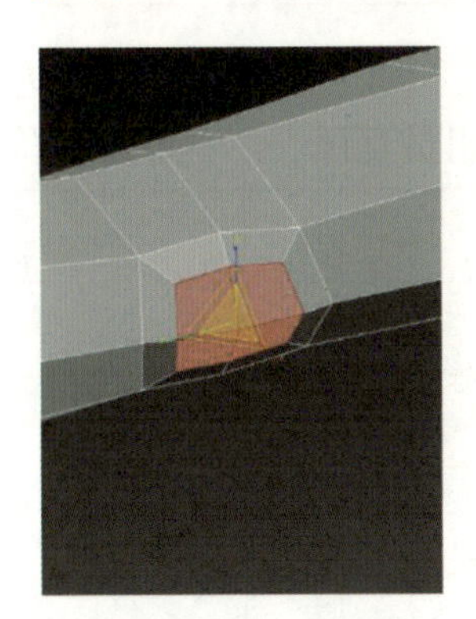

图 3-2-64　肘关节

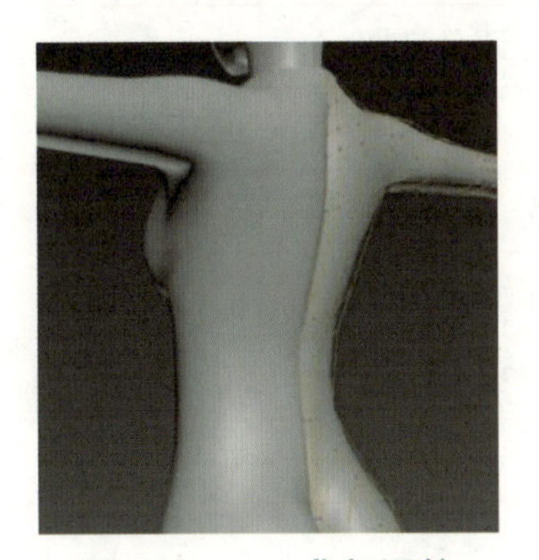

图 3-2-65　背部调整

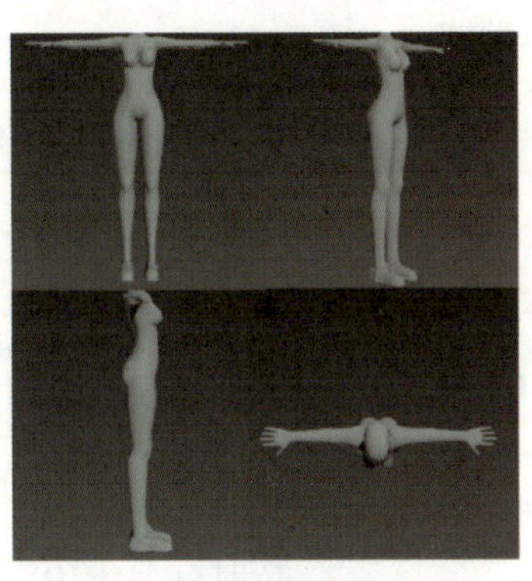

图 3-2-66　最终模型效果

拓展训练

请根据上面的方法，做出小白的身体模型，即根据图 3-2-67（a）所示的素材，实现图 3-2-67（b）所示的设计效果。

（a）

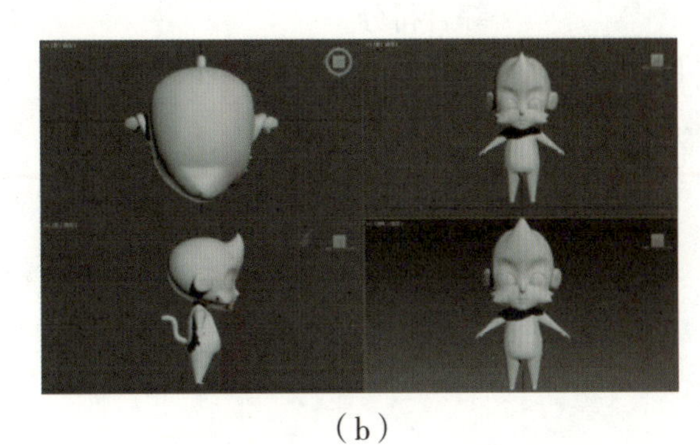

（b）

图 3-2-67　拓展训练素材和设计效果

（a）素材；（b）设计效果

提示： 运用做好的小猴头部文件制作其身体的躯干、手和脚；在 3ds Max 的“修改”面板中，灵活运用点和线的“移动”“旋转”“缩放”“增减”“网格平滑”“镜像”等命令，细分出身体轮廓，并注意观察 Q 版人物身体形态，对比参考图做出身体模型。

学习总结

1. 请写出学习过程中的收获和遇到的问题。

2. 请对自己的作品进行评价并填写表 3-2-1。

表 3-2-1　项目过程考核评价表

<table>
<tr><td>班级</td><td></td><td>项目任务</td><td colspan="3"></td></tr>
<tr><td>姓名</td><td></td><td>教师</td><td colspan="3"></td></tr>
<tr><td>学期</td><td></td><td>评分日期</td><td colspan="3"></td></tr>
<tr><td colspan="3">评分内容（满分 100 分）</td><td>学生自评</td><td>组员互评</td><td>教师评价</td></tr>
<tr><td rowspan="4">专业技能（60 分）</td><td colspan="2">工作页完成进度（10 分）</td><td></td><td></td><td></td></tr>
<tr><td colspan="2">对理论知识的掌握程度（20 分）</td><td></td><td></td><td></td></tr>
<tr><td colspan="2">理论知识的应用能力（20 分）</td><td></td><td></td><td></td></tr>
<tr><td colspan="2">改进能力（10 分）</td><td></td><td></td><td></td></tr>
<tr><td rowspan="4">综合素养（40 分）</td><td colspan="2">按时打卡（10 分）</td><td></td><td></td><td></td></tr>
<tr><td colspan="2">信息获取的途径（10 分）</td><td></td><td></td><td></td></tr>
<tr><td colspan="2">按时完成学习及工作任务（10 分）</td><td></td><td></td><td></td></tr>
<tr><td colspan="2">团队合作精神（10 分）</td><td></td><td></td><td></td></tr>
<tr><td colspan="3">总分</td><td></td><td></td><td></td></tr>
<tr><td colspan="3">综合得分
（学生自评 10%；组员互评 10%；教师评价 80%）</td><td colspan="3"></td></tr>
<tr><td colspan="3">学生签名:</td><td colspan="3">教师签名:</td></tr>
</table>

任务三

衣服与配饰的制作

任务描述

下面的任务是给宁宁设计一套具有壮族特色的服装与配饰，最终效果如图 3-3-1 所示。

图 3-3-1　服装与配饰效果

提示：设计中需要用到已掌握的“编辑多边形”和“修改器列表”，以及新的操作技能——“UVW 展开”。

知识目标

1. 了解 3ds Max 中三维角色衣服与配饰的制作流程。
2. 能归纳出制作衣服与配饰的常用方法。
3. 了解衣服与配饰造型的基础理论。

能力目标

1. 掌握衣服与配饰的创建方法及调整方法。
2. 掌握衣服与配饰造型的特点。

职业素养

了解壮族人民的民间文学、舞蹈文化，学习壮族服装与配饰元素的设计。

学习指导

壮族主要分布在广西、云南、广东和贵州等省区，是一个具有悠久历史和灿烂文化的民族。壮族人民在民族民间文学、音乐、舞蹈、技艺的基础上，创造了壮戏。铜鼓是壮族最具代表性的民间乐器。壮族的妇女擅长纺织和刺绣，所织的壮布和壮锦均以图案精美和色彩艳丽著称。

一、壮族服饰的形

地理、气候、文化等因素，造就了壮族服饰特定的基本式样。妇女的服饰端庄得体、朴素大方、裤脚稍宽，头上包着彩色印花或提花毛巾，腰间系着精致的围裙。男装多数为破胸对襟的唐装，以当地土布制作，不穿长裤，上衣短领对襟，缝一排（6 至 8 对）布结纽扣，穿宽大裤，长及膝下，扎头巾。壮族服饰如图 3-3-2 所示。

二、壮族服饰的色

壮族服饰多以蓝色、黑色为主，女子的服装与男子相比显得多彩些。壮锦的多彩在蓝黑映衬下更显得艳丽华贵，更具美的价值。壮族服饰色彩示意如图 3-3-3 所示。

图 3-3-2　壮族服饰

图 3-3-3　壮族服饰色彩示意

本任务使用 3ds Max 进行衣服与配饰的制作，具体可观看相应的教学视频“任务三　衣服与配饰的制作”。

衣服与配饰的制作

实训过程

一、自主学习

1. 简述衣服与配饰的组成部分。

2. 查看真实衣服与配饰图片，了解衣服与配饰结构特点。

3. 思考创建衣服与配饰将使用的命令，并简述如何完成制作。

二、实践探索

步骤 1：在透视图中创建圆柱体，作为人物的帽子，如图 3–3–4 所示；将其转换为“可编辑多边形”，将“编辑多边形”切换至“边”模式，使用“快速循环”命令调整，如图 3–3–5 所示。在透视图中将“编辑多边形”切换至“点”模式，选择“剪切”命令给帽子末端进行加线操作，如图 3–3–6 所示。

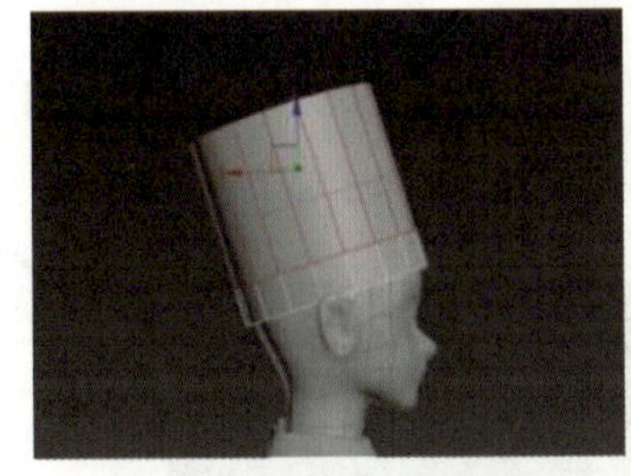

图 3–3–4　圆柱体创建

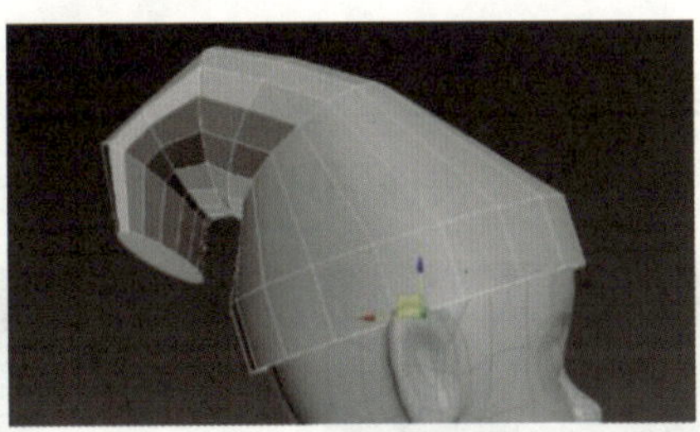

图 3–3–5　调整帽子形态

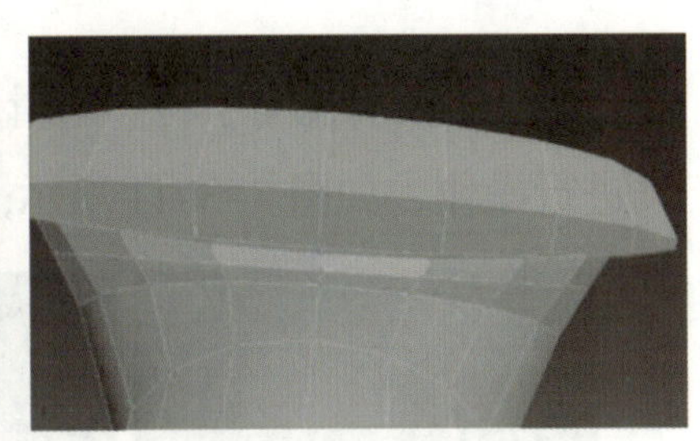

图 3–3–6　加线

思考：在使用圆柱体做帽子的过程中你遇到了哪些问题，是如何解决的？

步骤 2：在透视图中将“编辑多边形”切换至“面”模式，使用“挤出”命令进行调整，如图 3–3–7 所示；最后调整整体头部模型，效果如图 3–3–8 所示。

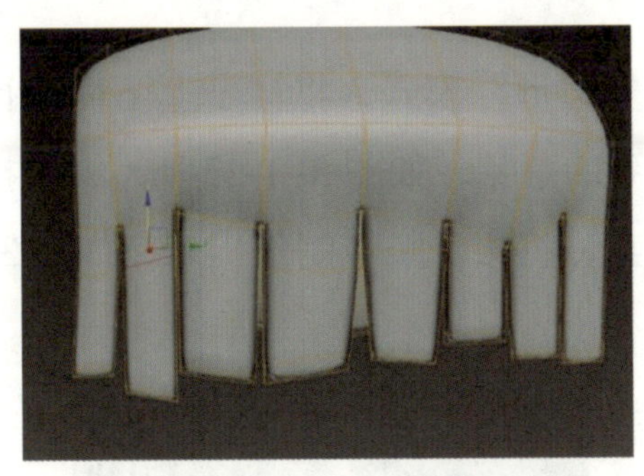

图 3–3–7　挤出操作

图 3–3–8　整体头部效果

思考：挤出操作的主要作用是什么？

步骤 3:在“前视图”中将“编辑多边形”切换至“多边形”模式，在“创建”面板“几何体”中选择“圆柱体”，然后在透视图中创建用于人物的裙子模型，如图 3-3-9 所示；选择“多边形”模式，使用“挤出”工具进行操作，如图 3-3-10 所示。

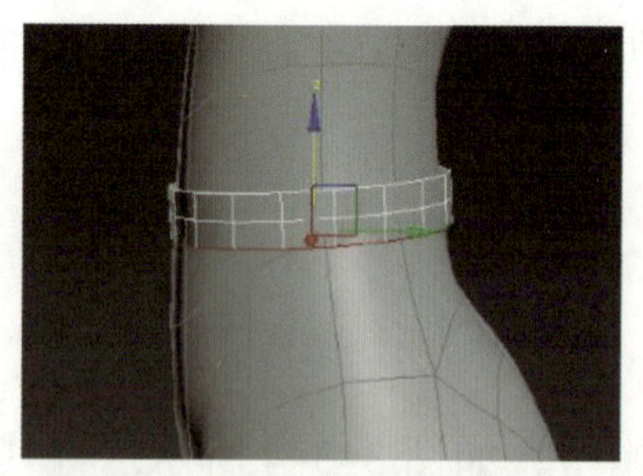

图 3-3-9 裙子模型初步设计

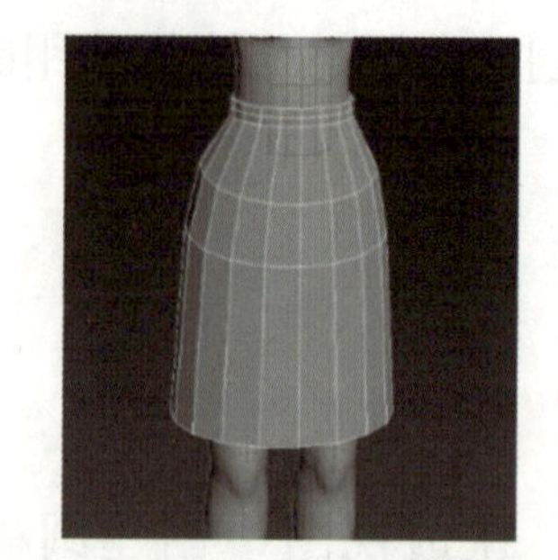

图 3-3-10 裙子挤出操作

思考：请展示挤出操作后的裙子模型效果。

步骤 4：在前视图中将“编辑多边形”切换至“边”模式，选择裙子一圈的线使用“切角”工具进行操作，如图 3-3-11 所示；再使用“快速循环”命令调整模型，如图 3-3-12 所示。

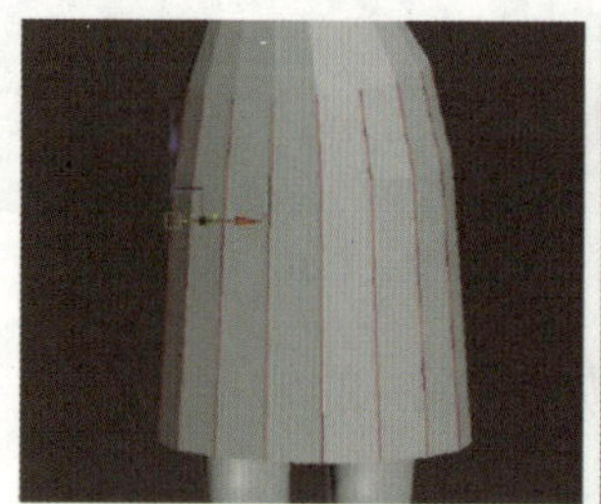

图 3-3-11 切角操作

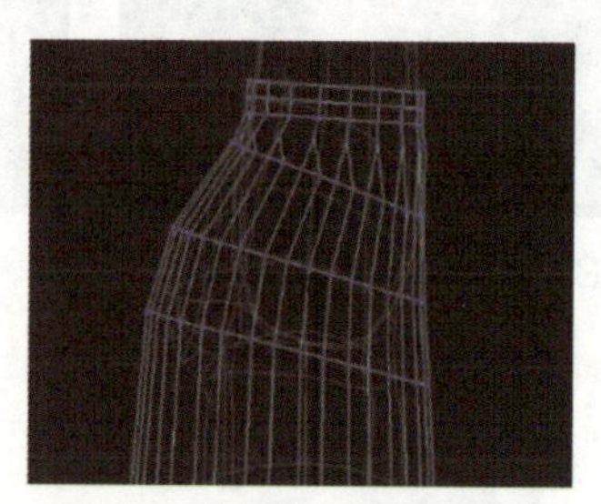

图 3-3-12 调整裙子

思考：简述调整裙子时的注意事项。

步骤 5：在透视图中将“编辑多边形”切换至“多边形”模式，将裙子上下面进行删除操作，再切换至“点”模式，调整模型制作出裙子褶皱的感觉，如图 3-3-13 所示；选择“快速循环”命令给裙子增加循环边，再使用“挤出”工具，将裙子腰带制作出来，如图 3-3-14 所示。

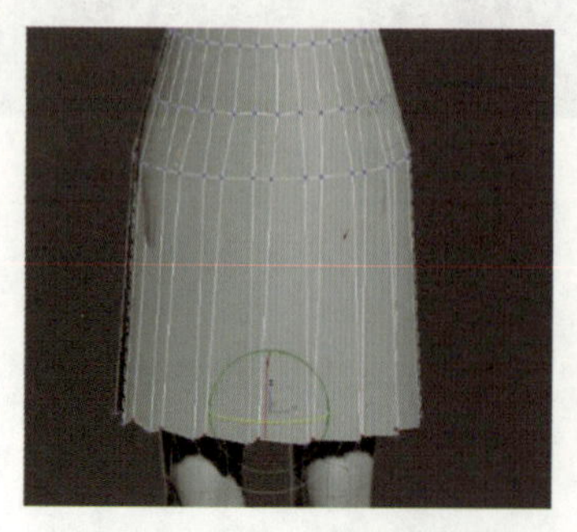

图 3-3-13 褶皱制作

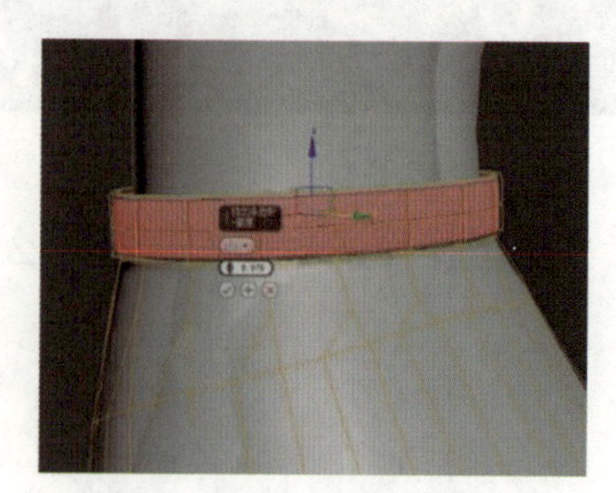

图 3-3-14 腰带制作

思考：简述将裙子上下面进行删除操作的目的。

步骤 6：在透视图中将“编辑多边形”切换至“多边形”模式，在“创建”面板“几何体”中选择“长方体”；在顶视图中创建用于人物的装饰模型；选择“点”模式调整模型，效果如图 3-3-15 所示。在透视图中将“编辑多边形”切换至“边”模式，选择“连接”工具，进行连接，如图 3-3-16 所示。

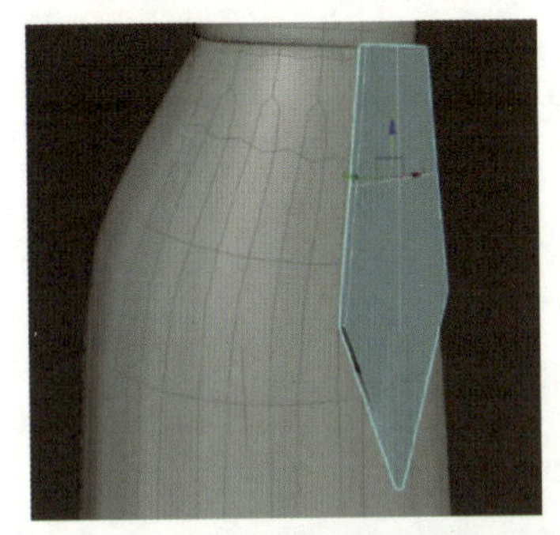

图 3-3-15　装饰模型创建与调整

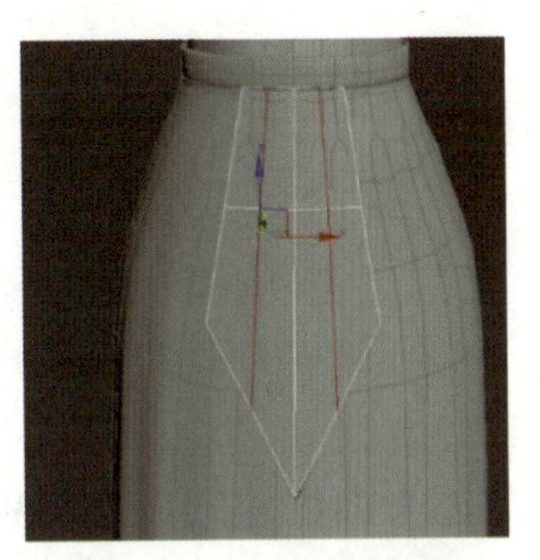

图 3-3-16　连接效果

思考：请展示本步骤完成后裙子模型的效果。

步骤 7：复制人物半个身体模型，删除多余部分，制作人物衣服，如图 3-3-17 所示。选择“镜像”命令将删除多余部分后的衣服进行复制，如图 3-3-18 所示。

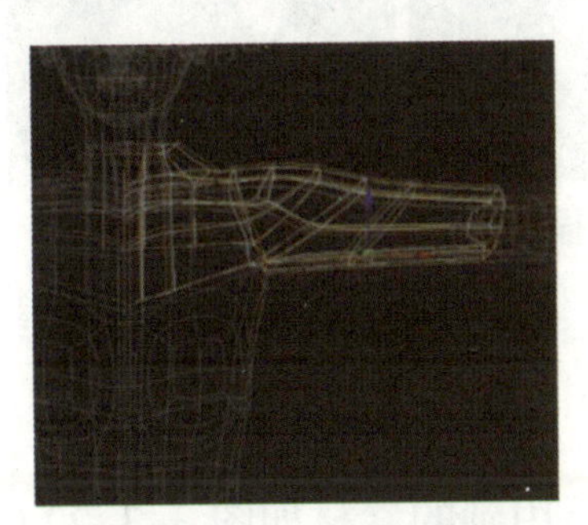

图 3-3-17　制作衣服

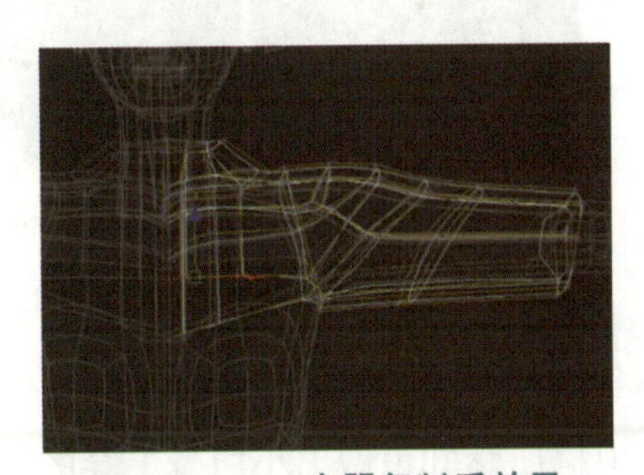

图 3-3-18　衣服复制后效果

步骤 8：在透视图中将“编辑多边形”切换至“边”模式，给衣服增加袖子与长度，再切换至“点”模式调整衣服，如图 3-3-19 所示。

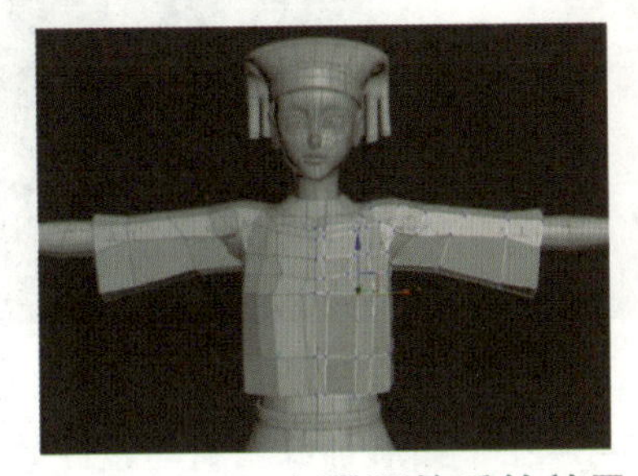

图 3-3-19　衣服调整后的效果

思考："边"模式和"点"模式调整衣服有何异同？

步骤 9：在"创建"面板"几何体"中选择"平面"；在透视图中创建用于模型的头发，如图 3-3-20 所示；切换至"点"模式调整头发模型，并使用"镜像"命令多次复制头发进行调整。

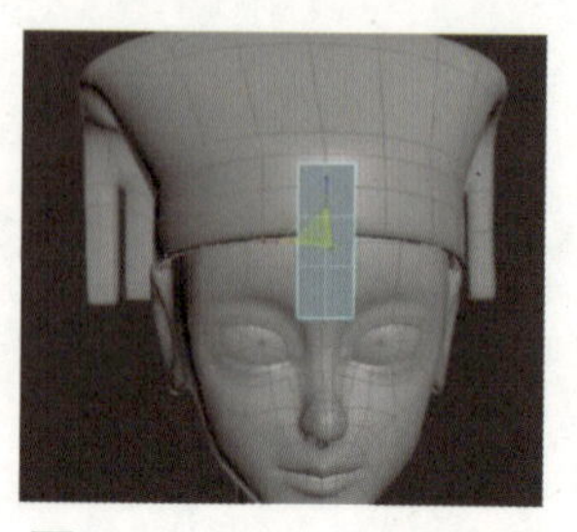

图 3-3-20　平面创建

思考：简述平面创建的注意事项。

步骤 10：在透视图中将"编辑多边形"切换至"点"模式，多次使用"镜像"工具进行头发复制，再使用"点"模式进行头发的调整，如图 3-3-21 所示。

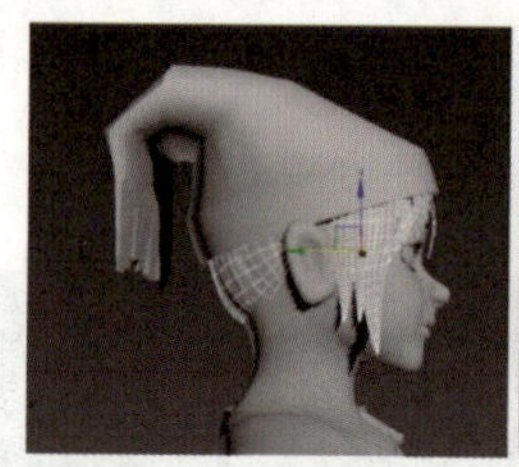
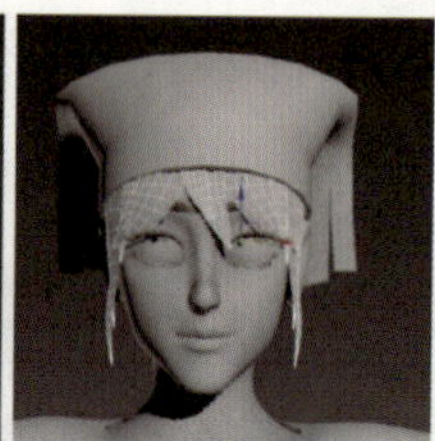
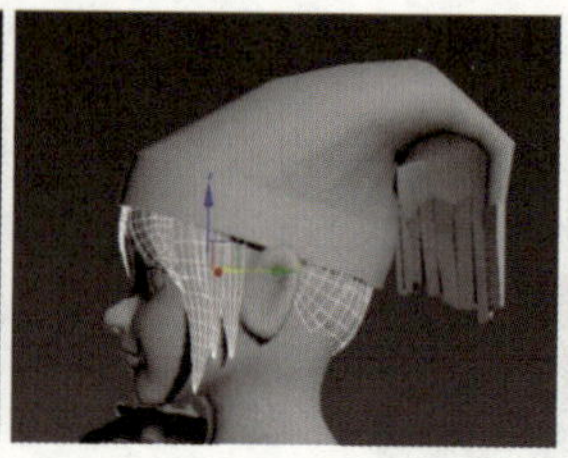
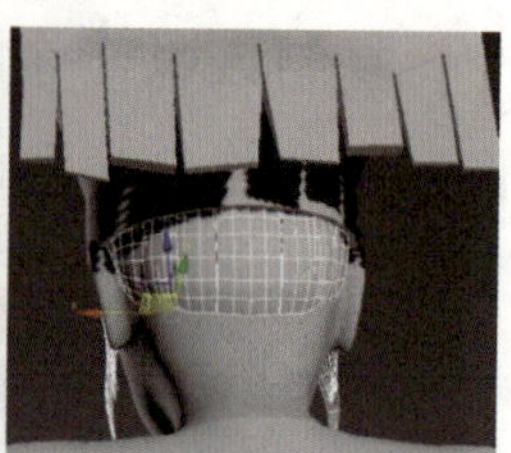

图 3-3-21　头发调整过程

拓展训练

请根据所学知识做出小白身上穿的小背心模型。需要用到的素材如图 3-3-22（a）所示，设计效果如图 3-3-22（b）所示。

（a）

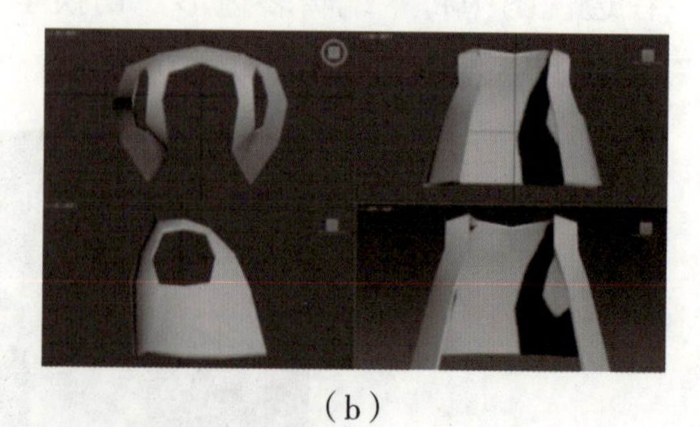

（b）

图 3-3-22　拓展训练素材与设计效果

（a）素材；（b）设计效果

提示：用制作人物服饰的方法创建小背心的模型，在 3ds Max 的“修改”面板中，复制小猴半个身体模型，删除多余部分用来制作衣服。注意观察背心形态，对比参考图做出模型。

学习总结

1. 请写出学习过程中的收获和遇到的问题。

2. 请对自己的作品进行评价并填写表 3-3-1。

表 3-3-1　项目过程考核评价表

班级		项目任务		
姓名		教师		
学期		评分日期		
评分内容（满分 100 分）		学生自评	组员互评	教师评价
专业技能（60 分）	工作页完成进度（10 分）			
	对理论知识的掌握程度（20 分）			
	理论知识的应用能力（20 分）			
	改进能力（10 分）			
综合素养（40 分）	按时打卡（10 分）			
	信息获取的途径（10 分）			
	按时完成学习及工作任务（10 分）			
	团队合作精神（10 分）			
总分				
综合得分（学生自评 10%；组员互评 10%；教师评价 80%）				
学生签名：		教师签名：		

任务四

角色材质的制作

任务描述

服装与配饰需要贴上美丽的纹理和色彩，为了体现广西的壮锦文化和元素，下面的设计任务是通过角色材质的添加，用“展开出来的图片”进行纹理绘制。

提示： 需要用到已掌握的“UVW展开”，以及新的操作技能——Photoshop贴图纹理的绘制。

根据图3-4-1（a）所示的素材，实现图3-4-1（b）所示的设计效果。

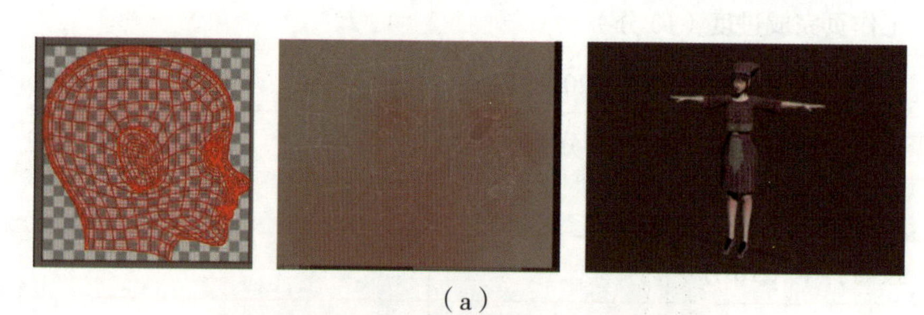

（a）

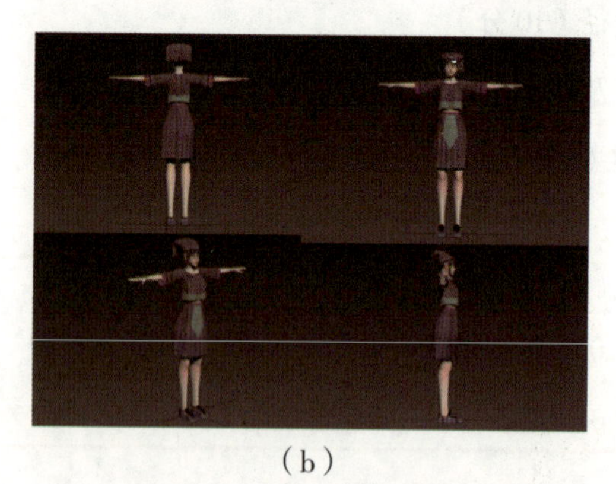

（b）

图3-4-1　素材和设计效果

（a）素材；（b）设计效果

提示： 灵活运用点和线的“移动”“旋转”“缩放”“增减”“网格平滑”“镜像”等命令，就能很好地制作出模型。

知识目标

1. 了解 3ds Max 中三维角色材质模型的制作流程。
2. 能归纳出制作角色材质的常用命令。
3. 了解角色材质的基础理论。

能力目标

1. 掌握模型展开 UVW 的方法及调整方法。
2. 掌握 Photoshop 软件进行贴图绘制方法。

职业素养

领会壮族服装与配饰的纹理和色彩，学习符合壮锦文化的贴图设计。

学习指导

动漫角色贴图的制作是三维动画最重要的环节之一，本任务将角色材质分为 3 个流程：①人物模型 UVW 展开；② Photoshop 软件贴图绘制；③给予模型材质贴图。

本任务使用 3ds Max 进行角色材质的制作，具体可观看相应的教学视频“任务四　角色材质的制作”。

角色材质的制作 1

角色材质的制作 2

角色材质的制作 3

实训过程

一、自主学习

1. 简述人物模型 UVW 的展开。

2. 请说出 Photoshop 软件绘制贴图时的要点。

3. 思考人物材质绘制将使用的命令，并简述如何完成制作。

二、实践探索

步骤 1： 在透视图中将“编辑多边形”切换至“多边形”模式，选择图 3-4-2 所示的区域进行分离，再将衣服、帽子、头发、眼睛等部件进行分离操作。

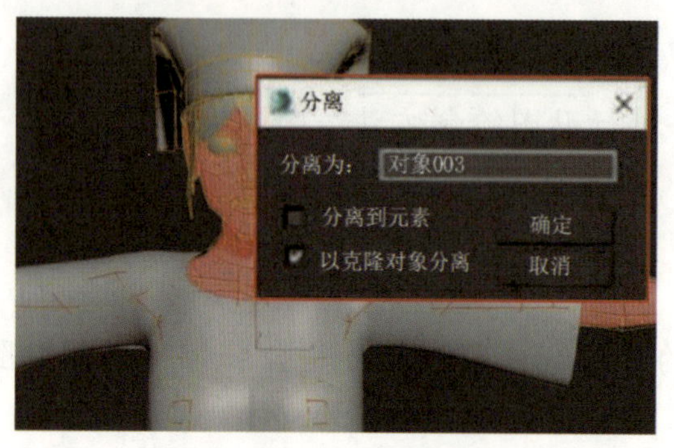

图 3-4-2　分离设置

思考： 简述分离操作的步骤。

步骤 2： 在透视图中将“编辑多边形”切换至“多边形”模式，选择模型身体的一半进行删除操作，如图 3-4-3 所示；再选择模型头部位置进行分离操作，如图 3-4-4 所示。

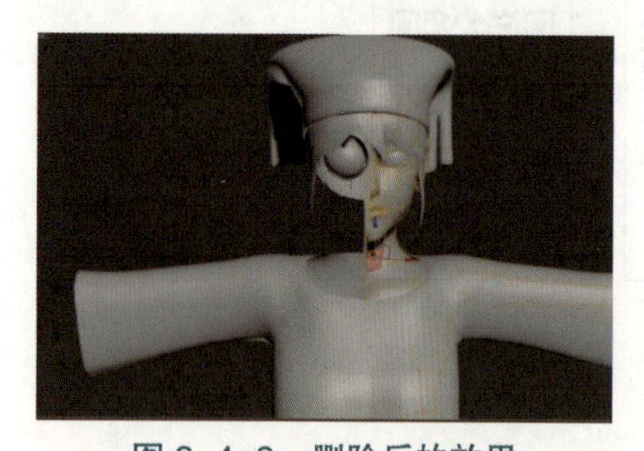

图 3-4-3　删除后的效果

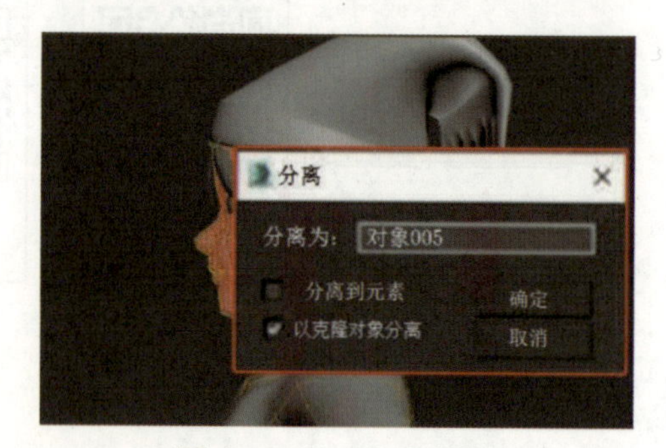

图 3-4-4　分离操作

思考： 进行删除操作的目的是什么？

步骤 3： 在透视图中将“编辑多边形”切换至“多边形”模式，将模型手部也使用“分离”工具进行分离，如图 3-4-5 所示；选择头部模型，给模型添加“UVW 展开”工具，如图 3-4-6 所示；再选择“UVW 展开”选项，在“投影”面板中单击“平铺”按钮，如图 3-4-7 所示。

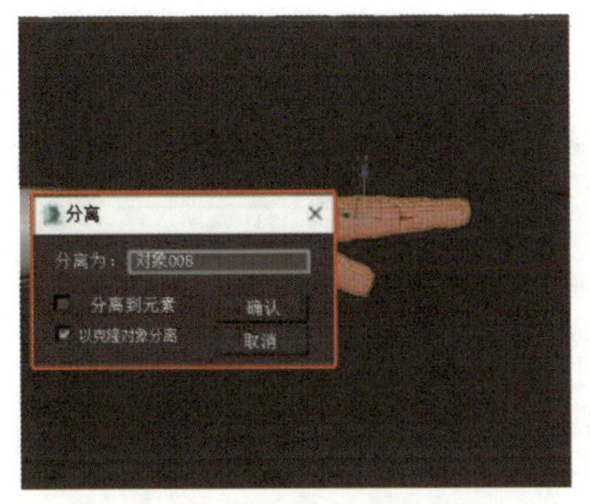

图 3-4-5　模型手部分离操作

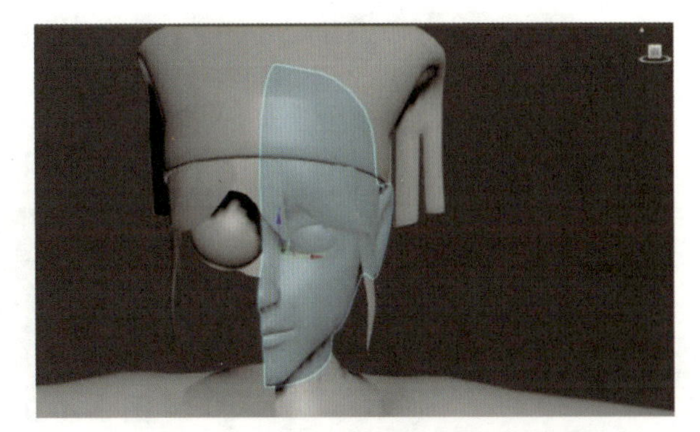

图 3-4-6　添加“UVW 展开”工具

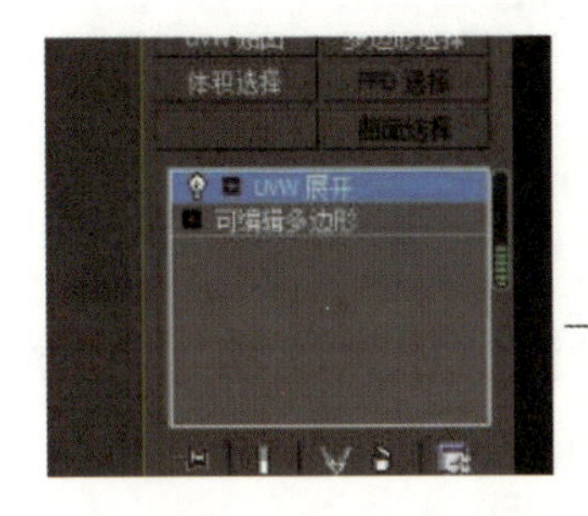

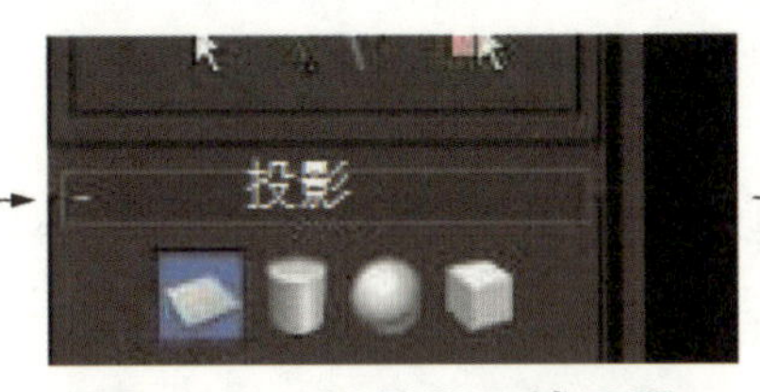

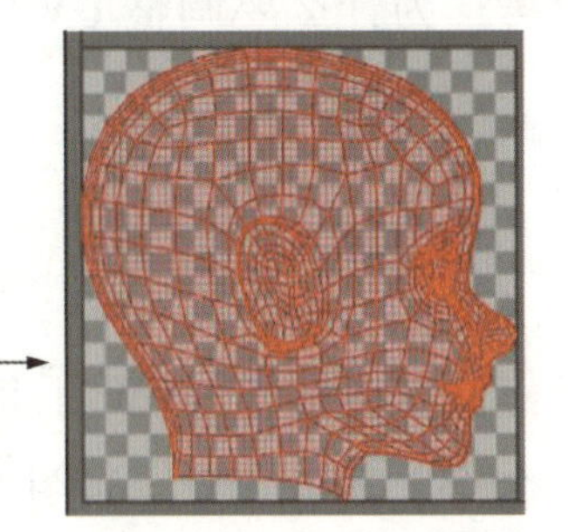

图 3-4-7　投影及平铺设置

思考：简述投影时的注意事项。

步骤 4：在编辑 UVW 工具操作界面中选择“工具”→“松弛工具”命令，调整至如图 3-4-8 所示；选择点，手动调整 UV 中耳朵、眼睛、嘴巴部分重合的点，如图 3-4-9 所示。

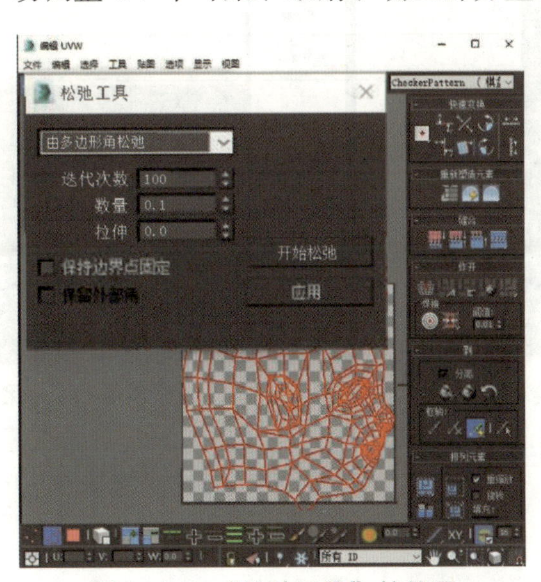

图 3-4-8　“松弛工具”的使用

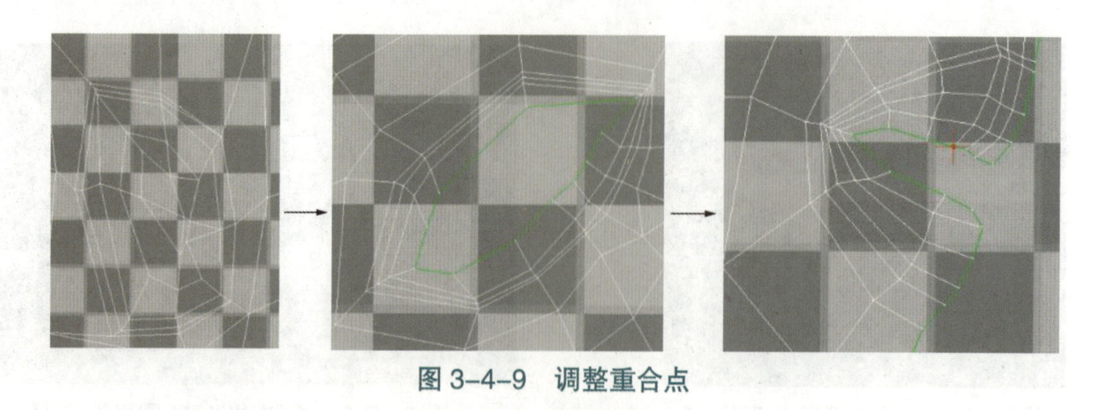

图 3-4-9　调整重合点

思考：为什么要调整 UV 中耳朵、眼睛、嘴巴部分重合的点？

步骤 5：在编辑 UVW 工具操作界面中选择“工具”→“渲染 UVW 模板”→“渲染 UV 模板”命令，导出 UV，如图 3-4-10 所示。新建一个名为“UVW 展开”的文件夹，将文件命名为“头部”并保存为 JPG 格式，如图 3-4-11 所示。

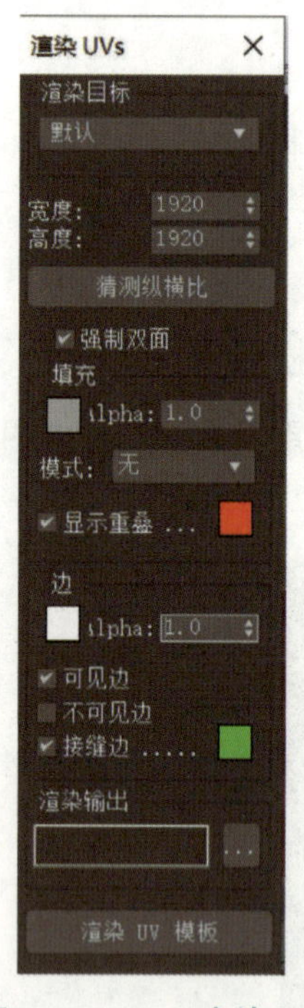

图 3-4-10　渲染 UV

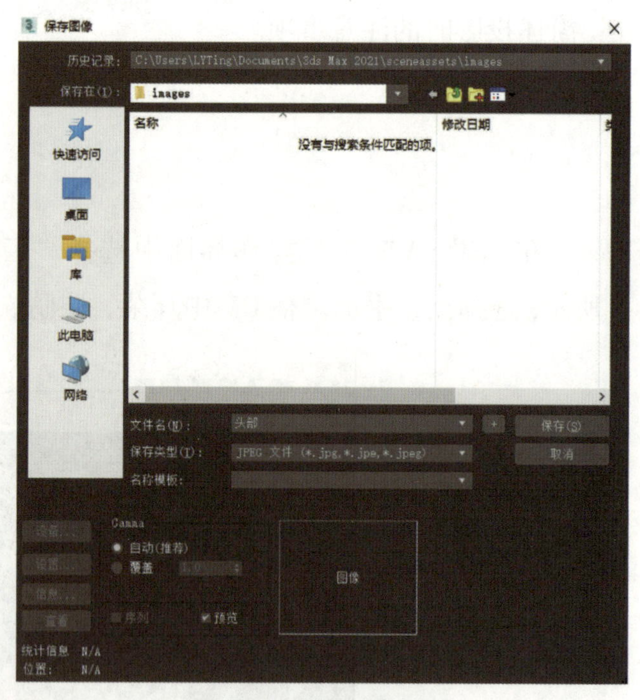

图 3-4-11　保存文件

思考：渲染 UV 时应注意什么问题？

步骤 6：选择身体模型，使用“UVW 展开”工具进行操作，如图 3-4-12 所示；再选择“UVW 展开”选项，在“投影”面板中单击“平铺”按钮，“对齐选项”选择“Y”。

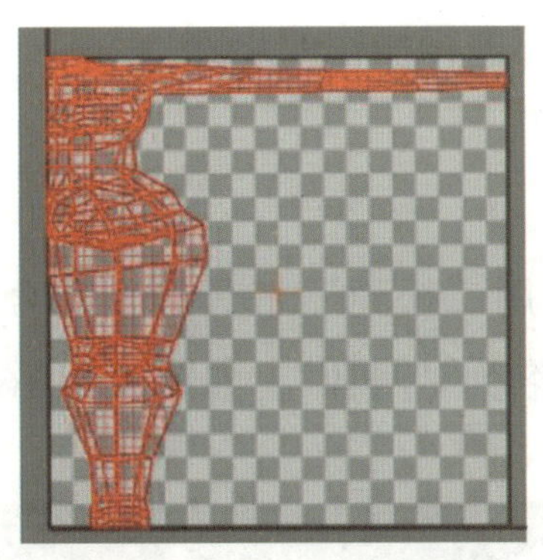

图 3-4-12　UVW 展开

思考：为什么“对齐选项”选择“Y”？

步骤 7：选择身体模型，使用“断开”工具将身体与腿部分开，如图 3-4-13 所示；再重复上述步骤将手臂与身体断开，如图 3-4-14 所示。将断开后的腿部进行图 3-4-15 所示的操作。手臂操作与腿部类似，这里不再赘述。

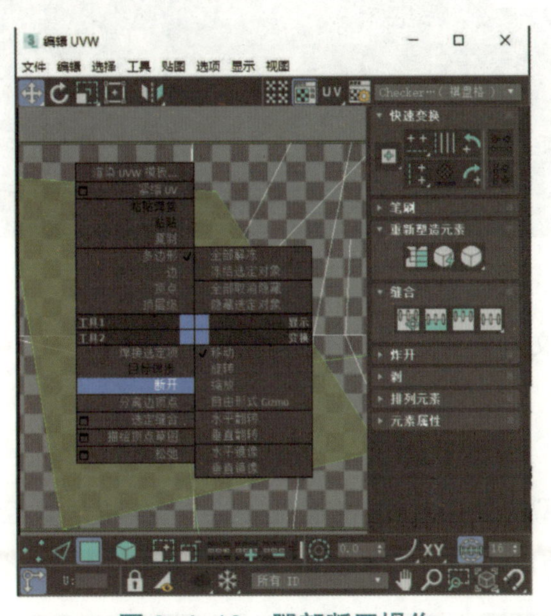

图 3-4-13　腿部断开操作

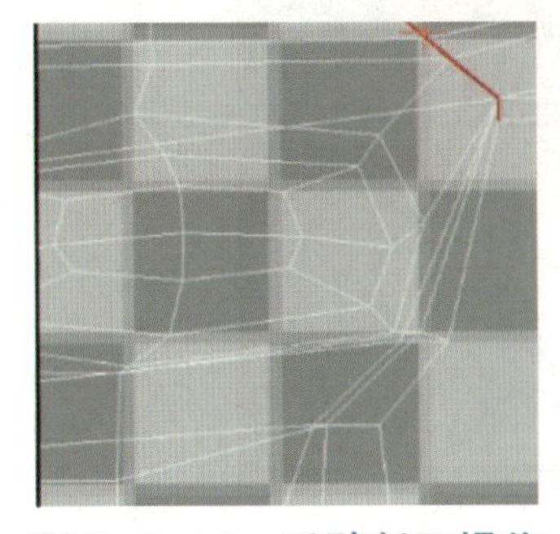

图 3-4-14　手臂断开操作

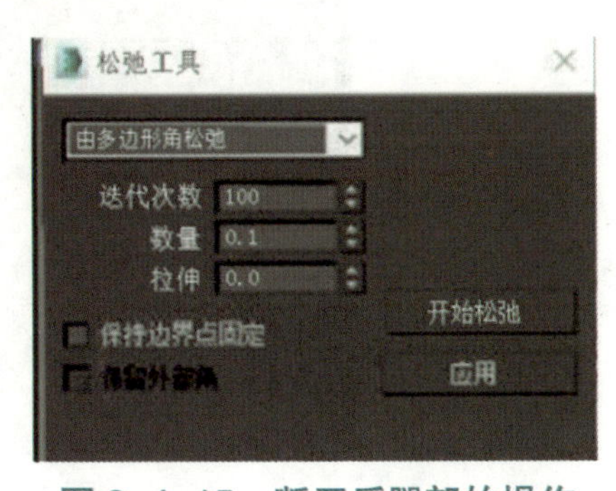

图 3-4-15　断开后腿部的操作

思考：简要叙述对断开后腿部进行操作的步骤。

步骤 8：选择身体模型，使用“松弛”工具调整重合的点；再将躯干和身体的 UV 调整好；导出 JPG 格式文件，并命名为“身体”，如图 3-4-16 所示。

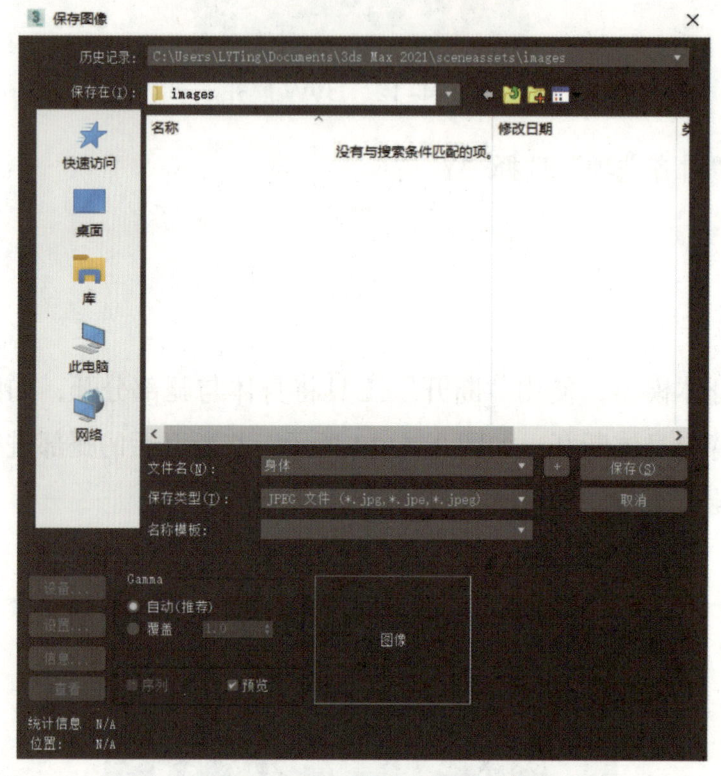

图 3-4-16　导出 JPG 文件

思考：简述“身体”文件的导出及命名过程。

步骤 9：选择手部模型，使用“UVW 展开”工具、“断开”工具进行展开，如图 3-4-17 所示；选择手掌的 UV，使用“松弛”工具调整手掌重合的点，如图 3-4-18 所示。

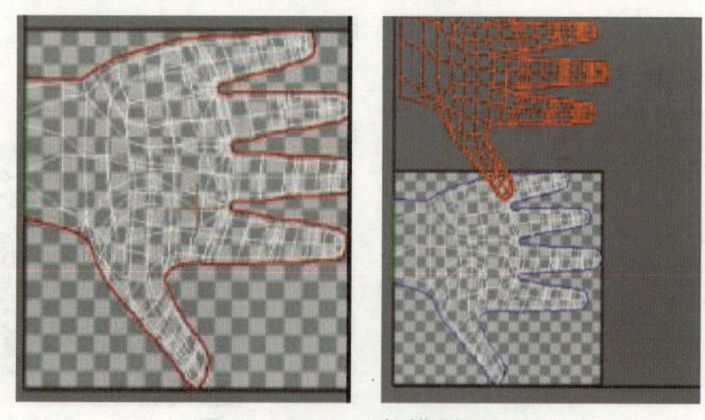

图 3-4-17　手部模型展开

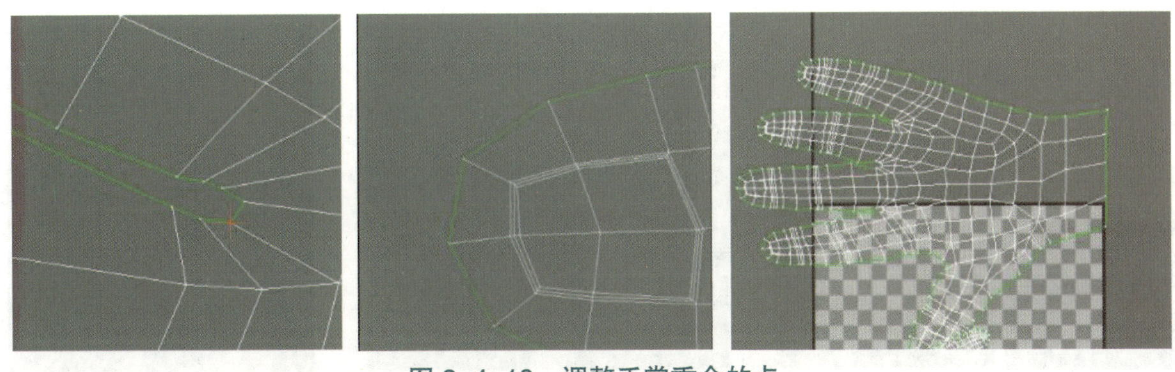

图 3-4-18　调整手掌重合的点

思考：使用“松弛”工具调整手掌重合的点的目的是什么？

步骤 10：选择手部模型的 UV 进行合理排布，如图 3-4-19 所示。将手掌 UV 导出为 JPG 格式文件，并命名为“手部”，如图 3-4-20 所示。

图 3-4-19　对手部模型的 UV 进行合理排布

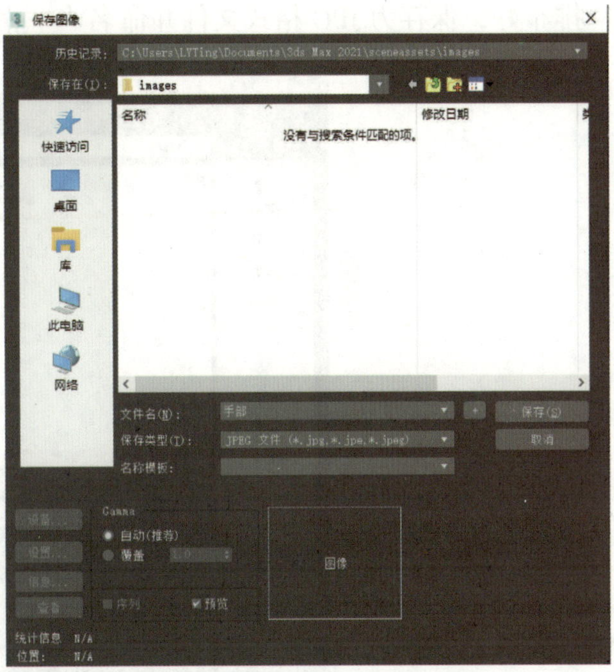

图 3-4-20　“手部”文件导出

思考：排布手部模型 UV 时应注意什么？

步骤 11：选择帽子模型，添加“UVW 展开”工具，在“投影”面板中单击“平铺”按钮，并对齐 Y 轴，如图 3-4-21 所示；在“UVW 展开”面板中切换“边”模式，选择“断开”工具将帽檐分开，如图 3-4-22 所示。再重复上述步骤将帽尾断开，如图 3-4-23 所示。

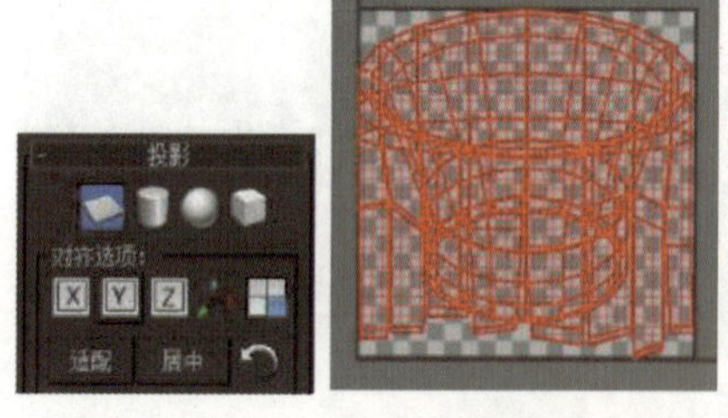

图 3-4-21　帽子模型投影设置

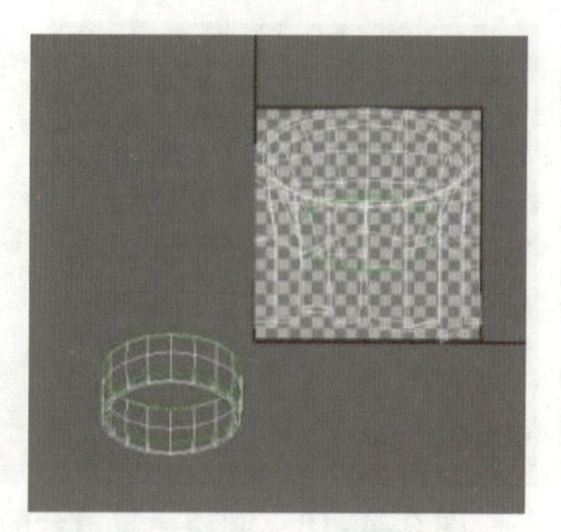

图 3-4-22　将帽檐分开

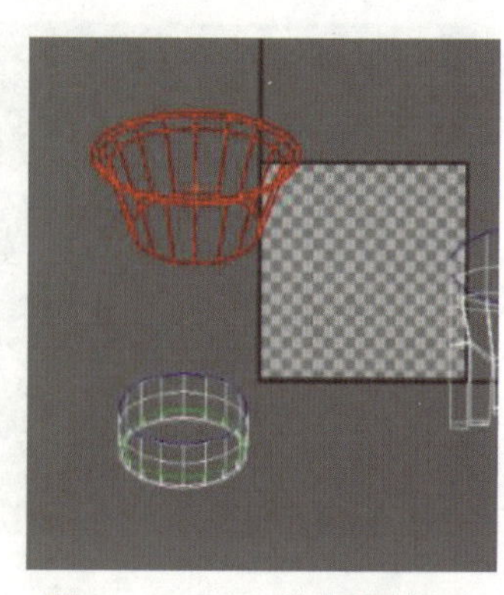

图 3-4-23　将帽尾断开

思考：简述断开帽尾的步骤。

步骤 12：选择帽子模型的帽檐部分进行断开操作，再使用“松弛”工具，进行“由多边形角松弛”，迭代次数为 100，数量为 0.1。将帽子中端部分也进行同样操作。将帽子的 UV 排布好，保存为 JPG 格式文件并命名为“帽子”，如图 3-4-24 所示。

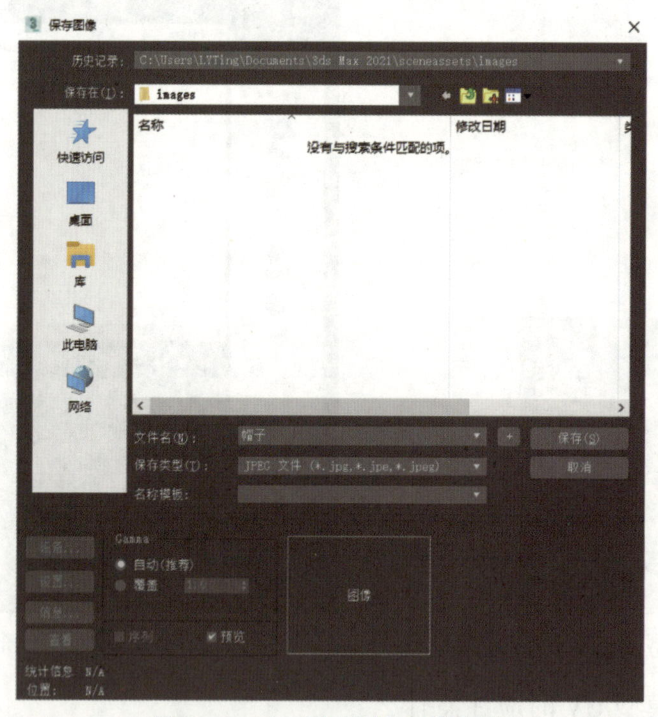

图 3-4-24　“帽子”文件导出

思考：简述帽子中端部分的操作过程。

步骤 13：选择头发部分模型，添加“UVW 展开”工具，在“投影”面板中单击“平铺”按钮，并对齐 Y 轴，再使用“松弛”工具进行“由多边形角松弛”，迭代次数为 100，数量为 0.1。最后对 UV 进行排布，保存为 JPG 格式文件并命名为“头发”，如图 3-4-25 所示。

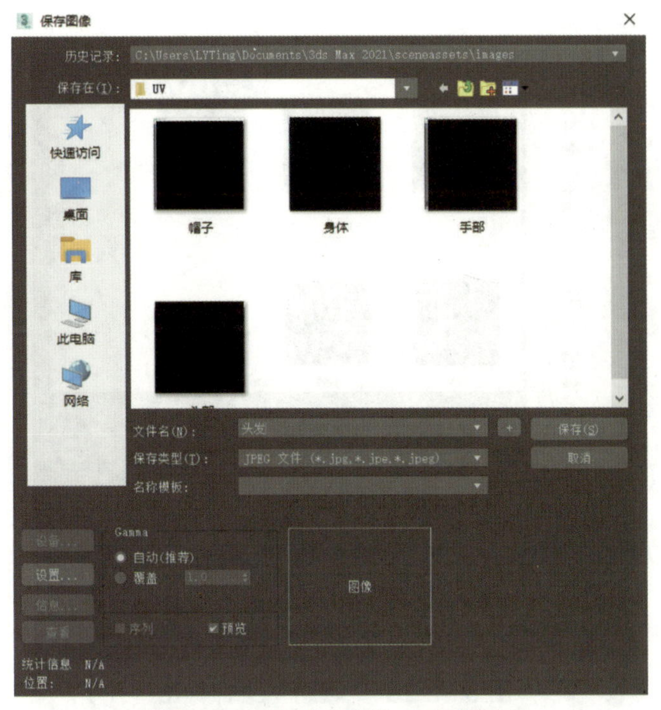

图 3-4-25　“头发”文件导出

思考：请展示导出后的“头发”文件。

步骤 14：选择眼球模型，添加“UVW 展开”工具，在“投影”面板中单击“平铺”按钮，并对齐 Y 轴，效果如图 3-4-26 所示；再将视图转到左视图对眼球的 UV 进行断开操作，如图 3-4-27 所示。将切割好的眼球 UV 排布好，导出为 JPG 格式文件并命名为“眼睛”，如图 3-4-28 所示。

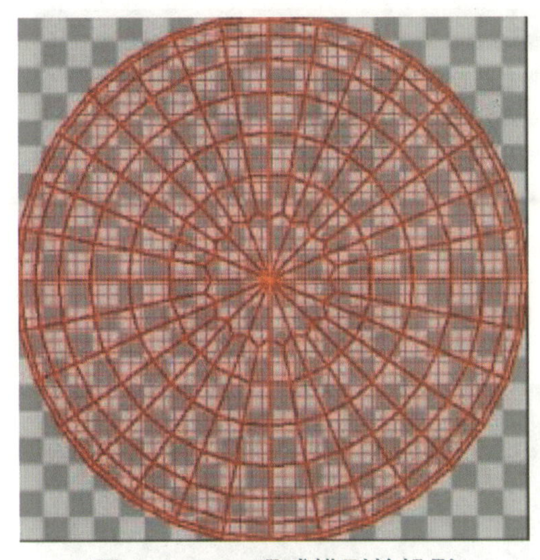

图 3-4-26　眼球模型的投影

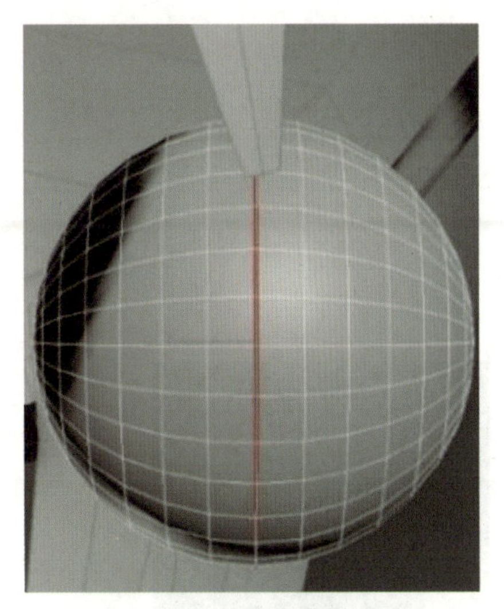

图 3-4-27　眼球的断开

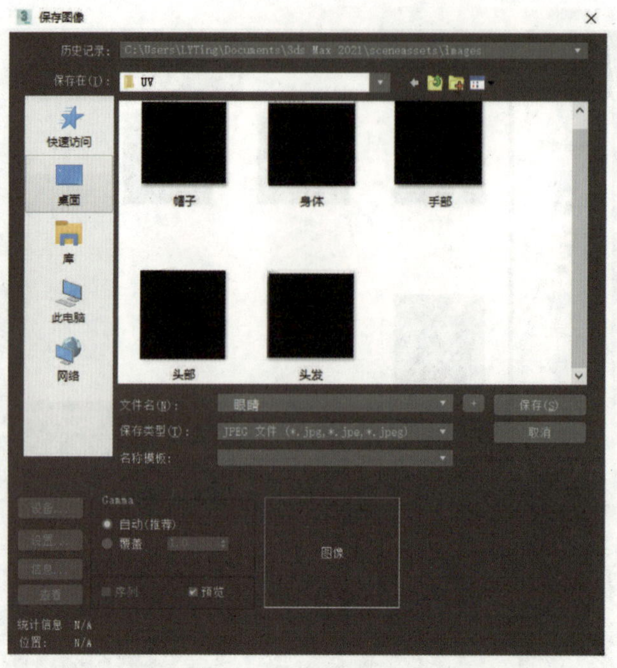

图 3-4-28 “眼睛”文件导出

思考：请展示完成后的“眼睛”图片。

步骤 15：选择衣服模型，添加“UVW 展开”工具，在“投影”面板中单击“平铺”按钮，并对齐 Y 轴。选择“边”模式，将模型断开，如图 3-4-29 所示。使用“松弛”工具调整重合的点；导出 JPG 格式文件并命名为“衣服”，如图 3-4-30 所示。

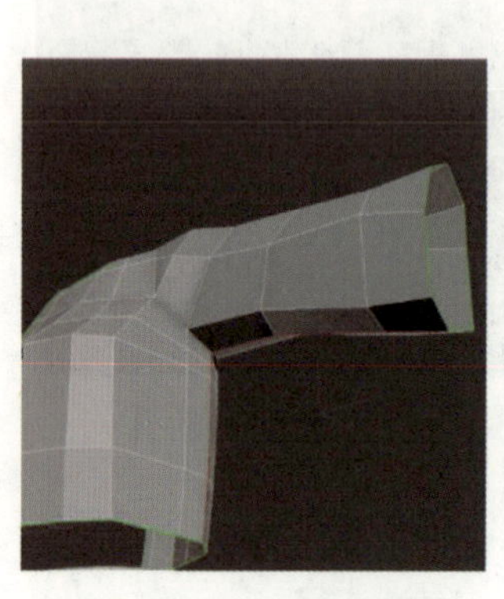

图 3-4-29 断开模型

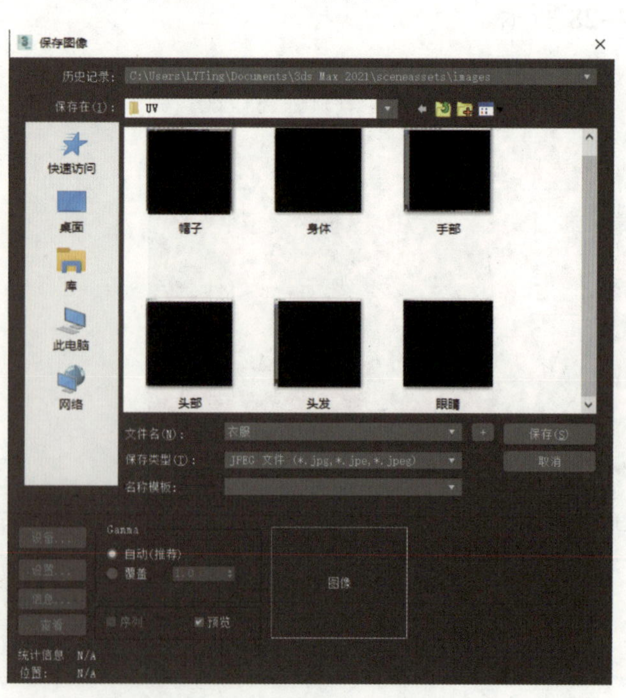

图 3-4-30 “衣服”文件的导出

思考：简述调整衣服中的点时要注意什么问题？

步骤 16：选择裙子模型，添加“UVW 展开”工具，在“投影”面板中单击“平铺”，并对齐 Y 轴，如图 3-4-31 所示。切换至“边”模式，将腰带部分与裙子分开，如图 3-4-32 所示；再选择分开的裙子和腰带，从中间部分断开，如图 3-4-33 所示。

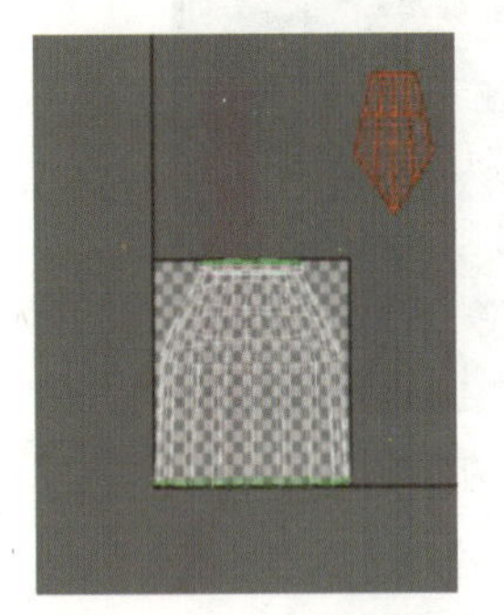

图 3-4-31　裙子模型

图 3-4-32　将腰带部分与裙子分开

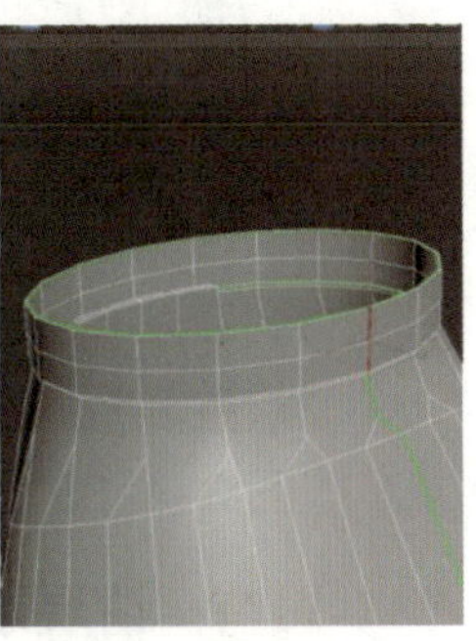

图 3-4-33　裙子和腰带的断开

思考：请展示本步骤完成后裙子和腰带的效果。

步骤 17：选择裙子的装饰模型，双击选择模型的中线部分，使用“断开”命令将模型对半断开，如图 3-4-34 所示。分别对裙子腰带部分、裙子、裙子装饰部分使用“松弛”工具，进行“由多边形角松弛”，迭代次数为 100，数量为 0.1。

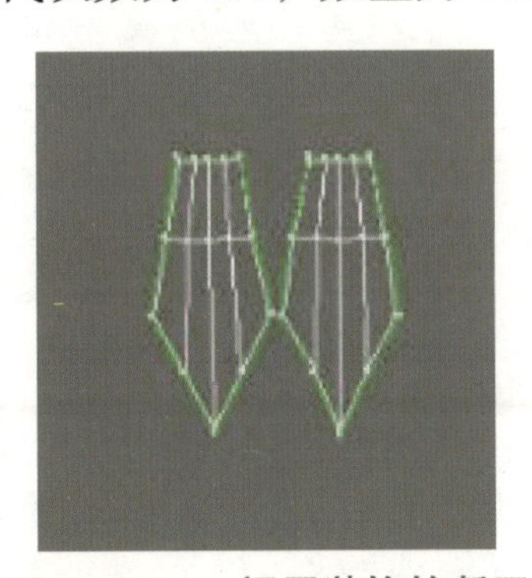

图 3-4-34　裙子装饰的断开

思考：简述对裙子各部分进行“松弛”操作的步骤。

步骤 18：选择裙子的 UV 进行排布调整，如图 3-4-35 所示。将 UV 保存为 JPG 格式文件并命名为“裙子”，如图 3-4-36 所示。

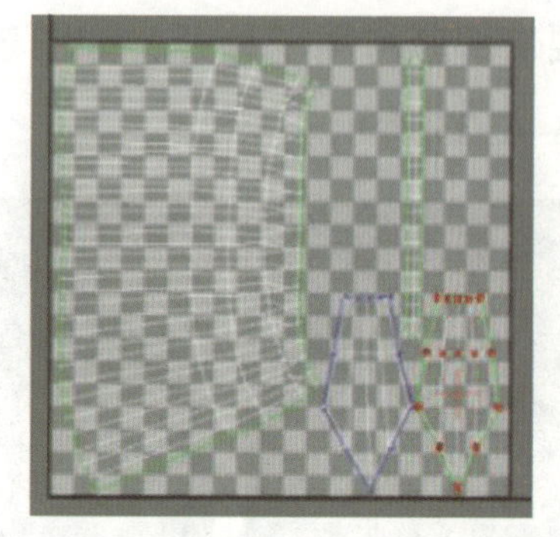

图 3-4-35　裙子 UV 的排布调整

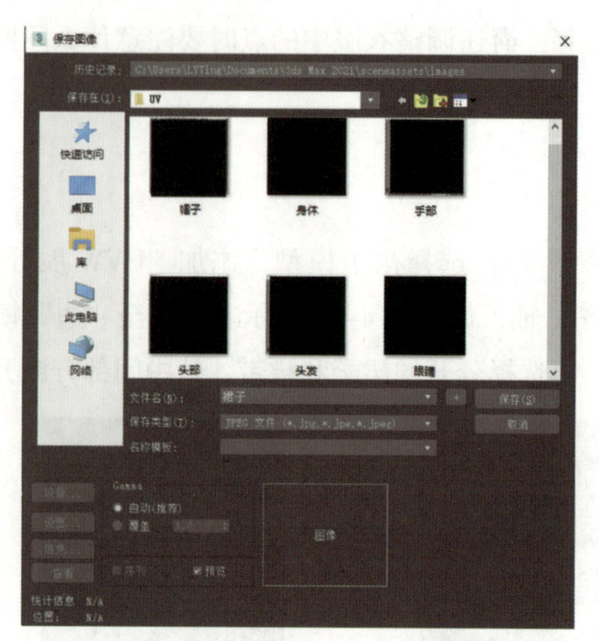

图 3-4-36　“裙子”文件的导出

思考：请展示裙子制作完成后的效果。

步骤 19：选择鞋子模型，添加“UVW 展开”工具，在“投影”面板中单击“平铺”按钮，并对齐 Y 轴，如图 3-4-37 所示；选择鞋子底部和鞋子上部，将鞋底、鞋子上部与鞋子分离，如图 3-4-38 和图 3-4-39 所示。再调整鞋底和鞋子上部分点的重合部分，如图 3-4-40 所示。

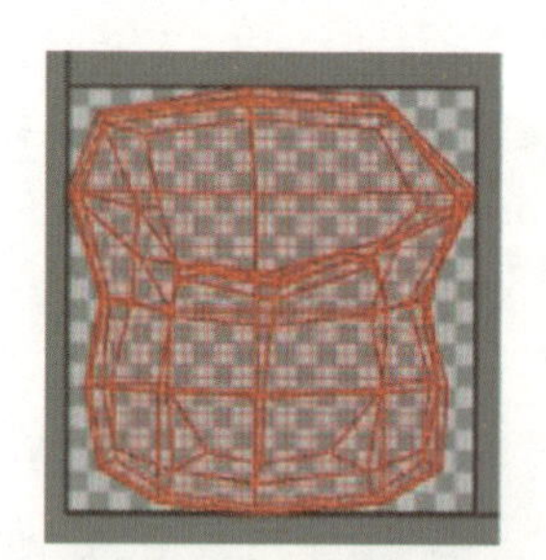

图 3-4-37　鞋子模型投影设置

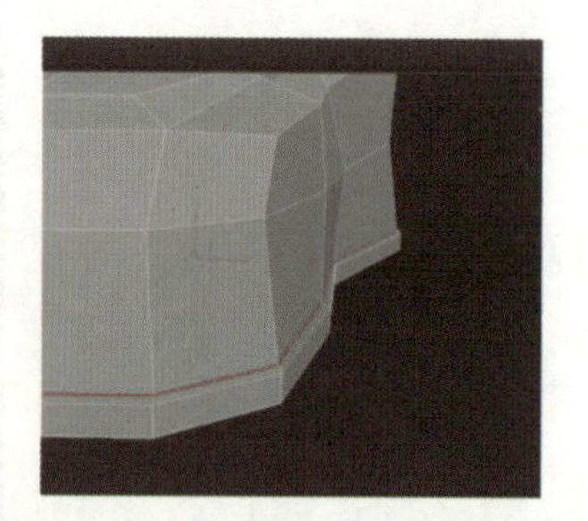

图 3-4-38　鞋底与鞋子分离

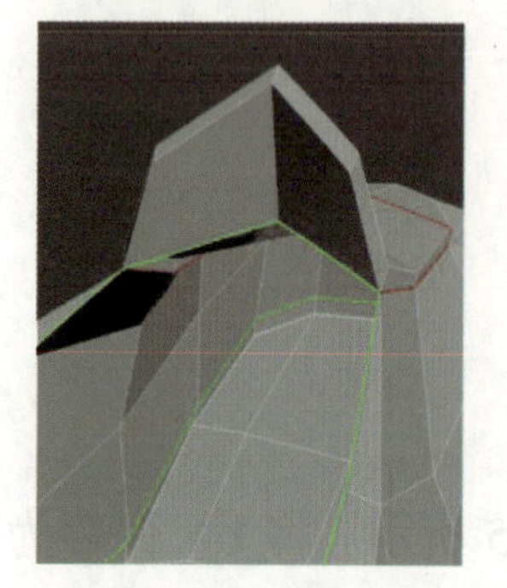

图 3-4-39　鞋子上部与鞋子分离

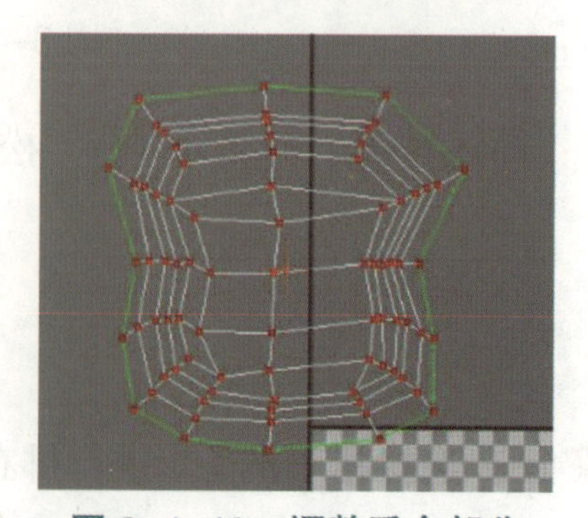

图 3-4-40　调整重合部分

思考：调整鞋子大部分的重合点时应注意哪些问题？

步骤 20：选择鞋子的中间部分，使用“松弛”工具进行操作，如图 3–4–41 所示。选择鞋子的 3 个部分的 UV 进行排布，最后保存为 JPG 格式文件并命名为“鞋子”。

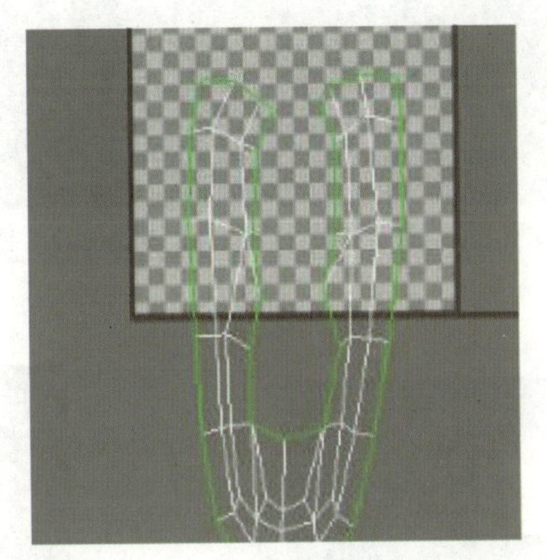

图 3–4–41　鞋子中间部分的操作

思考：请展示 UV 排布完成后鞋子的效果。

步骤 21：将头部 UV 导入 Photoshop 进行贴图绘制，如图 3–4–42 所示；新建一个图层命名为“图层 1”，填充颜色为 R:254G:224B:210，如图 3–4–43 所示。再次新建一个图层命名为“图层 2”并选择笔刷工具调整颜色为 R:254G:212B:193，如图 3–4–44 所示；在图层 2 涂上阴影，如图 3–4–45 所示。

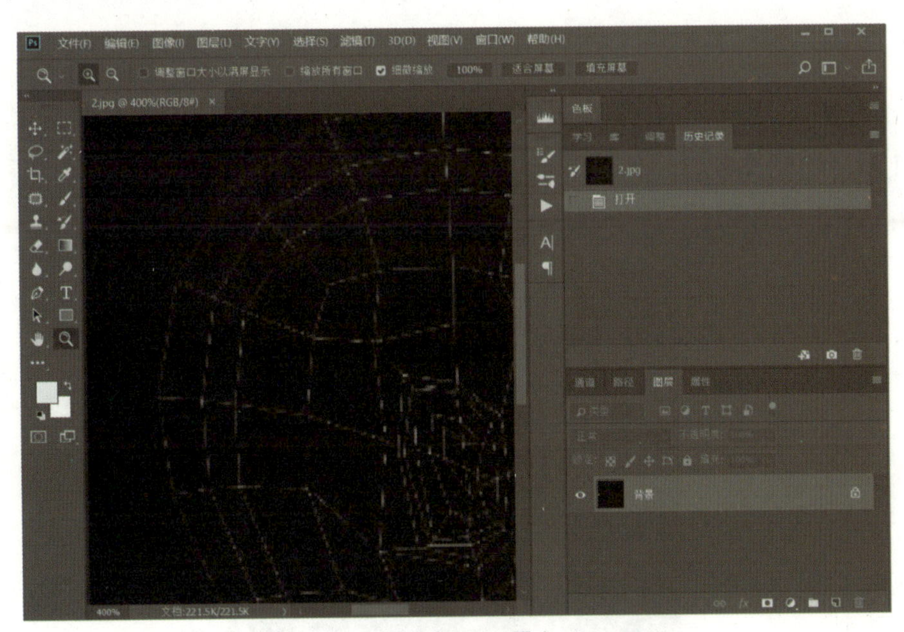

图 3–4–42　将头部 UV 导入 Photoshop

图 3-4-43 “图层 1”填充颜色设置

图 3-4-44 图层 2 创建及笔刷颜色调整

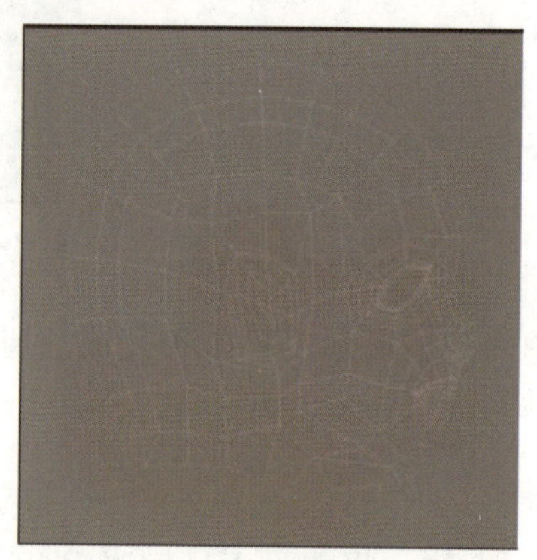

图 3-4-45 图层 2 阴影效果

思考：简述将头部 UV 导入 Photoshop 的过程。

步骤 22：再次新建一个图层命名为“图层 3”，选择笔刷工具，设置其填充颜色为 R:255G:200B:176，绘制图层 3，如图 3-4-46 所示。继续新建图层，命名为“图层 4”，笔刷颜色填充为 R:255G:181B:171，并绘制图层 4，如图 3-4-47 所示。

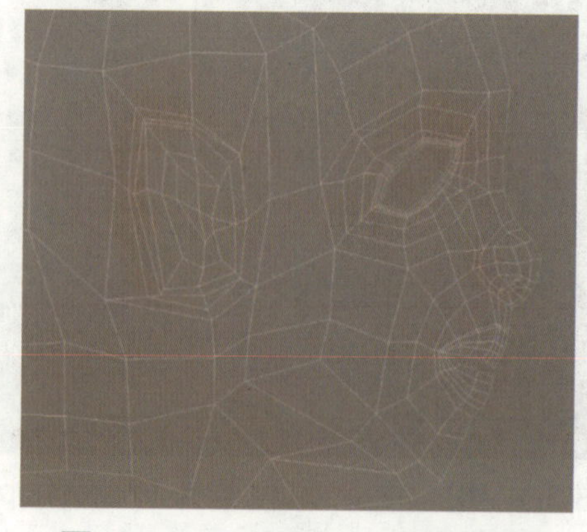

图 3-4-46 图层 3 的绘制效果

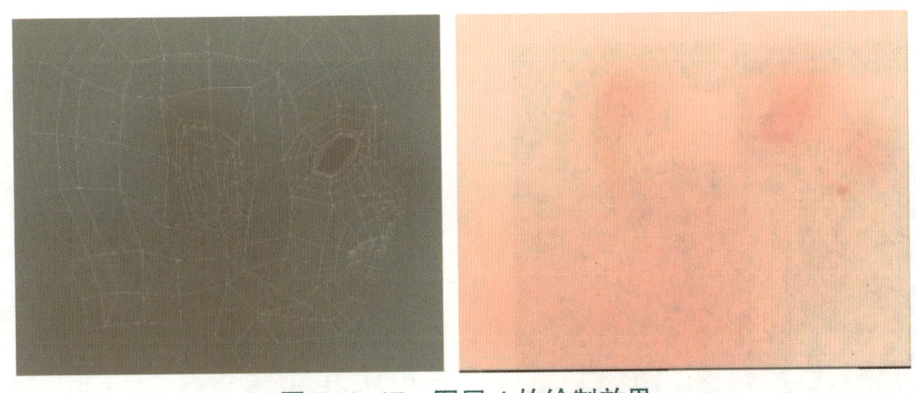

图 3-4-47　图层 4 的绘制效果

思考：简述新建图层的步骤。

步骤 23：继续新建图层，命名为“图层 5”，填充颜色为 R:255G:115B:96，并绘制图层 5，如图 3-4-48 所示。重复上述操作，新建图层 6 并绘制图层，填充颜色为 R:255G:60B:34，如图 3-4-49 所示。最后保存为 JPG 格式文件并命名为“头部 1”。

图 3-4-48　图层 5 的绘制

图 3-4-49　图层 6 的绘制

思考：请展示头部的效果。

步骤 24：将眼球 UV 导入 Photoshop 进行贴图绘制，新建一个图层命名为“图层 1”，并填充颜色为 R:255G:235B:232，如图 3-4-50 所示；再次新建图层命名为“图层 2”选择笔刷工具调整颜色为 R:55G:17B:0，并绘制图层 2，如图 3-4-51 所示；继续创建图层 3 绘制瞳孔填充颜色为 R:25G:8B:0，如图 3-4-52 所示。重复上述步骤，创建图层 4，绘制眼球高光（R:251G:209B:190），如图 3-4-53 所示。最后导出 JPG 格式文件并命名为“眼球 1”。

图 3-4-50　眼球图层 1 设置

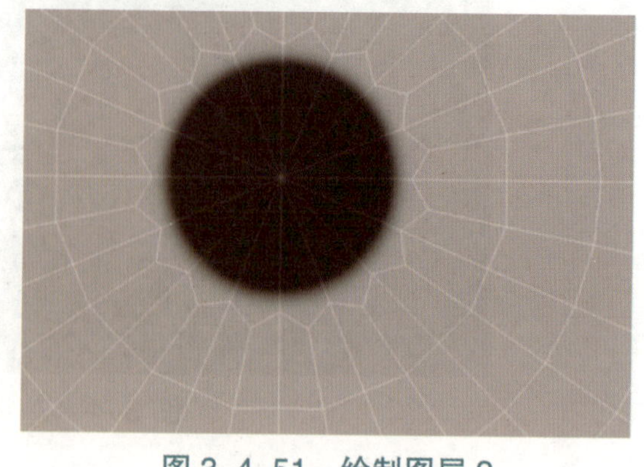

图 3-4-51　绘制图层 2

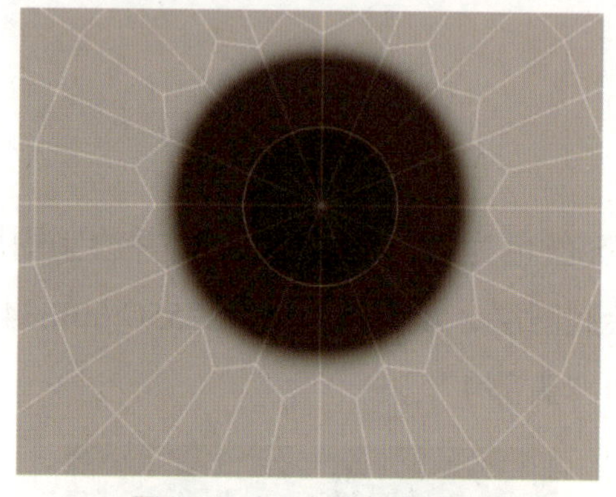

图 3-4-52　绘制图层 3

图 3-4-53　眼球高光绘制

思考：请展示眼球最终效果。

步骤 25：将头发 UV 导入 Photoshop 进行贴图绘制，新建一个图层，命名为“图层 1”，导入头发贴图调整贴图大小、形状、位置并多次复制贴图对应头发 UV，如图 3-4-54 所示。最后保存为 JPG 格式文件并命名为“头发 1”。

图 3-4-54　头发 UV 的复制粘贴

思考：请展示头发的最终效果。

步骤 26：将手部 UV 导入 Photoshop 进行贴图绘制，新建一个图层，命名为“图层 1”，填充颜色为 R:254G:224B:210，如图 3-4-55 所示；再次新建一个图层命名为“图层 2”，选择笔刷填充颜色为 R:255G:206B:206，绘制手指部分，如图 3-4-56 所示；继续新建图层 3，绘制手指指甲（R:255G:227B:227），并使用高斯模糊进行调整，半径值为 6.3，如图 3-4-57 所示。重复上述操作，在图层 2、图层 3 中对剩余手指进行同样的绘制。

图 3-4-55　手部 UV 的图层

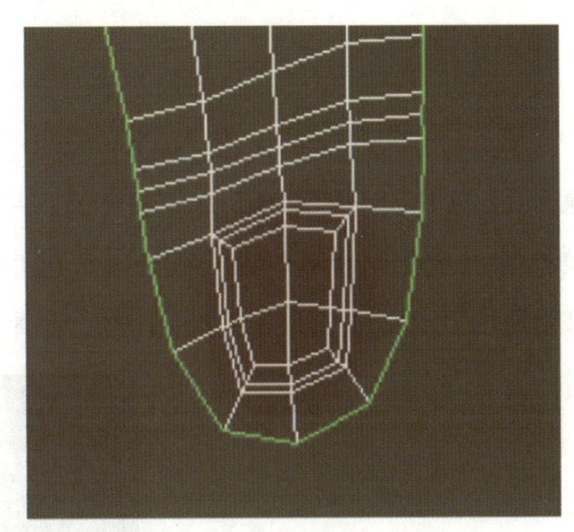

图 3-4-56　图层 2 的绘制

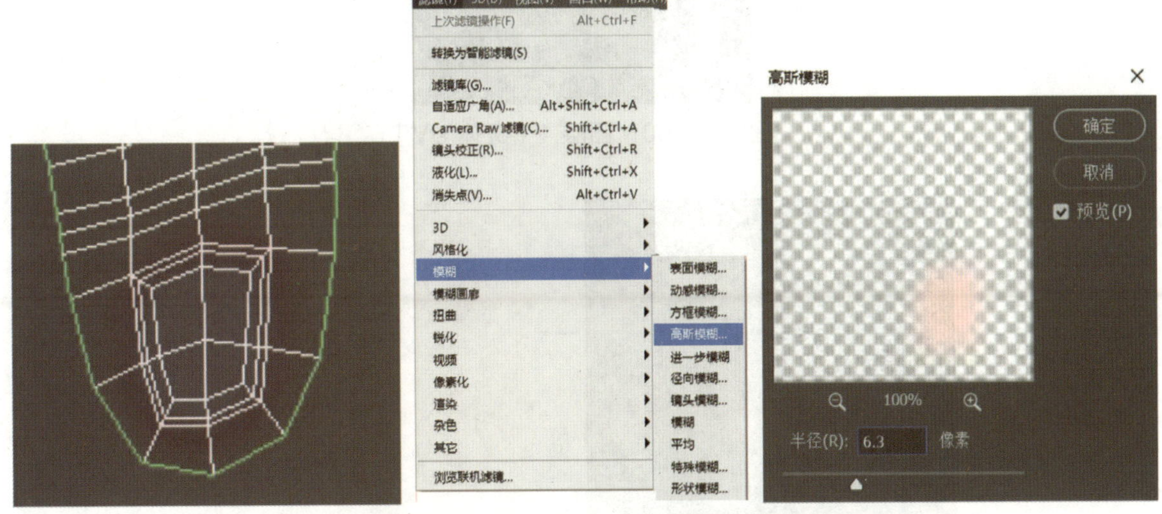

图 3-4-57　图层 3 的绘制及设置

步骤 27：新建图层 4，选择笔刷填充颜色为 R:255G:206B:206，绘制手掌，如图 3-4-58 所示；再使用高斯模糊，半径为 15.5，如图 3-4-59 所示。最后保存为 JPG 格式文件并命名为“手部 1”。

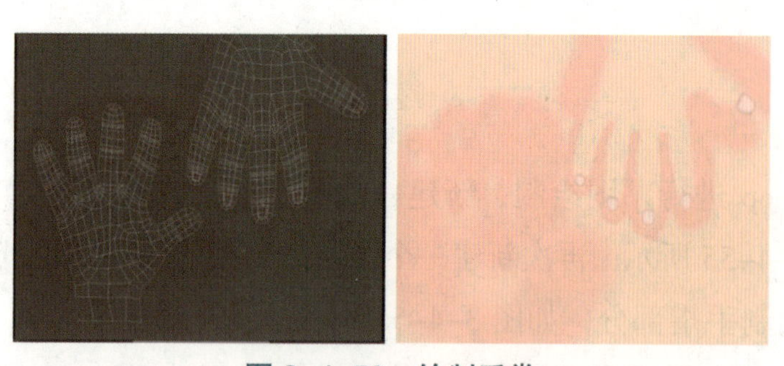

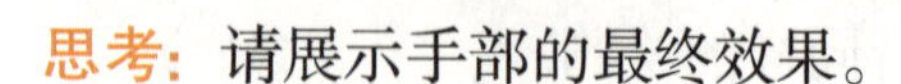

图 3-4-58　绘制手掌

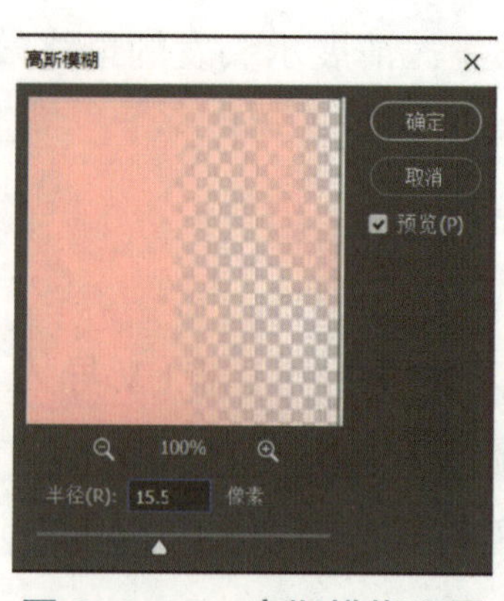

图 3-4-59　高斯模糊设置

思考：请展示手部的最终效果。

步骤 28：将身体 UV 导入 Photoshop 进行贴图绘制，新建一个图层命名为“图层 1”，填充颜色为 R:254G:224B:210，如图 3-4-60 所示；再新建一个图层命名为“图层 2”，填充颜色为 R:255G:206B:182，在图层 2 进行绘制；重复上述操作创建图层 3，使用笔刷工具（R:255G:187B:182），如图 3-4-61 所示。最后保存为 JPG 格式文件并命名为“身体 1”。

图 3-4-60　图层 1（身体 UV）

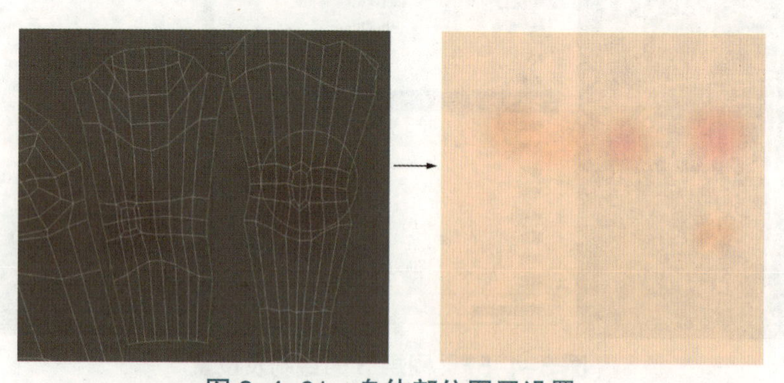

图 3-4-61　身体部位图层设置

思考：请展示制作完成后的效果。

步骤 29： 将衣服 UV 导入 Photoshop 进行贴图绘制，如图 3-4-62 所示；新建一个图层，将衣服材质贴图导入并调整贴图，再复制衣服进行贴图并对齐 UV，如图 3-4-63 所示。最后保存为 JPG 格式文件并命名为“衣服 1”。

图 3-4-62 衣服 UV 导入 Photoshop

图 3-4-63 衣服材质贴图

思考： 请展示贴图后的衣服效果。

步骤 30： 将裙子 UV 导入 Photoshop 进行贴图绘制，如图 3-4-64 所示；多次导入贴图进行复制和调整操作，将贴图对齐 UV，如图 3-4-65 所示。最后保存为 JPG 格式文件并命名为“裙子 1”。

图 3-4-64 裙子 UV 导入 Photoshop

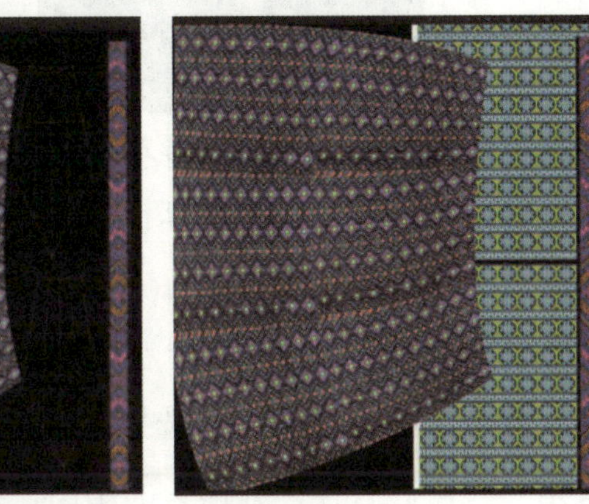

图 3-4-65 裙子贴图

思考： 请展示贴图后裙子的效果。

步骤 31： 将帽子 UV 导入 Photoshop 进行贴图绘制，如图 3-4-66 所示；多次导入贴图进行复制和调整的操作，将贴图对齐 UV，如图 3-4-67 所示。最后保存为 JPG 格式文件并命名为“帽子 1”。

图 3-4-66 帽子 UV 导入 Photoshop

图 3-4-67 贴图对齐 UV

思考：请展示帽子贴图后的效果。

步骤 32：将鞋子 UV 导入 Photoshop 进行贴图绘制，如图 3-4-68 所示；多次导入贴图进行复制和调整的操作，将贴图对齐 UV，如图 3-4-69 所示。最后保存为 JPG 格式文件并命名为“鞋子 1”。

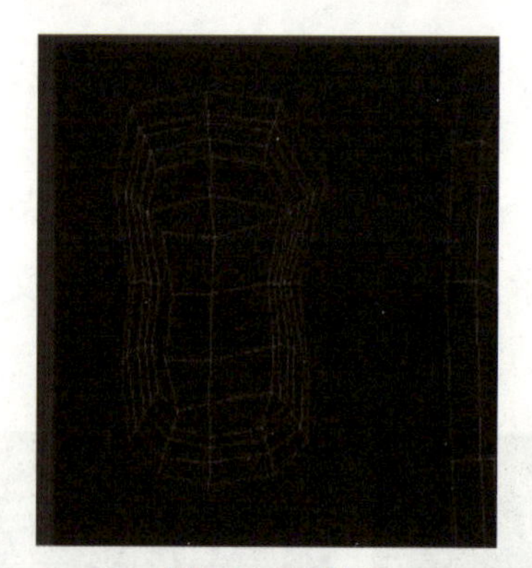

图 3-4-68 鞋子 UV 导入 Photoshop

图 3-4-69 鞋子贴图

思考：简述将贴图对齐 UV 的操作。

步骤 33：在透视图中选择头部模型，打开“材质编辑器”面板，选择“材质球”→“漫反射”→“位图”；选择头部贴图，给予模型贴图材质，如图 3-4-70 所示。最后重复上述操作为所有模型赋予贴图材质，如图 3-4-71 所示。

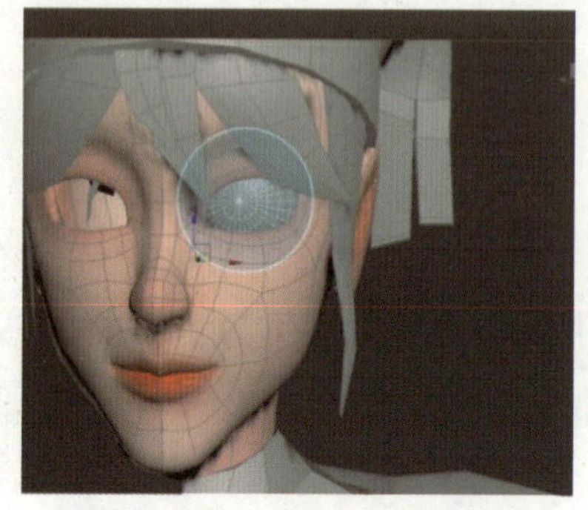

图 3-4-70 头部材质设置

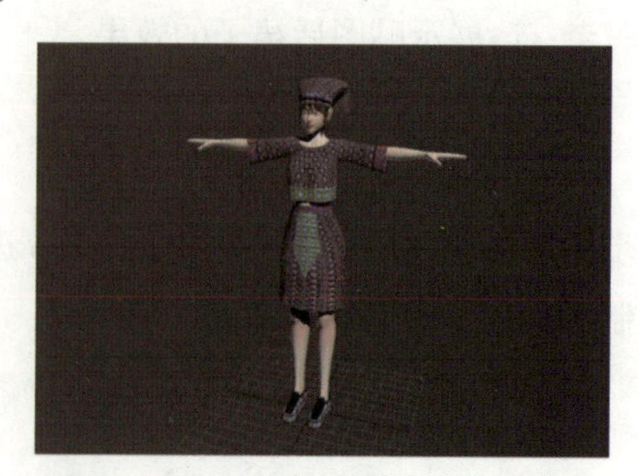

图 3-4-71 所有模型赋予贴图材质

思考：说明为模型赋予了哪些贴图材质。

步骤 34：在透视图中导入人物的睫毛与眉毛，如图 3-4-72 所示；将眉毛与睫毛相继移动到人物头部模型，如图 3-4-73 所示。最后调整眉毛与睫毛的坐标轴并使用“镜像”命令进行复制操作。

图 3-4-72　导入人物的睫毛与眉毛

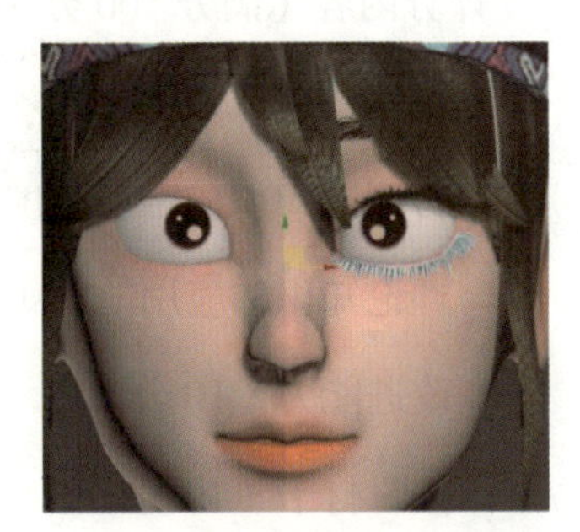

图 3-4-73　将眉毛与睫毛移至任务头部模型

拓展训练

请根据图 3-4-74（a）所示的素材，实现图 3-4-74（b）所示的设计效果。

（a）

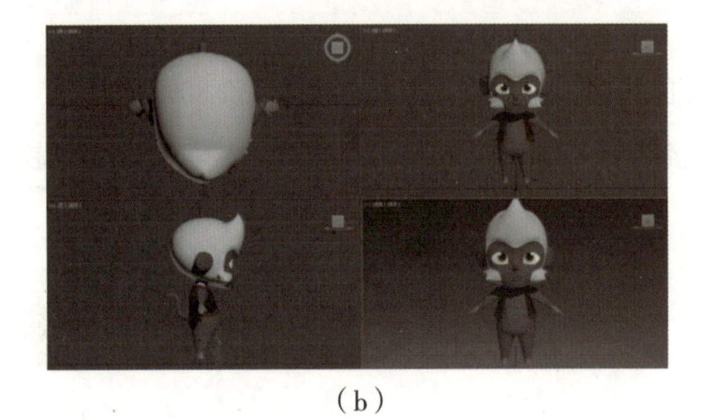

（b）

图 3-4-74　拓展训练素材和设计效果
（a）素材；（b）设计效果

提示：运用前面做好的小猴的文件，在 3ds Max 中，用 UV 将小白各部分展开，将 UV 导入 Photoshop 进行贴图绘制。

学习总结

1. 请写出学习过程中的收获和遇到的问题。

2. 请对自己的作品进行评价并填写表 3-4-1。

表 3-4-1 项目过程考核评价表

<table>
<tr><td>班级</td><td></td><td>项目任务</td><td colspan="3"></td></tr>
<tr><td>姓名</td><td></td><td>教师</td><td colspan="3"></td></tr>
<tr><td>学期</td><td></td><td>评分日期</td><td colspan="3"></td></tr>
<tr><td colspan="3">评分内容（满分 100 分）</td><td>学生自评</td><td>组员互评</td><td>教师评价</td></tr>
<tr><td rowspan="4">专业技能（60 分）</td><td colspan="2">工作页完成进度（10 分）</td><td></td><td></td><td></td></tr>
<tr><td colspan="2">对理论知识的掌握程度（20 分）</td><td></td><td></td><td></td></tr>
<tr><td colspan="2">理论知识的应用能力（20 分）</td><td></td><td></td><td></td></tr>
<tr><td colspan="2">改进能力（10 分）</td><td></td><td></td><td></td></tr>
<tr><td rowspan="4">综合素养（40 分）</td><td colspan="2">按时打卡（10 分）</td><td></td><td></td><td></td></tr>
<tr><td colspan="2">信息获取的途径（10 分）</td><td></td><td></td><td></td></tr>
<tr><td colspan="2">按时完成学习及工作任务（10 分）</td><td></td><td></td><td></td></tr>
<tr><td colspan="2">团队合作精神（10 分）</td><td></td><td></td><td></td></tr>
<tr><td colspan="3">总分</td><td></td><td></td><td></td></tr>
<tr><td colspan="3">综合得分
（学生自评 10%；组员互评 10%；教师评价 80%）</td><td colspan="3"></td></tr>
<tr><td colspan="3">学生签名:</td><td colspan="3">教师签名:</td></tr>
</table>

项目四

角色骨骼和蒙皮

任务一

骨骼的创建

任务描述

完成壮族女孩宁宁的整体建模后，下面的设计任务是为角色添加骨骼。

提示：用到 3ds Max 三维建模中的“系统”→“Biped”命令，并通过对创建出来的角色骨骼形态进行编辑调整，使之成为一个符合该角色的标准人体形态骨骼。

根据图 4-1-1（a）所示的素材，实现图 4-1-1（b）所示的设计效果。

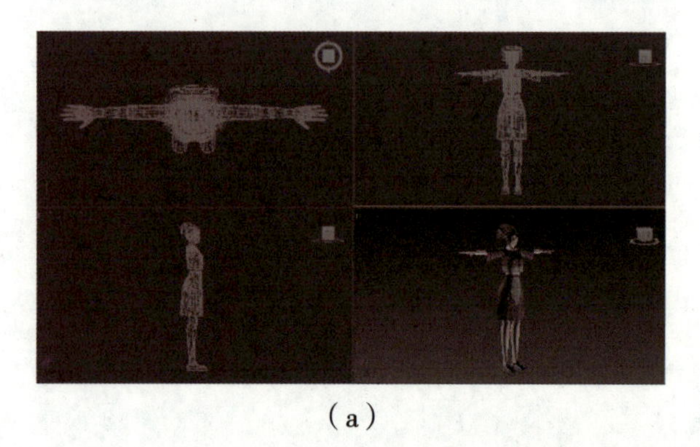
（a）

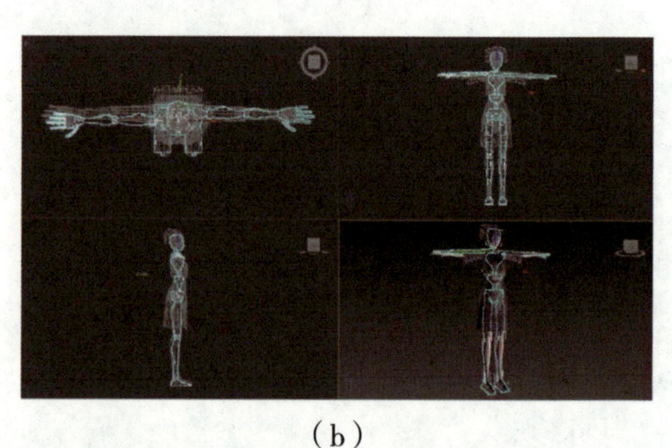
（b）

图 4-1-1　素材和设计效果
（a）素材；（b）设计效果

提示：骨骼是三维动画中角色进行运动的支撑，关节是骨骼的基本组成点，各关节之间产生一定的联系，就称为角色的骨骼。在模型制作完成且进行 UVW 展开后，即可进行骨骼绑定设置。

知识目标

1. 概括 3ds Max 中三维角色骨骼的组成原理。
2. 能归纳出骨骼创建的常用命令。
3. 了解骨骼的基础理论。

能力目标

1. 掌握 Biped 骨骼的创建及调整方法。
2. 掌握骨骼的绑定设置。

职业素养

了解骨骼创建的美工设计要求，培养认真细心的工作态度。

学习指导

在三维虚拟空间中，骨骼系统的作用和现实中很相近，每一块骨骼控制着一定范围的模型。所以，三维动画师在制作动画时操作角色的骨骼，即可使角色的身体随骨骼的运动而做出各种各样的动作。

3ds Max 中包括两套默认的骨骼系统，分别是基本骨骼系统 Bone 和自 6.0 版以后整合的 Biped 骨骼系统。两套系统各有优点：基本骨骼 Bone 比较灵活，能做出符合任何生物及非生物的骨骼；而 Biped 骨骼使用起来极为方便，但是仅限于人类、动物、昆虫等有躯干和一定数量肢体的生物。

一、基本骨骼系统 Bone

1. 概述

基本骨骼系统 Bone 是骨骼对象的一个有关节的层次链接，可用于设置其他对象或层次的动画。在设置角色模型的动画方面，骨骼变得非常有用。可以采用正向运动学或反向运动学为骨骼设置动画。对于反向运动学，骨骼可以使用任何可用的 IK 解算器、交互式 IK、应用式 IK。

2. 创建骨骼

在 3ds Max 中创建骨骼的方法如图 4-1-2 所示。

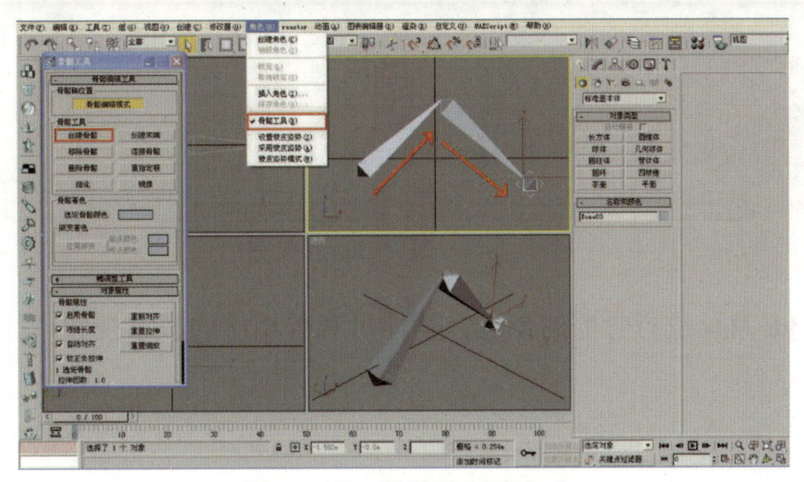

图 4-1-2　骨骼的创建方法

二、骨骼系统 Biped

1. 概述

制作任何有四肢的生物，骨骼系统 Biped 都是较好的选择。Biped 对于设计角色体型和运动提供了很多优秀的解决方案，这些方案很多用基本骨骼系统实现起来是非常困难的。

骨骼系统 Biped 有很多属性，用于帮助用户更快捷、更精确地进行动画设计。

1）人体构造——连接两足动物上的关节以仿效人体解剖。默认情况下，两足动物类似于人体骨骼，具有稳定的反向运动层次。这意味着，在移动手和脚时，对应的肘或膝也随之做相应的移动，从而产生一个自然的人体姿势。

2）可定制非人体结构——两足动物骨骼很容易被用在四腿动物或一个自然前倾的动物（如恐龙）。

3）自然旋转——旋转两足动物的脊骨时，手臂支撑它们与地面的相对角度，而不是像手臂合成肩膀的方式行为。例如，假设两足动物站立，手臂悬在身体的两侧；当向前旋转两足动物的脊骨时，其手指将接触地面而不指向身后。对手部而言，这是更自然的姿势，将加速两足动物关键帧的过程。该功能也适用于两足动物的头部。当向前旋转脊骨，头部保持着向前看的方向。

2. 创建骨骼

创建 Biped 骨骼的按钮位于“创建”面板的“系统”栏，单击“Biped”按钮后在命令面板里出现“创建 Biped”栏。此时，用鼠标在视口中拖动可以创建一个高度等于拖动距离的 Biped 骨骼，如图 4-1-3 所示。

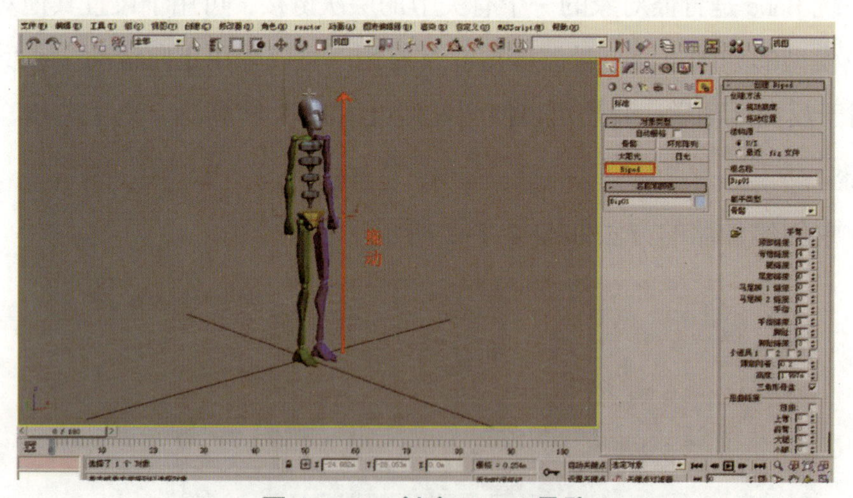

图 4-1-3 创建 Biped 骨骼

本任务使用 3ds Max 进行骨骼的创建，具体可观看相应的教学视频“任务一 骨骼的创建”。

骨骼的创建

一、自主学习

1. 简述骨骼的组成部分。

2. 简述骨骼绑定的前期准备。

3. 如何对人物骨骼进行合理的创建及设置？

二、实践探索

步骤 1： 打开 3ds Max 软件，导入已创建好的角色模型。

思考： 简述导入模型时应注意的问题。

步骤 2： 在命令面板创建人物骨骼，选择“创建”→“系统”→“Biped”命令，在前视图中创建一个与人物高度相当的骨骼，如图 4-1-4 所示。

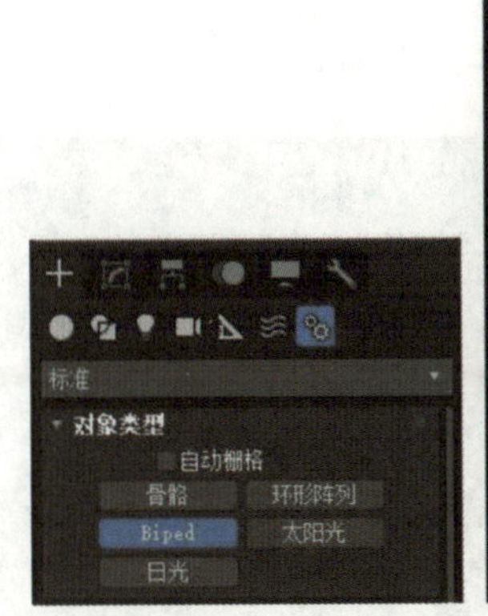

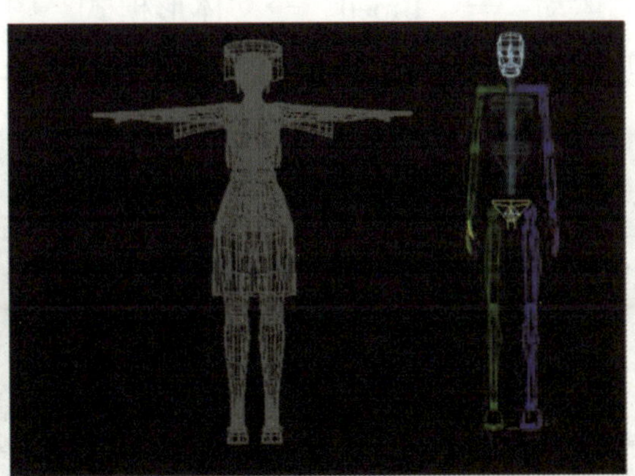

图 4-1-4　创建一个 Biped 人物骨骼

思考： 简述创建骨骼时的注意事项。

步骤 3： 在“运动”→“Biped”→“体形模式”→“结构”命令面板中，根据人物模型的相应部分，修改人体各部分的骨骼参数，如图 4-1-5 所示。

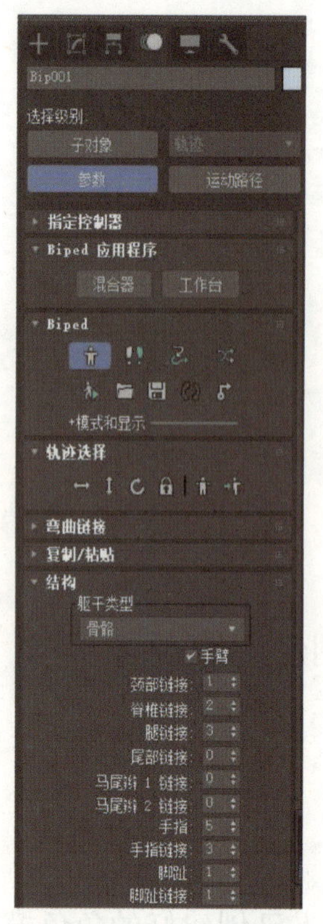

图 4-1-5　选择体形模式调整人体结构

思考：请展示修改骨骼参数后的效果。

步骤 4：在“运动”→“Biped”→“体形模式”中，将骨骼胯部中心点在顶视图、前视图、左视图中分别对应到角色模型的胯部位置，如图 4-1-6 所示。

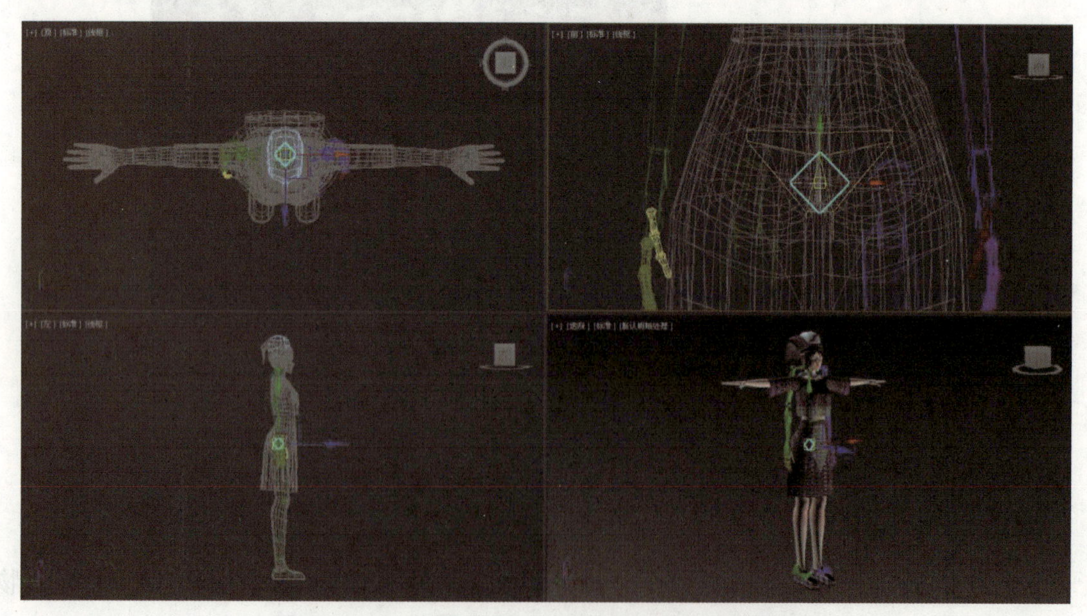

图 4-1-6　将骨骼中心点移动至人物对应位置

思考：请展示本步骤完成后的效果。

步骤 5：从胯部开始，将人物其中一边的骨骼在各视图中通过“移动”“旋转”和“缩放”工具，将每一个关节调整成与角色模型相匹配的骨骼形态，如图 4-1-7 所示。

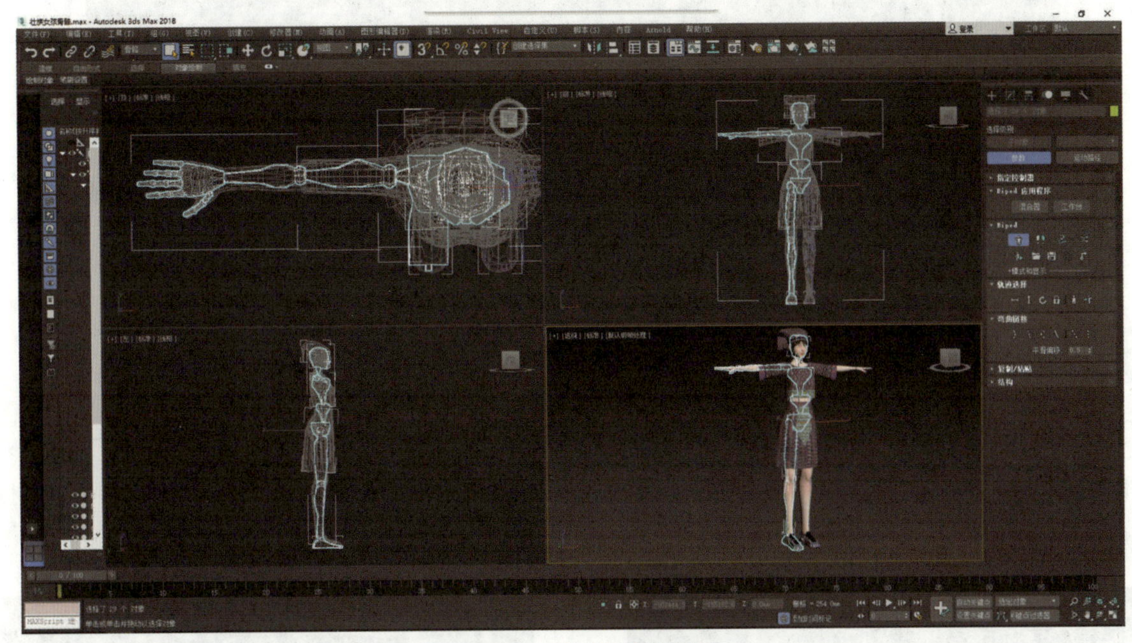

图 4-1-7　调整骨骼形态

思考：调整骨骼形态时应注意什么问题？

步骤 6：选择调整好的一边骨骼，在“体形模式”→“复制 / 粘贴”中单击“创建集合”“复制姿态”“向对面粘贴姿态”按钮，如图 4-1-8 所示，使骨骼为一个符合角色模型的对称形态，如图 4-1-9 所示。

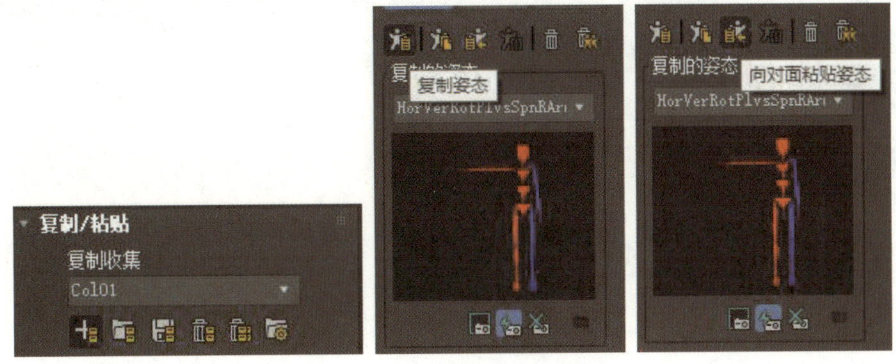

图 4-1-8　复制角色骨骼

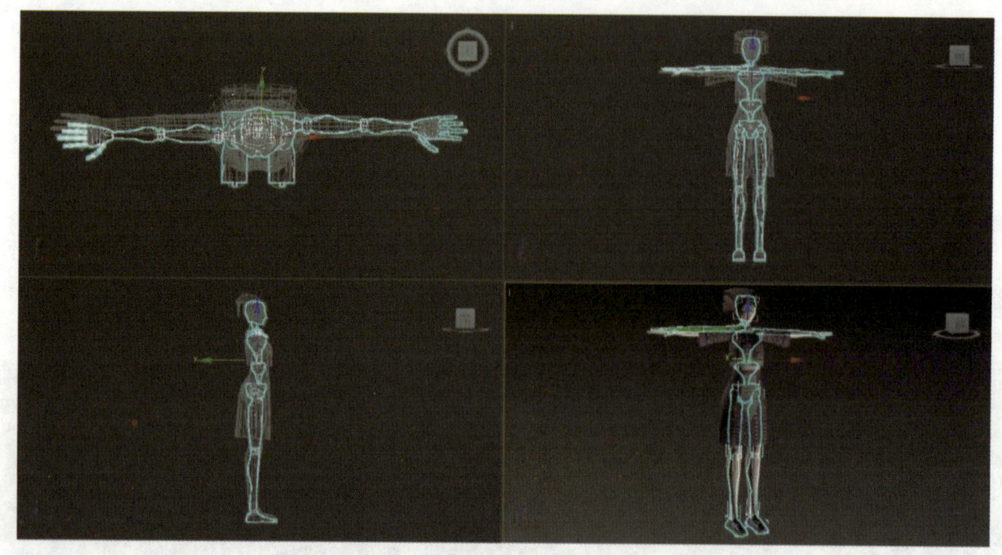

图 4-1-9 使角色骨骼得到对称效果

拓展训练

宁宁在广西国际会展中心参加博览会的路上，遇到了一只神奇的动物——小八，有灵性的小八似乎很喜欢宁宁，一路上活蹦乱跳地跟着她。请根据图 4-1-10（a）所示的素材，实现图 4-1-10（b）所示的设计效果。

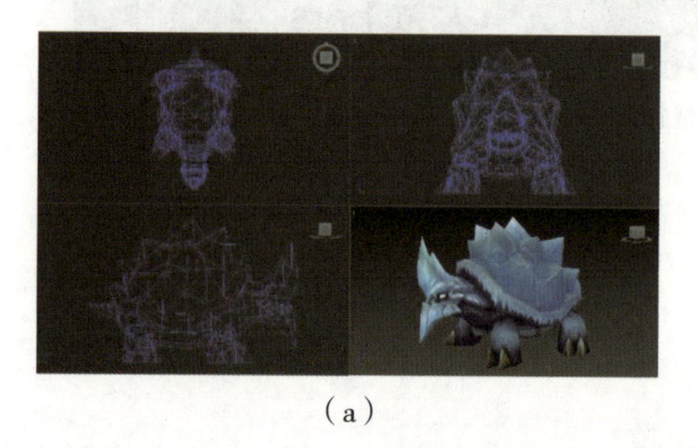

（a）

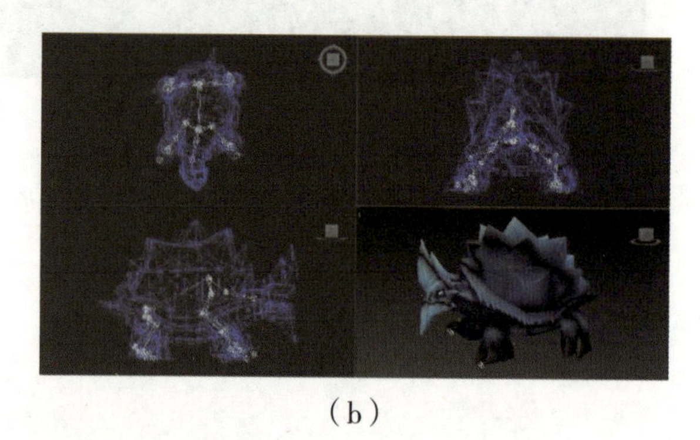

（b）

图 4-1-10 拓展训练素材和设计效果

（a）素材；（b）设计效果

提示： 使用“创建”“系统”“标准”“骨骼”等命令，运用“移动”“旋转”“缩放”工具等操作，制作出小八的标准骨骼。

学习总结

1. 请写出学习过程中的收获和遇到的问题。

2. 请对自己的作品进行评价并填写表 4–1–1。

表 4–1–1 项目过程考核评价表

班级		项目任务			
姓名		教师			
学期		评分日期			
评分内容（满分 100 分）			学生自评	组员互评	教师评价
专业技能（60 分）	工作页完成进度（10 分）				
	对理论知识的掌握程度（20 分）				
	理论知识的应用能力（20 分）				
	改进能力（10 分）				
综合素养（40 分）	按时打卡（10 分）				
	信息获取的途径（10 分）				
	按时完成学习及工作任务（10 分）				
	团队合作精神（10 分）				
总分					
综合得分（学生自评 10%；组员互评 10%；教师评价 80%）					
学生签名:			教师签名:		

任务二

蒙 皮

任务描述

对于创建好的骨骼，下面需要将它绑定到原有的人物皮肤中，使之成为一个有联动关系的整体。

提示： 需要用到“修改器列表”，以及本次学习的“蒙皮”知识。

根据图 4-2-1（a）所示的素材，实现图 4-2-1（b）所示的设计效果。

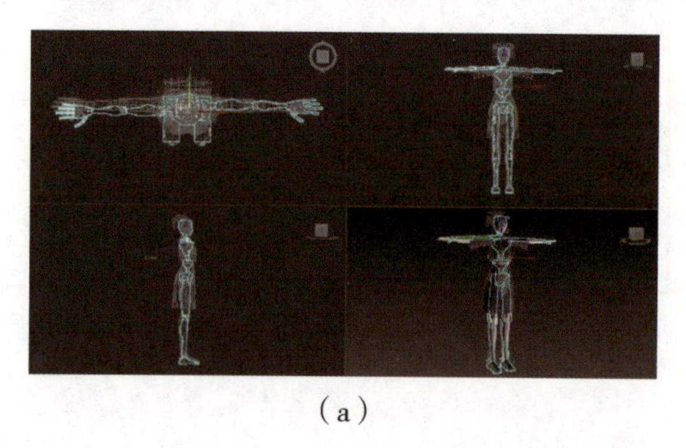

（a）

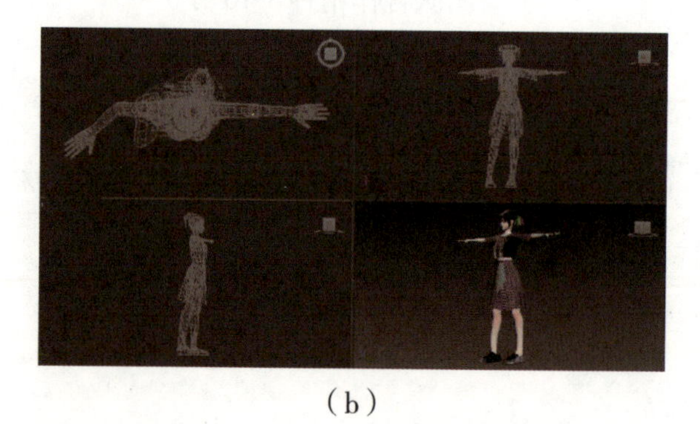

（b）

图 4-2-1 素材和设计效果

（a）素材；（b）设计效果

知识目标

1. 能概括出身体蒙皮的基本原理。
2. 能归纳出蒙皮的常用命令。
3. 了解蒙皮值设置的基础理论。

能力目标

1. 掌握蒙皮绑定系统的操作和方法。
2. 调节骨骼控制模型的形态节点使蒙皮绑定系统合理。

职业素养

欣赏骨骼与蒙皮绑定的视觉效果，培养鉴赏角色的审美能力。

学习指导

骨骼与模型是相互独立的，我们需要通过骨骼的运动来带动整体模型的运动，简单的解释就是将皮肤和骨骼绑在一起，共同产生运动，这个技术称为蒙皮。

“蒙皮修改器”可以看作将骨骼与网格模型联系起来的媒介。通过它可以使一个或多个对象的运动对另一个对象产生变形，而且可以极详细地设定每个骨骼对象的控制范围、控制力度。值得一提的是，3ds Max 中的大部分实体，如 Bones、样条线或其他对象变形网格、面片或 NURBS 对象等都可以成为骨骼。“蒙皮修改器”面板如图 4-2-2 所示。

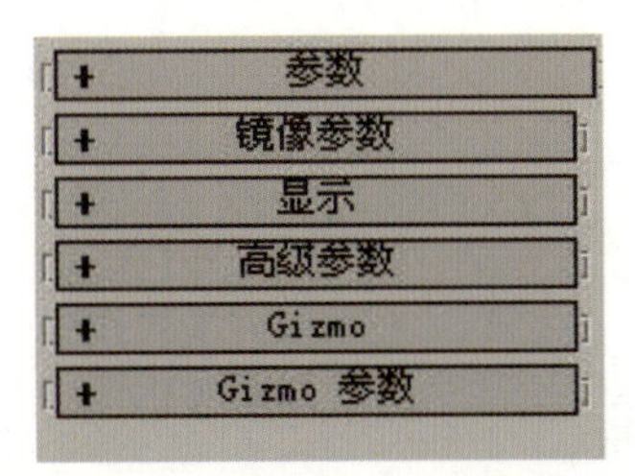

图 4-2-2 “蒙皮修改器”面板

下面详细介绍各部分内容。

1. “参数”面板

“参数”面板包括“蒙皮修改器”中很多常用功能，也是最常用到的面板，如图 4-2-3 所示。

2. “镜像参数”面板

“镜像参数”面板中的内容如图 4-2-4 所示。

3. “显示”面板

“显示”面板中的内容如图 4-2-5 所示。

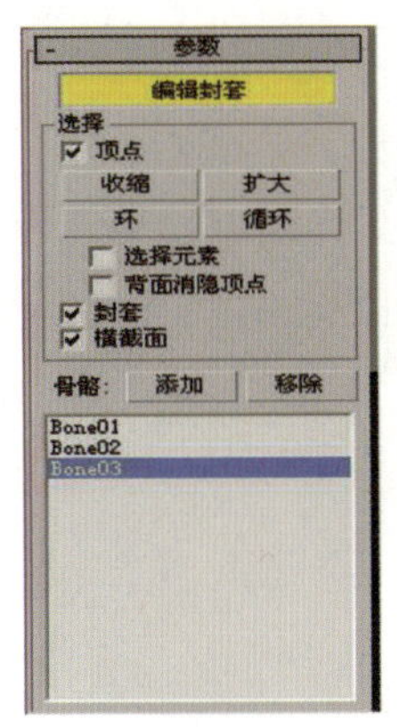

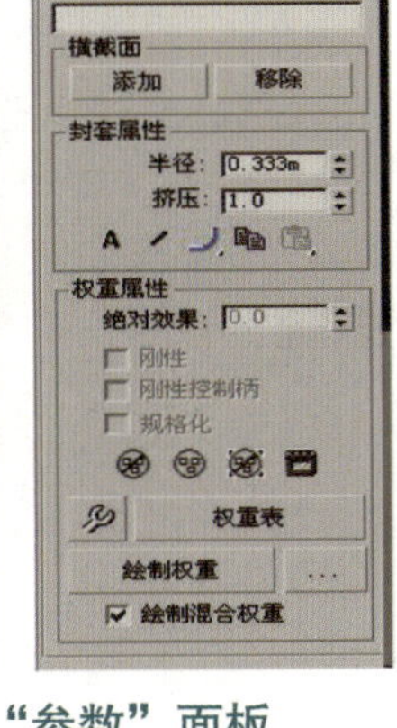

图 4-2-3 “参数”面板

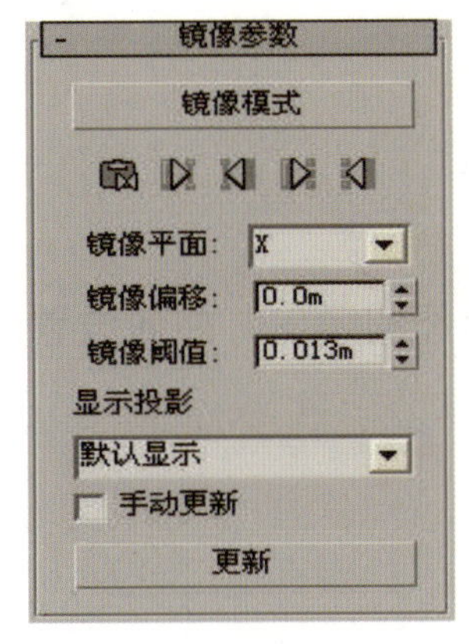

图 4-2-4 “镜像参数”面板

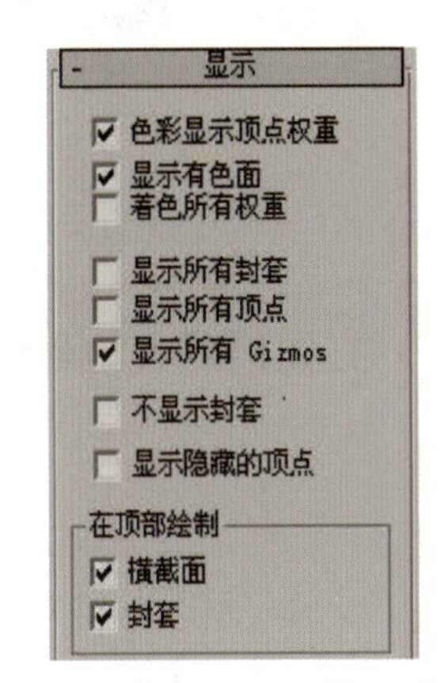

图 4-2-5 “显示”面板

4. “高级参数”面板

“高级参数”面板中的内容如图 4-2-6 所示。

5. “Gizmo”面板

“Gizmo”面板中的控件用于根据关节的角度变形网格，以及将 Gizmo 添加到对象上的选定点。“Gizmo”面板中的内容如图 4-2-7 所示。

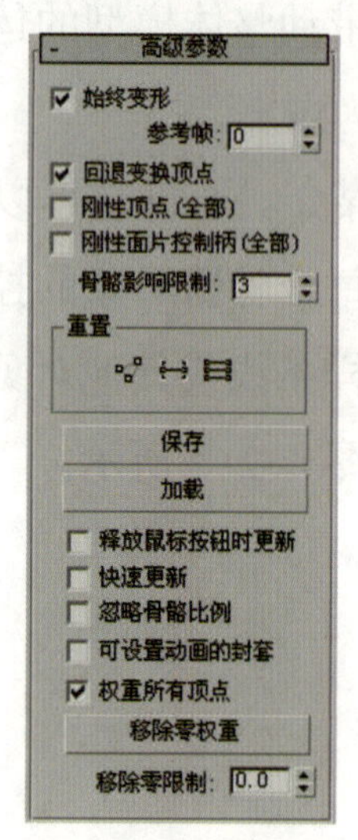

图 4-2-6 “高级参数”面板

图 4-2-7 “Gizmo”面板

本任务使用 3ds Max 进行蒙皮，具体观看相应的教学视频“任务二 蒙皮”。

蒙皮

一、自主学习

1. 简述蒙皮的基本概论。

2. 简述蒙皮绑定的前期准备。

3. 如何对人物骨骼进行合理的蒙皮？如何设置蒙皮绑定系统？

二、实践探索

步骤 1： 打开 3ds Max 软件，导入已创建好的带有骨骼的角色模型，如图 4-2-8 所示。

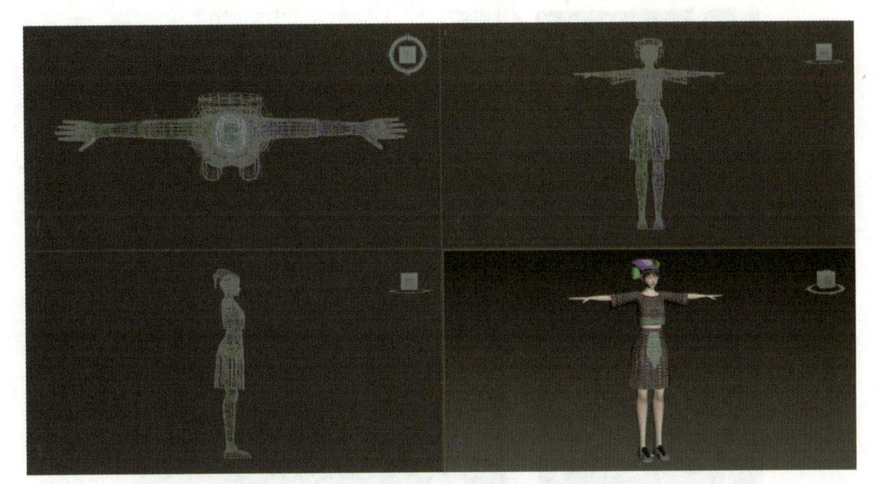

图 4-2-8　导入三维角色模型

思考： 简述导入三维角色模型时应注意的事项。

步骤 2： 在“创建”面板中选择“可编辑多边形”下方的“编辑几何体”→“附加”命令，将人物自身所有的多边形物体附加成为一个整体，如图 4-2-9 所示。

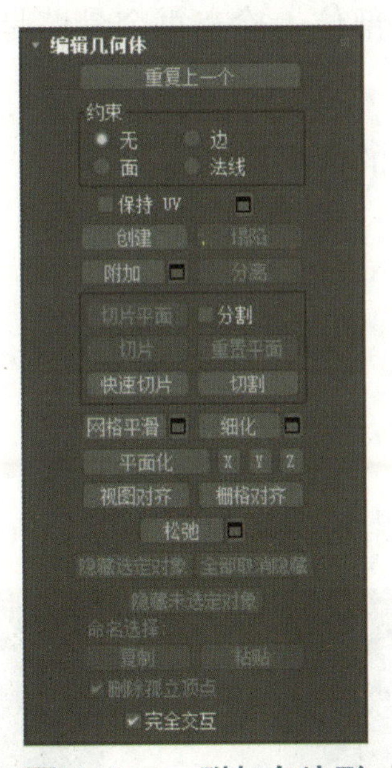

图 4-2-9　附加多边形

思考： 将人物自身的多边形物体附加成为一个整体的目的是什么？

步骤 3： 通过“修改器列表”→“蒙皮”→“骨骼添加”命令，将角色建模部分与人体所有 Biped 骨骼进行选择绑定，如图 4-2-10 所示。

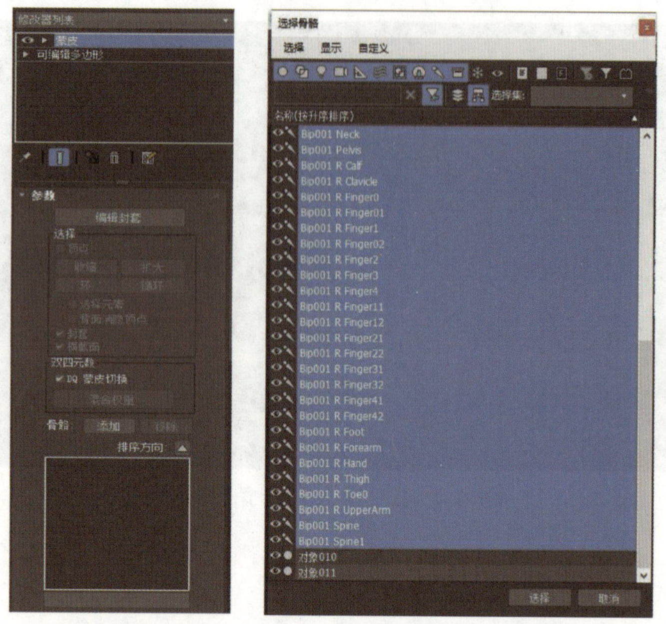

图 4-2-10 将所有的骨骼与模型进行绑定

思考： 简述将角色建模部分与人体所有 Biped 骨骼进行选择绑定的步骤。

步骤 4： 活动角色各关节骨骼部位，检查每个骨骼是否与模型全部绑定，完成角色蒙皮绑定。

思考： 请展示完成蒙皮绑定后的效果。

拓展训练

请根据图 4-2-11（a）所示的素材，实现图 4-2-11（b）所示的设计效果。

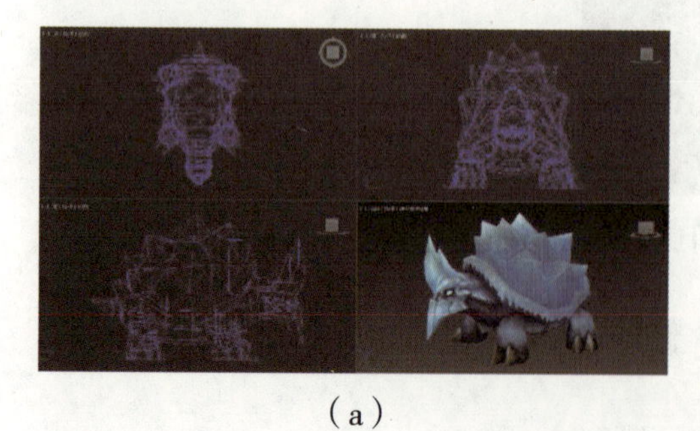

（a）

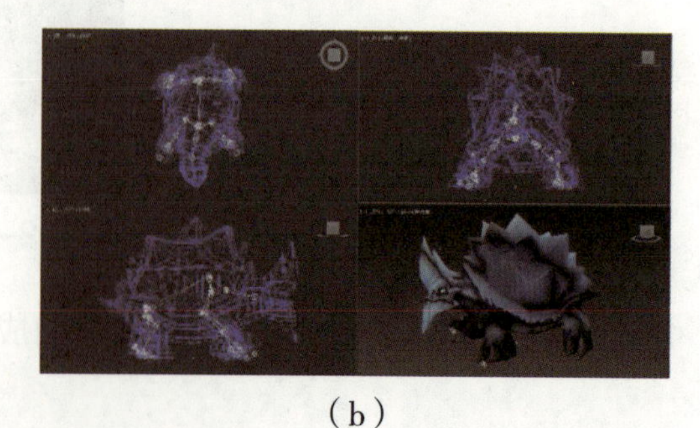

（b）

图 4-2-11 拓展训练素材和设计效果

（a）素材；（b）设计效果

提示： 通过“修改器列表”→“蒙皮”→“骨骼添加”命令进行设置，完成蒙皮绑定。

学习总结

1. 请写出学习过程中的收获和遇到的问题。

2. 请对自己的作品进行评价并填写表 4–2–1。

表 4–2–1　项目过程考核评价表

班级		项目任务		
姓名		教师		
学期		评分日期		
评分内容（满分 100 分）		学生自评	组员互评	教师评价
专业技能（60 分）	工作页完成进度（10 分）			
	对理论知识的掌握程度（20 分）			
	理论知识的应用能力（20 分）			
	改进能力（10 分）			
综合素养（40 分）	按时打卡（10 分）			
	信息获取的途径（10 分）			
	按时完成学习及工作任务（10 分）			
	团队合作精神（10 分）			
总分				
综合得分（学生自评 10%；组员互评 10%；教师评价 80%）				
学生签名：		教师签名：		

任务三

封　套

任务描述

根据制作好的角色蒙皮，需要将人物各关节的骨骼调整到最佳形态，使之成为一个能按照人体标准运动的角色。

根据图 4-3-1（a）所示的素材，实现图 4-3-1（b）所示的设计效果。

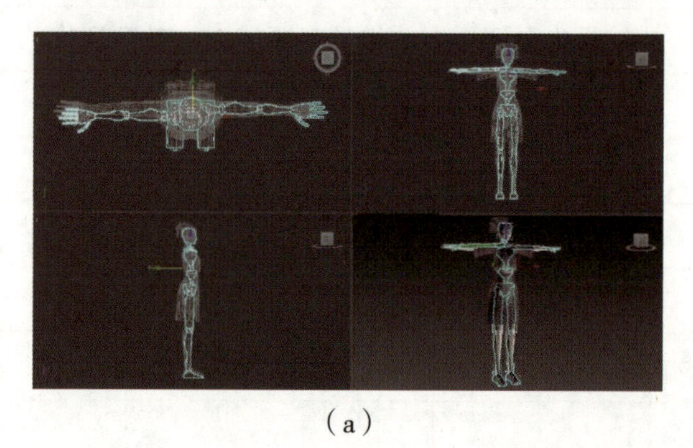

（a）

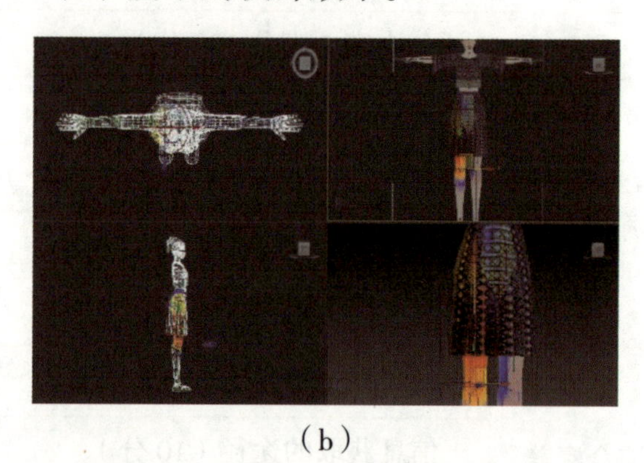

（b）

图 4-3-1　素材和设计效果

（a）素材；（b）设计效果

提示：需要用到“蒙皮”，以及新的知识——“封套”来完成这次的制作。

知识目标

1. 能概括出封套的基本原理。
2. 能归纳出封套的常用命令。
3. 了解封套值设置的基础理论。

能力目标

1. 掌握封套的操作和方法。
2. 调节骨骼控制模型的形态节点使封套合理。

职业素养

了解封套制作效果的美工要求，培养严谨细致的工作作风。

学习指导

封套就是把软的、会变形的东西套在骨骼系统上，在控制骨骼时，使被封套的模型可以跟随骨骼发生软性运动，如果不使用封套，人物模型的手脚会直接像筷子一样折断来弯曲，使用了封套会像橡胶一样软性弯曲。

应用“蒙皮”修改器并添加骨骼后，选择修改器堆栈中“蒙皮”修改器的子对象“封套”（或单击“参数”下的“编辑封套”），会在视口中显示一些红色的胶囊形状的线，这就是封套，如图 4-3-2 所示。每根骨骼都拥有自己的封套，封套的大小由骨骼决定，通常比骨骼大一圈。

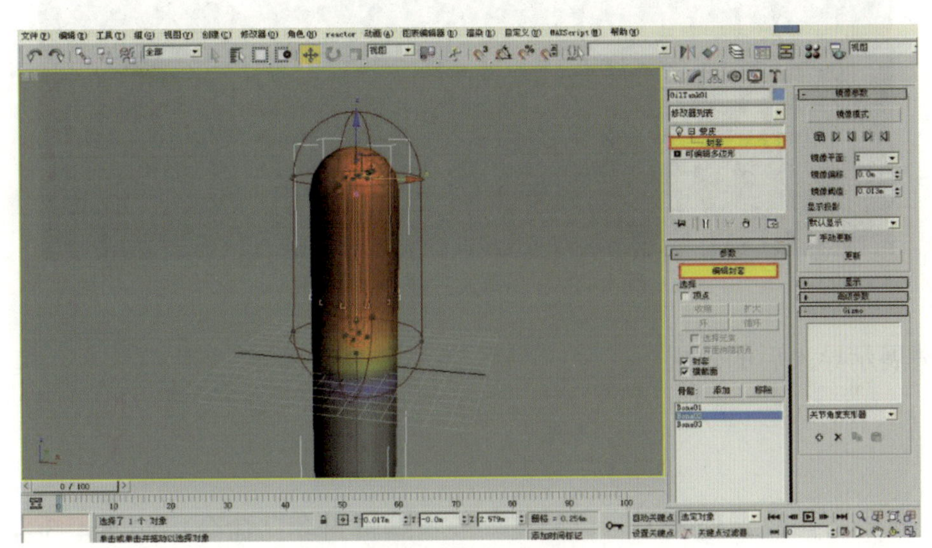

图 4-3-2　封套

本任务使用 3ds Max 进行封套，具体观看相应的教学视频“任务三 封套”。

封套

实训过程

一、自主学习

1. 简述封套的基本概论。

2. 简述封套的前期准备。

3. 如何对人物骨骼进行合理的封套值设置？

4. 完成角色运动前期准备。

二、实践探索

步骤 1： 打开 3ds Max 软件，导入已绑定好骨骼的角色模型，如图 4-3-3 所示。

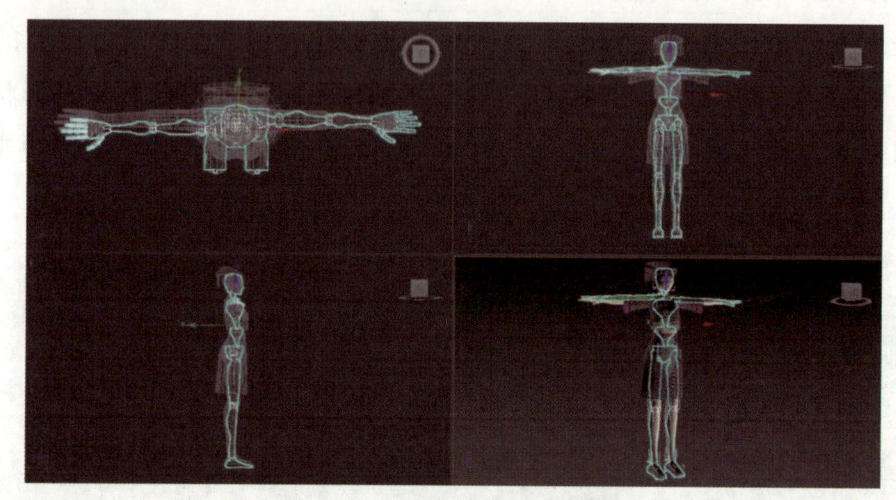

图 4-3-3　导入三维角色模型

思考： 请展示导入后的效果。

步骤 2： 选择“修改器列表”→“蒙皮”→“编辑封套”命令，如图 4-3-4 所示，将人物骨骼进行封套设置。

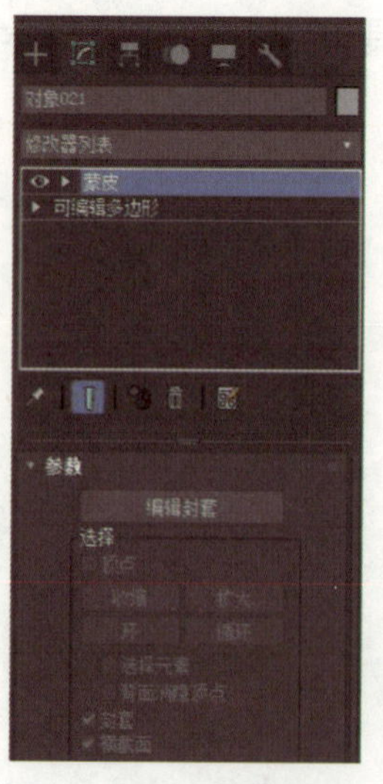

图 4-3-4　编辑封套

思考： 简述添加封套效果的步骤。

步骤 3： 将各部位的封套值从头到脚依次调整到骨骼合适大小，如图 4–3–5 所示。

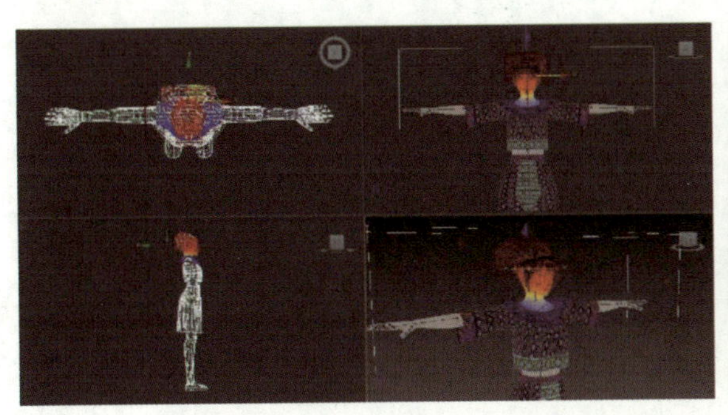
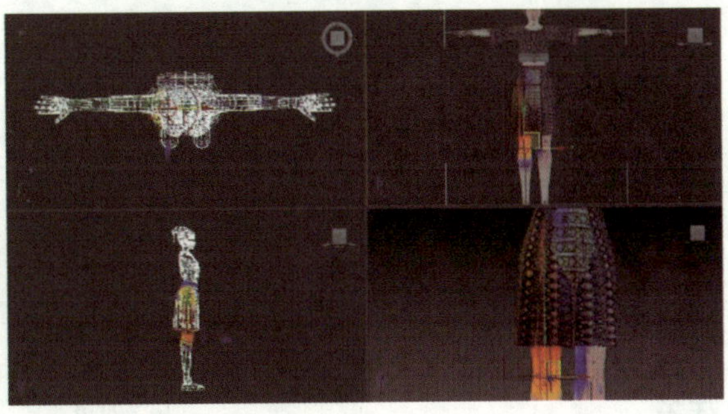

图 4–3–5　调整骨骼大小

思考： 简述调整骨骼大小时的主要事项。

步骤 4： 活动角色各关节骨骼部位，检查每个骨骼是否与模型全部设置好，不出现穿模现象，完成角色封套设定。

思考： 进行封套的目的是什么？

拓展训练

请根据图 4–3–6（a）所示的素材，实现图 4–3–6（b）所示的设计效果。

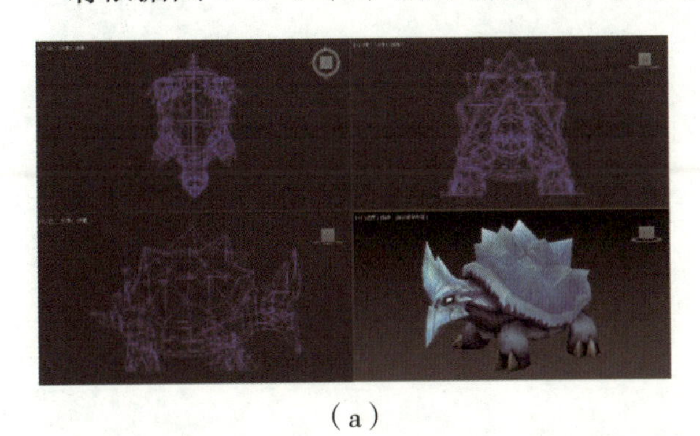

（a）

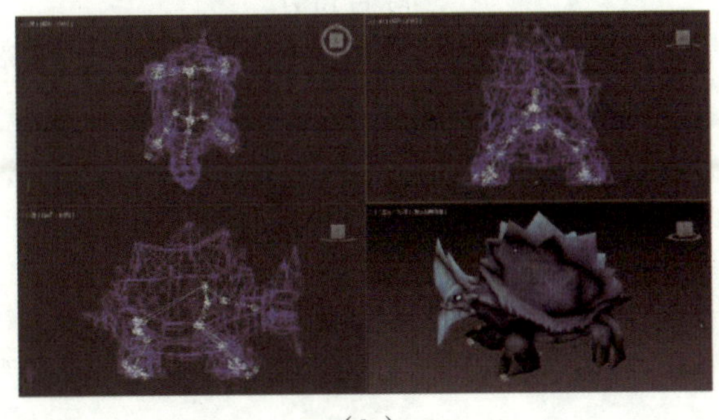

（b）

图 4–3–6　拓展训练素材和设计效果

（a）素材；（b）设计效果

提示： 通过“修改器列表”→“蒙皮”→“封套”命令，完成角色封套设置。

学习总结

1. 请写出学习过程中的收获和遇到的问题。

2. 请对自己的作品进行评价并填写表 4-3-1。

表 4-3-1 项目过程考核评价表

<table>
<tr><td>班级</td><td></td><td>项目任务</td><td colspan="3"></td></tr>
<tr><td>姓名</td><td></td><td>教师</td><td colspan="3"></td></tr>
<tr><td>学期</td><td></td><td>评分日期</td><td colspan="3"></td></tr>
<tr><td colspan="3">评分内容（满分 100 分）</td><td>学生自评</td><td>组员互评</td><td>教师评价</td></tr>
<tr><td rowspan="4">专业技能
（60 分）</td><td colspan="2">工作页完成进度（10 分）</td><td></td><td></td><td></td></tr>
<tr><td colspan="2">对理论知识的掌握程度（20 分）</td><td></td><td></td><td></td></tr>
<tr><td colspan="2">理论知识的应用能力（20 分）</td><td></td><td></td><td></td></tr>
<tr><td colspan="2">改进能力（10 分）</td><td></td><td></td><td></td></tr>
<tr><td rowspan="4">综合素养
（40 分）</td><td colspan="2">按时打卡（10 分）</td><td></td><td></td><td></td></tr>
<tr><td colspan="2">信息获取的途径（10 分）</td><td></td><td></td><td></td></tr>
<tr><td colspan="2">按时完成学习及工作任务（10 分）</td><td></td><td></td><td></td></tr>
<tr><td colspan="2">团队合作精神（10 分）</td><td></td><td></td><td></td></tr>
<tr><td colspan="3">总分</td><td></td><td></td><td></td></tr>
<tr><td colspan="3">综合得分
（学生自评 10%；组员互评 10%；教师评价 80%）</td><td colspan="3"></td></tr>
<tr><td colspan="3">学生签名:</td><td colspan="3">教师签名:</td></tr>
</table>

项目五

角色动画

任务一

动画关键帧的设置

任务描述

通过角色建模，壮族女孩宁宁站起来了，她想参加“印象广西”——东盟国际博览会，此次的工作任务是对宁宁进行基础动画的设置，利用“设置关键帧”，调整关节的变化，完成人物的基础动画，让宁宁能动起来。

根据图 5-1-1（a）所示的素材，实现图 5-1-1（b）所示的设计效果。

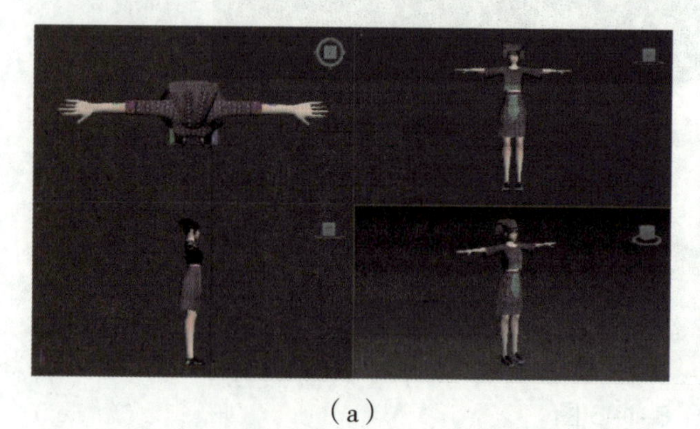

（a）

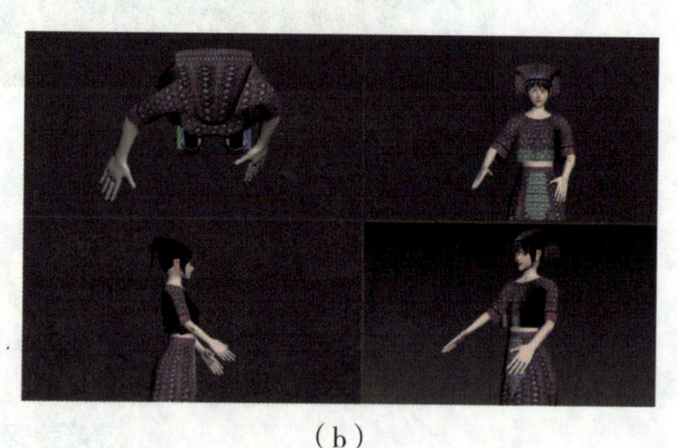

（b）

图 5-1-1　素材和设计效果

（a）素材；（b）设计效果

提示： 任何动画要表现运动或变化，至少前后要给出两个不同的关键状态，而状态的变化可以通过 3ds Max 软件自动完成。关键帧动画就是在动画序列中比较关键的帧中提取出来，可以用这些关键值，采用特定的插值方法计算得到，从而达到比较流畅的动画效果。

知识目标

1. 能概括 3ds Max 中动画关键帧设置原理。
2. 能归纳出动画创建的常用命令。
3. 了解关键帧设置的基础理论。

能力目标

1. 掌握动画关键帧的创建及调整方法。

2. 掌握物体基本运动设置的方法。

职业素养

延伸动画“关键帧”的意义，培养设计团队的“关键意识”。

学习指导

学习 3ds Max 的最终目的就是要制作三维动画。物体的移动、旋转、缩放，以及物体形状与表面的各种参数改变都可以用来制作动画。

要制作三维动画，首先要掌握 3ds Max 的基本动画制作原理和方法，掌握基本方法后，就可以轻松创建其他复杂动画。3ds Max 根据实际的运动规律提供了很多的运动控制器，使制作动画变得简单。3ds Max 还为用户提供了强大的轨迹视图功能，可以用来编辑动画的各项属性。

一、动画原理

动画的产生是基于人类视觉暂留的原理。人们在观看一组连续播放的图片时，每一幅图片都会在人眼中产生短暂的停留，只要图片播放的速度快于图片在人眼中停留的时间，就可以感觉到它们好像真的在运动一样。这种组成动画的每张图片都称为“帧”，帧是 3ds Max 动画中最基本也是最重要的概念。

二、动画方法

1. 传统的动画制作方法

在传统的动画制作方法中，动画制作人员要为整个动画绘制需要的每一幅图片即每一帧画面，这个工作量是巨大的，因为要想得到流畅的动画效果，每秒钟需要 12 ~ 30 帧的画面，一分钟动画需要 720 ~ 1800 幅图片，如果低于这个数值，画面会出现闪烁。传统动画的图像依靠手工绘制，由此可见，传统的动画制作烦琐，工作量巨大。即使现在，制作传统形式的动画通常也需要成百上千名专业动画制作人员来创建成千上万的图像。因此，传统动画技术已不适应现代动画技术的发展。

2. 3ds Max 中的动画制作方法

随着动画技术的发展，关键帧动画的概念应运而生。科技人员发现在组成动画的众多图片中，相邻的图片之间只有极小的变化。因此，动画制作人员只绘制其中比较重要的图片

（帧），然后由计算机自动完成各重要图片之间的过渡，这样大大提高了工作效率。由动画制作人员绘制的图片称为关键帧，由计算机完成的关键帧之间的各帧称为过渡帧。

如图 5–1–2 所示，在所有的关键帧和过渡帧绘制完毕之后，这些图像按照顺序连接在一起并被渲染生成最终的动画图像。

图 5–1–2 关键帧动画

3ds Max 基于此技术来制作动画，并进行了功能的增强，当用户指定动画参数以后，动画渲染器就接管了创建并渲染每一帧动画的工作，从而得到高质量的动画效果。

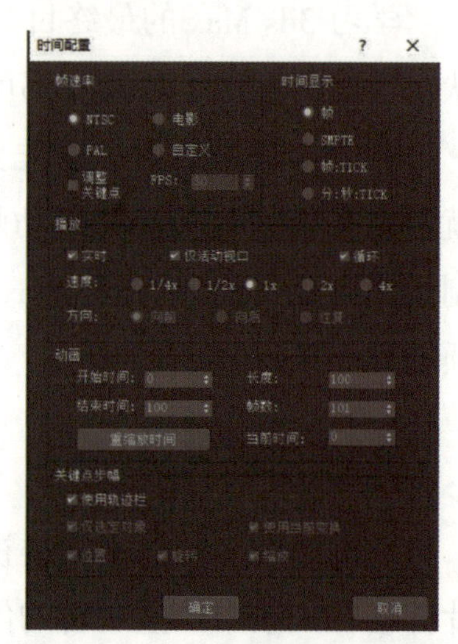

图 5–1–3 “时间配置”对话框

3. 帧与时间的概念

3ds Max 是一个基于时间的动画制作软件，最小的时间单位是 TCK（点），相当于 1/4800 秒。系统中默认的时间单位是帧，帧速率为每秒 30 帧。用户可以根据需要设置软件创建的动画的时间长度与精度。设置的方法是单击动画播放控制区域中的“时间配置”按钮，弹出“时间配置”对话框，如图 5–1–3 所示。

本任务使用 3ds Max 进行动画关键帧的设置，具体可观看相应的教学视频“任务一 动画关键帧的设置”。

动画关键帧的设置

实训过程

一、自主学习

1. 简述动画关键帧的组成部分。

2. 简述进行物体运动变化的前期准备。

3. 如何对物体进行合理运动的创建及设置？

二、实践探索

步骤 1：打开 3ds Max 软件，导入已蒙皮并调好封套的角色模型。

思考：简述导入模型的步骤。

步骤 2：单击任意骨骼，进入“运动”→“体形”模式，并全选角色所有骨骼，在动画控制区“设置关键帧”，使用快捷键〈N〉打开“自动关键点”功能，如图 5–1–4 所示。

图 5–1–4　打开“自动关键点”功能

思考：简述设置动画关键帧的步骤。

步骤 3：前视图在第 0 帧选择人物右边肩膀的骨骼，单击“选择并旋转”按钮，进行微微调动，使之打上一个自动关键帧，如图 5–1–5 所示。

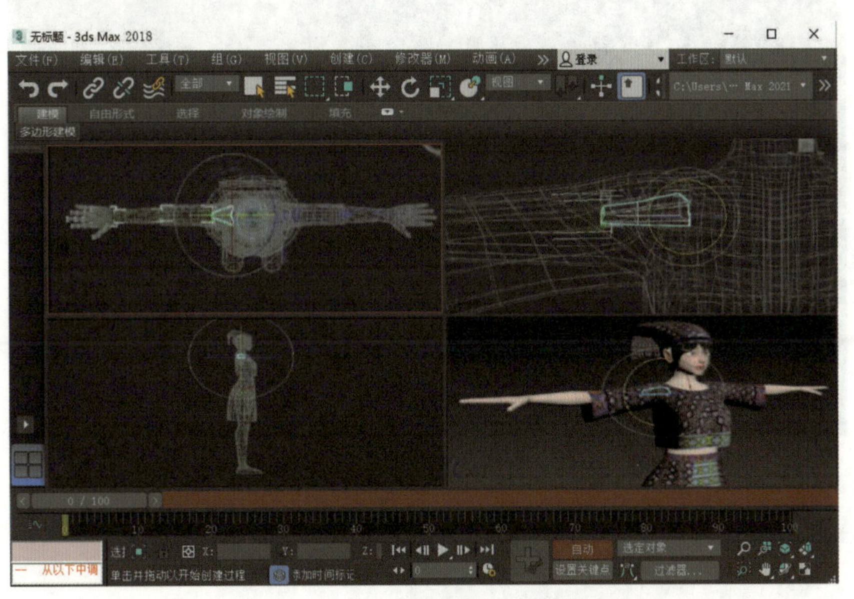

图 5–1–5　适当调整角色骨骼位置 1

思考：在左边肩膀设置自动关键帧的目的是什么？

步骤 4： 在自动关键帧开启的状态下，前视图将时间轴调到第 20 帧再次选择人物右边肩膀的骨骼，单击“选择并旋转”按钮进行向下旋转，旋转至一定角度后，将右上手臂同样进行“选择并旋转”操作，向下旋转至手臂贴近身体部分，如图 5–1–6 所示。

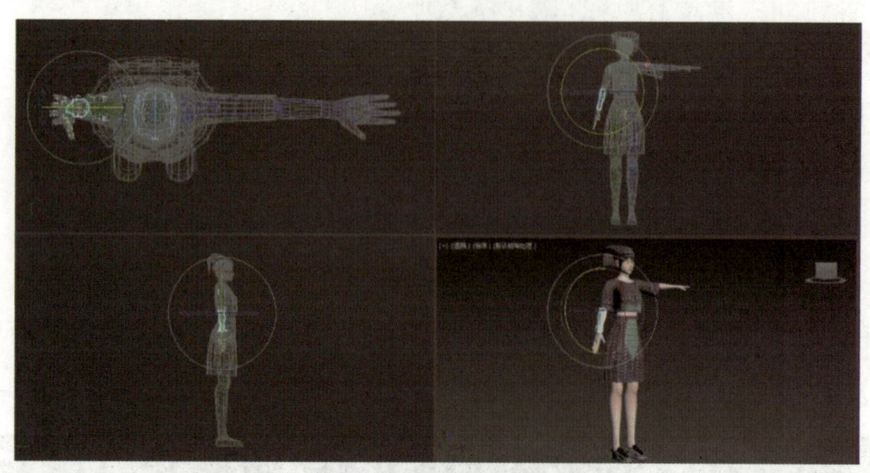

图 5–1–6　适当调整角色骨骼位置 2

思考： 调整角色骨骼位置的作用是什么？

步骤 5： 在左视图第 40 帧的时候，将左下手臂进行“选择并旋转”操作，向前自然抬起，如图 5–1–7 所示。

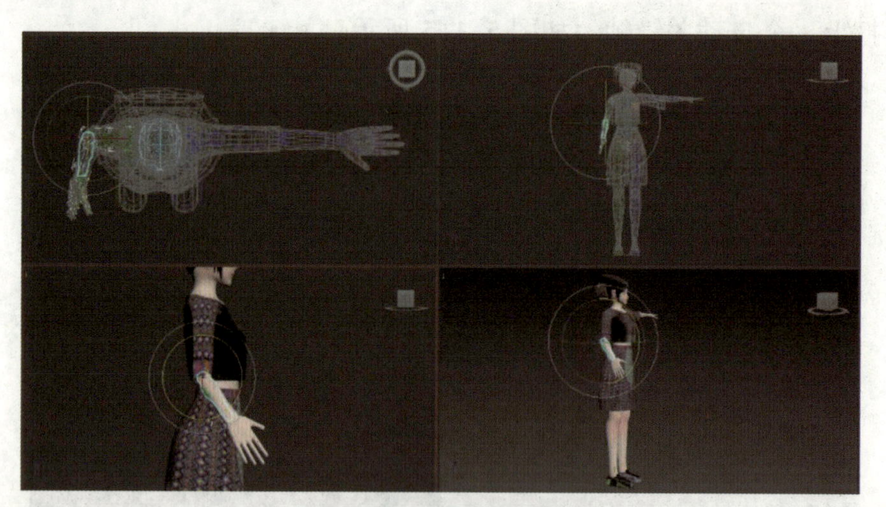

图 5–1–7　适当调整角色骨骼位置 3

思考： 在左视图第 40 帧设置关键帧的作用是什么？

步骤 6： 使用同样的方法，将右边肩膀和手臂在第 0 帧、第 20 帧和第 40 帧进行“选择并旋转”操作，制作人物前后摆臂动作。完成角色基础动画的关键帧设置，如图 5–1–8 所示。

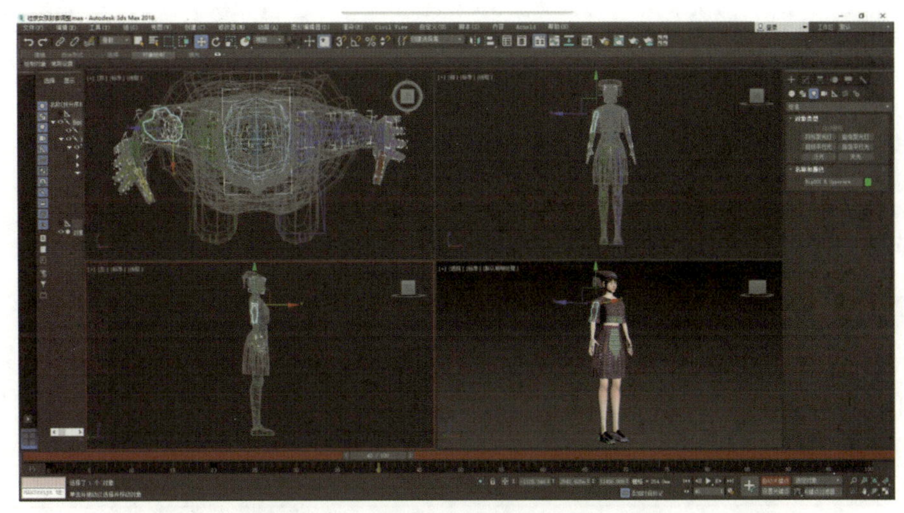

图 5-1-8　最后调整角色骨骼位置

思考：在制作人物前后摆臂动作中遇到了哪些问题，你是如何解决的？

步骤 7：关闭动画播放区的“自动关键点”功能（图 5-1-9），单击“播放”按钮，观看角色手臂前后摆动动画效果。

图 5-1-9　关闭“自动关键点”功能

思考：请展示角色手臂前后摆动的动画效果。

拓展训练

宁宁在广西国际会展中心参加博览会的路上，遇到了一只神奇的动物——小八，请为小八制作出摇头的动作效果。请根据图 5-1-10（a）所示的素材，实现图 5-1-10（b）所示的设计效果。

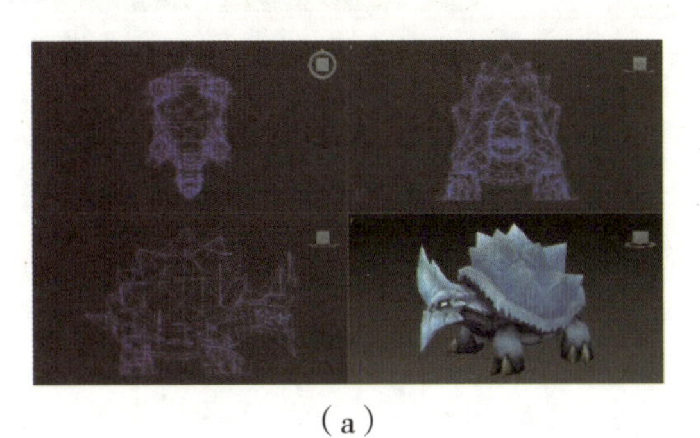

（a） 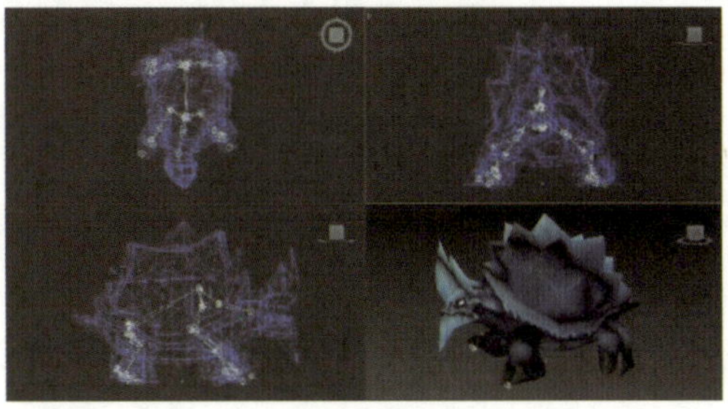　　　　　　（b）

图 5-1-10　拓展训练素材和设计效果

（a）素材；（b）设计效果

提示： 通过打开和设置“自动关键点”，为角色制作效果，并播放。

学习总结

1. 请写出学习过程中的收获和遇到的问题。

2. 请对自己的作品进行评价并填写表 5-1-1。

表 5-1-1 项目过程考核评价表

<table>
<tr><td>班级</td><td></td><td>项目任务</td><td colspan="3"></td></tr>
<tr><td>姓名</td><td></td><td>教师</td><td colspan="3"></td></tr>
<tr><td>学期</td><td></td><td>评分日期</td><td colspan="3"></td></tr>
<tr><td colspan="3">评分内容（满分 100 分）</td><td>学生自评</td><td>组员互评</td><td>教师评价</td></tr>
<tr><td rowspan="4">专业技能
（60 分）</td><td colspan="2">工作页完成进度（10 分）</td><td></td><td></td><td></td></tr>
<tr><td colspan="2">对理论知识的掌握程度（20 分）</td><td></td><td></td><td></td></tr>
<tr><td colspan="2">理论知识的应用能力（20 分）</td><td></td><td></td><td></td></tr>
<tr><td colspan="2">改进能力（10 分）</td><td></td><td></td><td></td></tr>
<tr><td rowspan="4">综合素养
（40 分）</td><td colspan="2">按时打卡（10 分）</td><td></td><td></td><td></td></tr>
<tr><td colspan="2">信息获取的途径（10 分）</td><td></td><td></td><td></td></tr>
<tr><td colspan="2">按时完成学习及工作任务（10 分）</td><td></td><td></td><td></td></tr>
<tr><td colspan="2">团队合作精神（10 分）</td><td></td><td></td><td></td></tr>
<tr><td colspan="3">总分</td><td></td><td></td><td></td></tr>
<tr><td colspan="3">综合得分
（学生自评 10%；组员互评 10%；教师评价 80%）</td><td colspan="3"></td></tr>
<tr><td colspan="3">学生签名：</td><td colspan="3">教师签名：</td></tr>
</table>

任务二

角色基础动作的设置

任务描述

宁宁站在会展中心门前，急切地想“走”进展厅内去感受广西浓郁的壮乡气氛。请根据图 5-2-1（a）所示的素材，实现图 5-2-1（b）所示的设计效果。

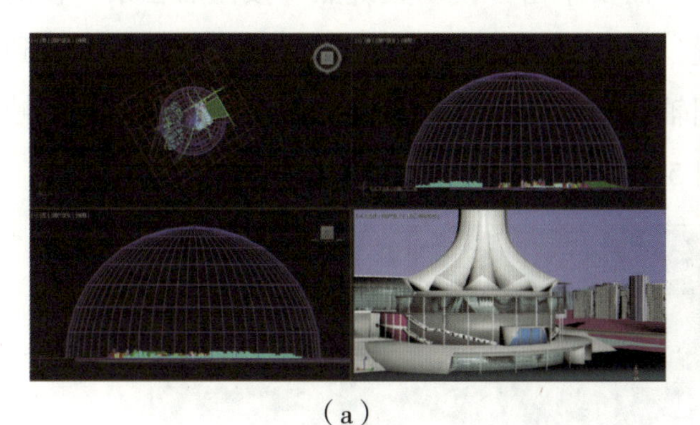

（a）

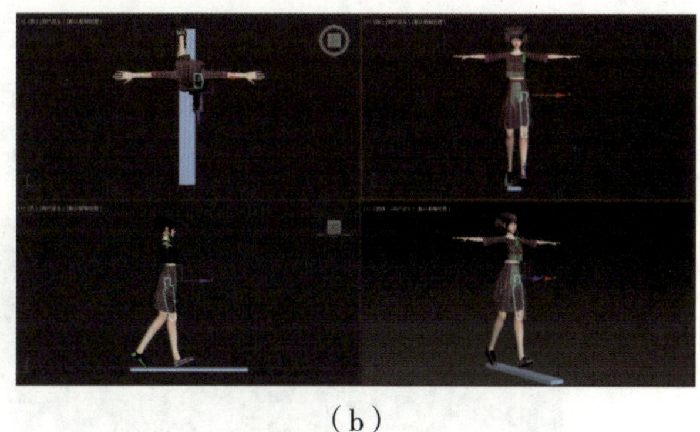

（b）

图 5-2-1　素材和设计效果

（a）素材；（b）设计效果

提示：为了让宁宁走起来，在“设置关键点”基础上调整关节的变化，完成“踩踏关键点”的制作，就可以制作出人物向前走路的动画。

人物走路的动作分解为前后脚交替向前，身体、手臂和胯部随着脚步轻微摆动。通过设置“踩踏关键点”，让角色的胯部固定在某个高度上，前后脚向前运动从而产生平滑的走路效果。

知识目标

1. 能概括人物走路运动踩踏关键帧设置原理。
2. 能归纳出动画创建的常用命令。
3. 了解踩踏关键帧的基础理论。

能力目标

1. 掌握踩踏关键帧的创建及调整方法。
2. 掌握角色走路运动设置。

职业素养

延伸角色“基础动作”的意义，培养设计团队的“基础意识”。

学习指导

一、关键帧动画

设置动画最简单的方法就是设置关键帧，只需要单击“自动关键点”按钮后在某一帧的位置处改变对象状态，如移动对象至某一位置，改变对象某一参数，然后将时间滑块调整到另一位置，这时就可以在动画控制区中的时间轴区域看到有 2 个关键帧出现。这说明关键帧已经创建，同时在关键帧之间动画出现，如图 5-2-2 所示。

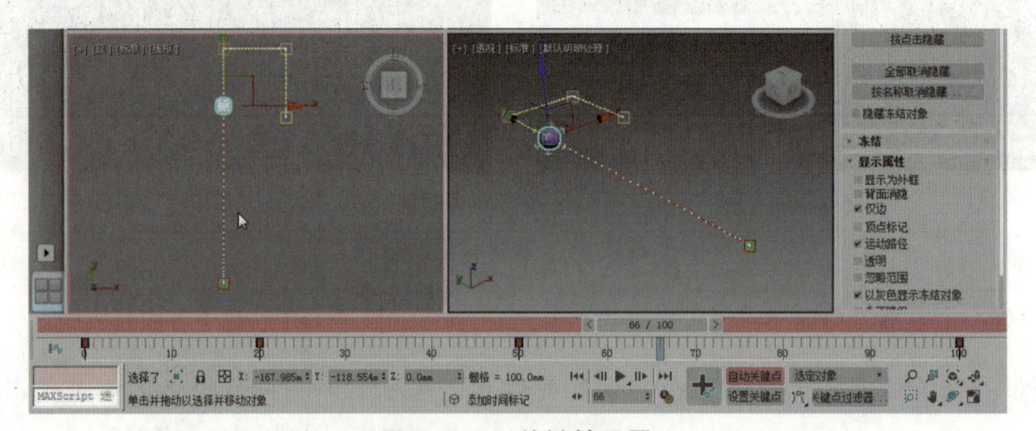

图 5-2-2　关键帧设置

打开一个原始场景文件，调整模型的旋转和移动的“自动关键点”，从而记录旋转和移动的动画，如图 5-2-3 所示。

图 5-2-3　关键帧动画效果图

二、动画制作的常用工具

1. 动画控制工具

在动画控制区可以控制视口中的时间显示。动画控制区包括时间滑块、播放按钮和动画关键点等，如图 5–2–4 所示。

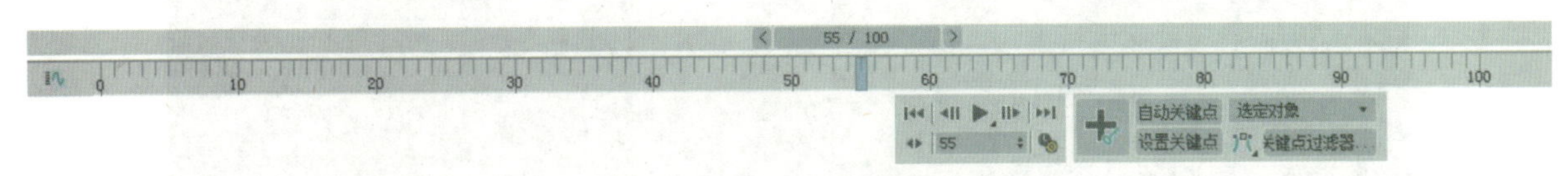

图 5–2–4　动画控制区

2. 轨迹视图

轨迹视图对于管理场景和动画制作功能非常强大。在主工具栏中单击“曲线编辑器（打开）”按钮或选择“图形编辑”→“轨迹视图”→“曲线编辑器”命令，可弹出“轨迹视图 – 曲线编辑器”对话框，如图 5–2–5 所示。

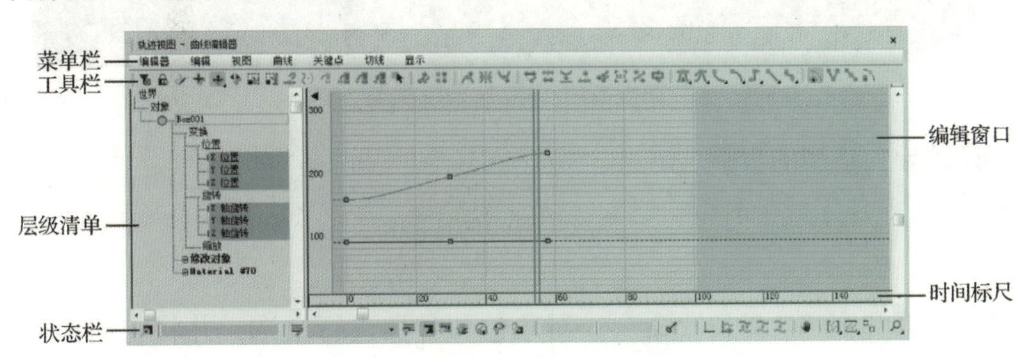

图 5–2–5　“轨迹视图 – 曲线编辑器”对话框

本任务使用 3ds Max 进行角色基础动作的设置，具体可观看相应的教学视频“任务二　角色基础动作的设置”。

角色基础动作的设置

实训过程

一、自主学习

1. 简述踩踏关键帧的组成部分。

2. 简述进行人物走路运动变化的前期准备。

3. 如何对角色进行合理走路运动的创建及设置？

二、实践探索

步骤 1：打开 3ds Max 软件，导入已蒙皮并调好封套的角色模型和场景模型，如图 5-2-6 所示。

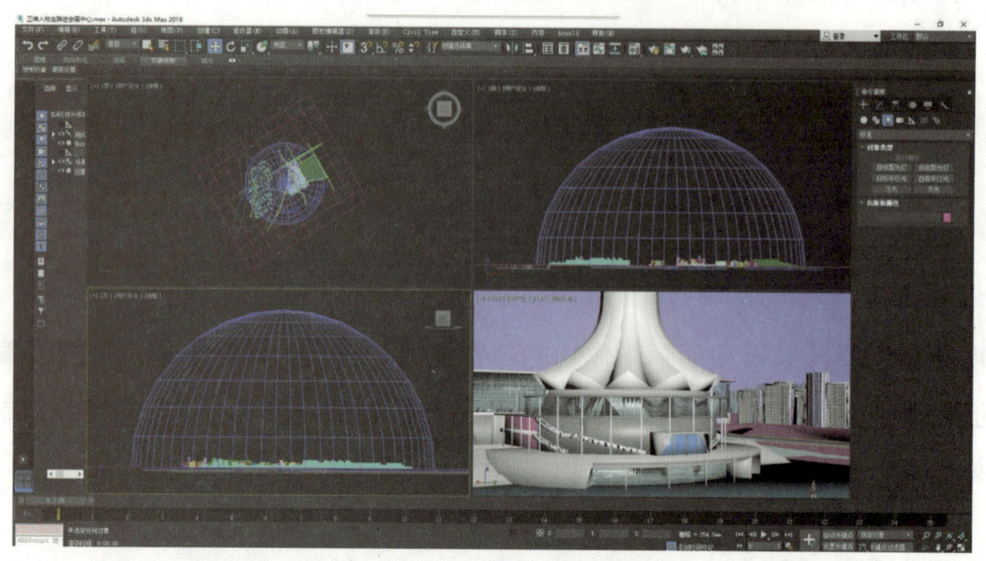

图 5-2-6　导入三维模型

思考：简述导入模型的步骤。

步骤 2：选择“窗口 / 交叉”命令，对角色和骨骼进行全选，并将它们孤立出来，如图 5-2-7 所示。

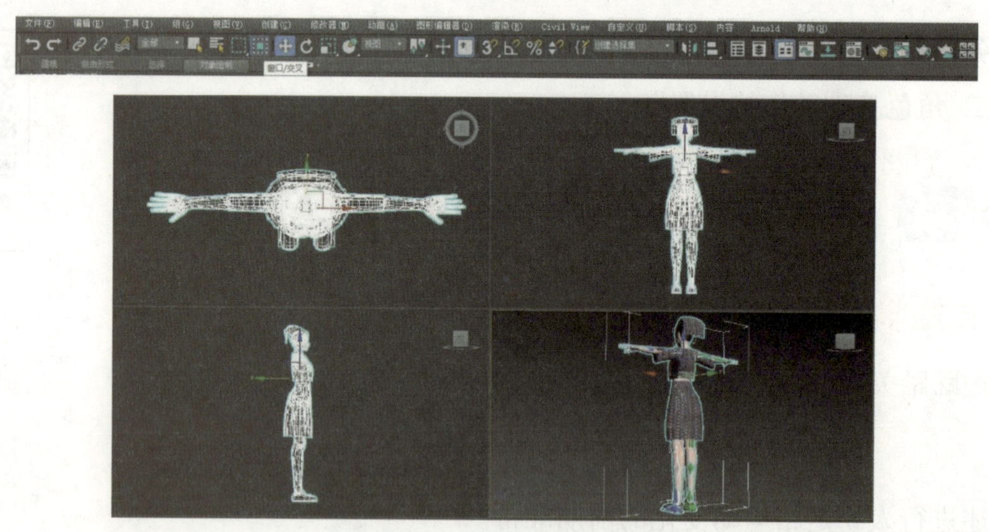

图 5-2-7　孤立角色和骨骼

思考：简述孤立角色和骨骼的目的。

步骤 3： 在动画播放区中，单击“时间配置”按钮，弹出“时间配置”对话框，将动画结束时间设置为 25，如图 5-2-8 所示。

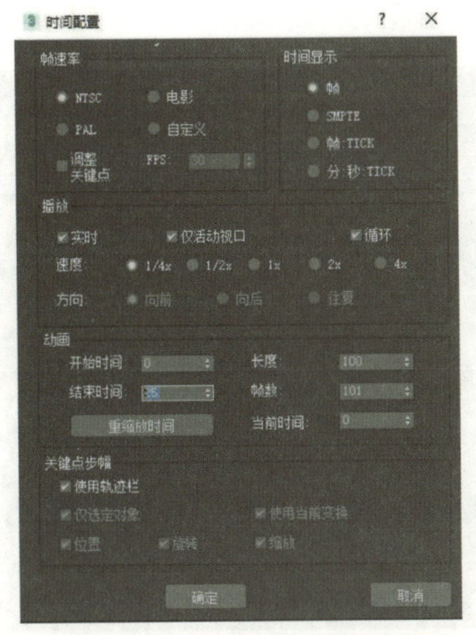

图 5-2-8　设置时间配置

思考： 结束时间可否设置为其他值？为什么？

步骤 4： 首先在角色双脚下方创建一个“长方体”，其次选择角色所有骨骼，在动画控制区设置关键帧，打开“自动关键点”。第 1 帧将右脚进行向后移动和旋转，同时将左脚向前移动和旋转，形成一个走路姿势的自动关键帧，如图 5-2-9 所示。

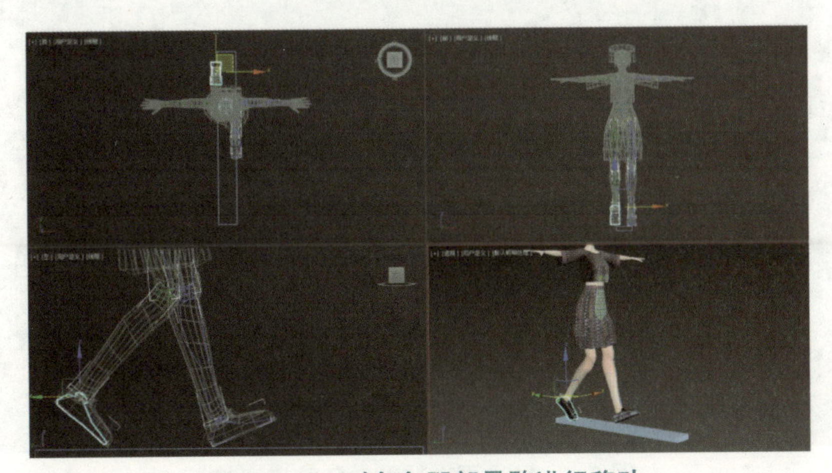

图 5-2-9　对角色腿部骨骼进行移动

思考： 在角色脚下创建“长方体”的目的是什么？

步骤 5: 将时间轴调整到第 13 帧，全选骨骼，向前移动一定位置，并进入“创建”面板→“复制 / 粘贴”→“创建集合”→“复制姿态”→“向对面粘贴姿态”，如图 5-2-10 所示。

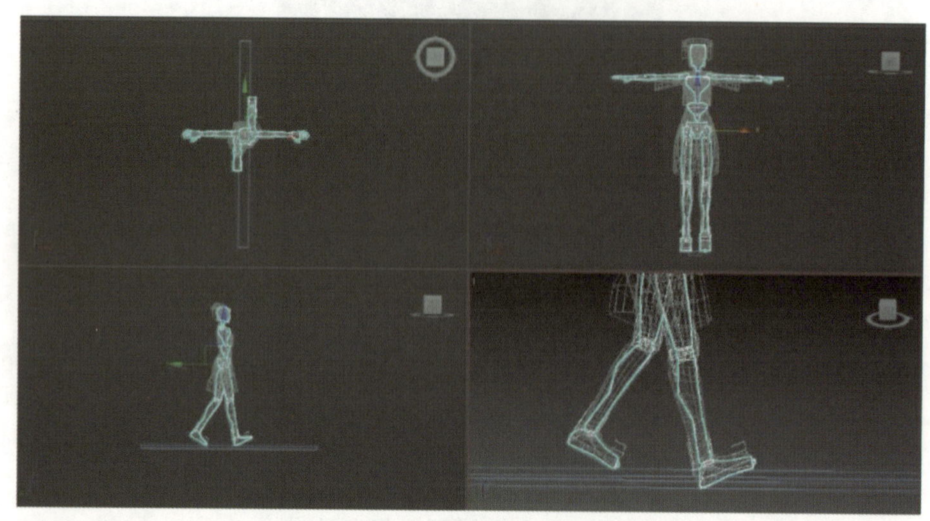

图 5-2-10 粘贴角色跨步姿势

思考: 请简述粘贴角色跨步姿势的步骤。

步骤 6: 再次调整时间轴到第 25 帧，全选所有骨骼，再向前移动一定位置，进入“创建”面板→“复制 / 粘贴”→“创建集合”→“复制姿态”→“粘贴姿态”，如图 5-2-11 所示。

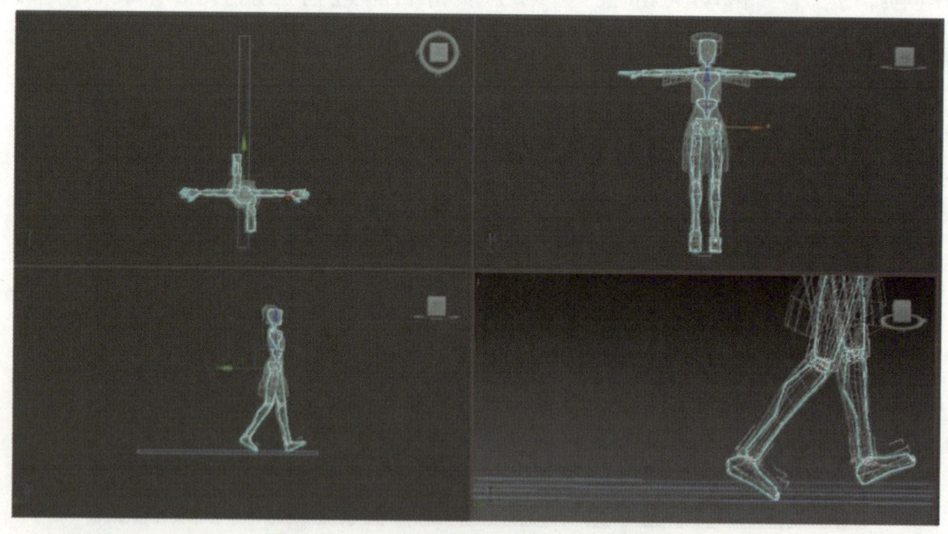

图 5-2-11 再次粘贴角色跨步姿势

思考: 为什么将时间轴调整到第 25 帧？

步骤 7：将时间轴调整回到第 1 帧的位置，单击右脚，进入“创建”面板→“运动”→“关键点信息”→“设置关键点”→“设置滑动关键点”→“选择轴”，将关键点设置在右脚前脚掌处，如图 5-2-12 所示。

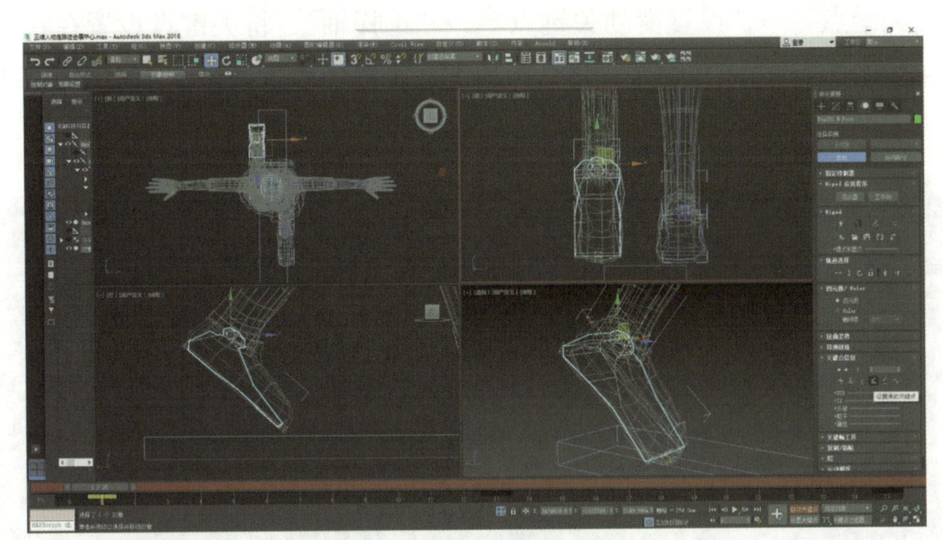

图 5-2-12 设置滑动关键点

思考：将关键点设置在右脚前脚掌处的目的是什么？

步骤 8：单击左脚，进入“创建”面板→“运动”→“关键点信息”→“设置关键点”→“设置踩踏关键点”→“选择轴”，将关键点设置在左脚后脚跟处，如图 5-2-13 所示。

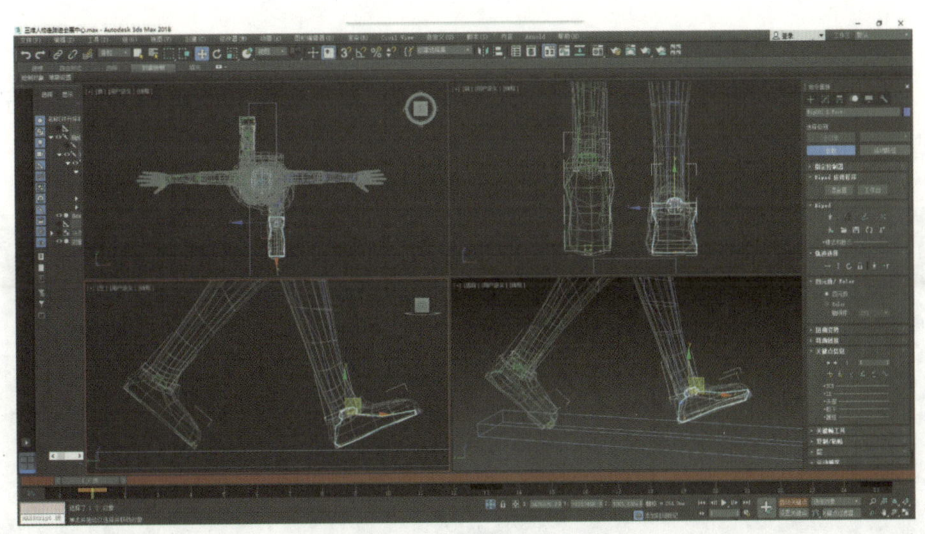

图 5-2-13 设置踩踏关键点

思考：简述踩踏关键点的作用。

步骤 9：将时间轴调整到第 4 帧，单击左脚，进入“创建”面板→“运动”→“关键点信息”→“设置关键点”→“设置踩踏关键点”→“选择轴”，将关键点设置在左脚后脚跟处，同时旋转左脚与长方体平行。单击右脚，进入“创建”面板→“运动”→“关键点信息”→“设置关键点”→“设置滑动关键点”→“选择轴”，将关键点设置在右脚后脚跟处。并通过“选择并移动”“选择并旋转”将角色腿部和骨骼中心点调整向下蹲姿势，如图 5-2-14 所示。

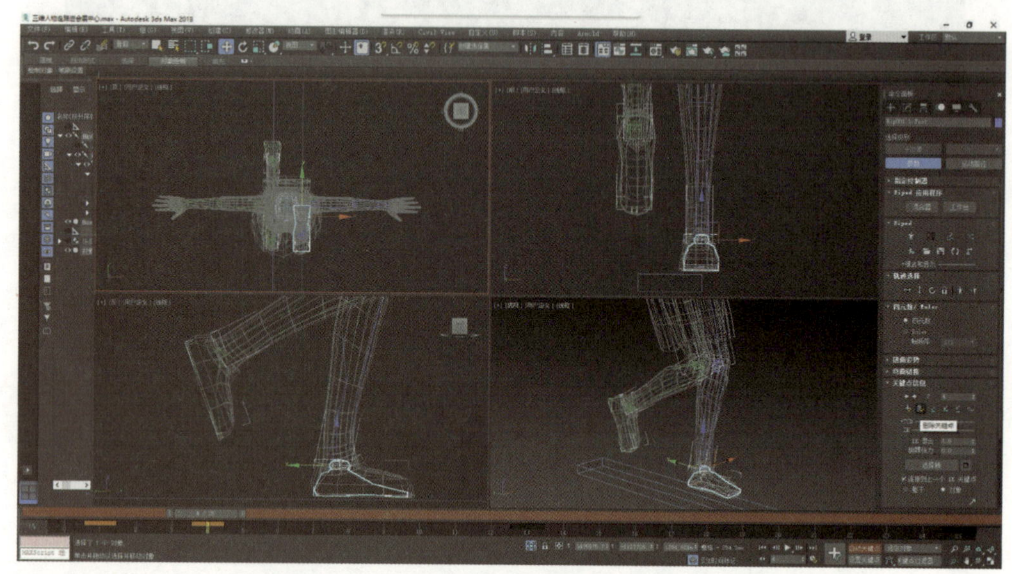

图 5-2-14 设置滑动关键点和踩踏关键点

思考：请展示设置完成后的效果。

步骤 10：将时间轴调整到第 7 帧，分别在右脚脚跟“设置滑动关键点”，在左脚脚掌“设置踩踏关键点”，并调整角色姿势，如图 5-2-15 所示。

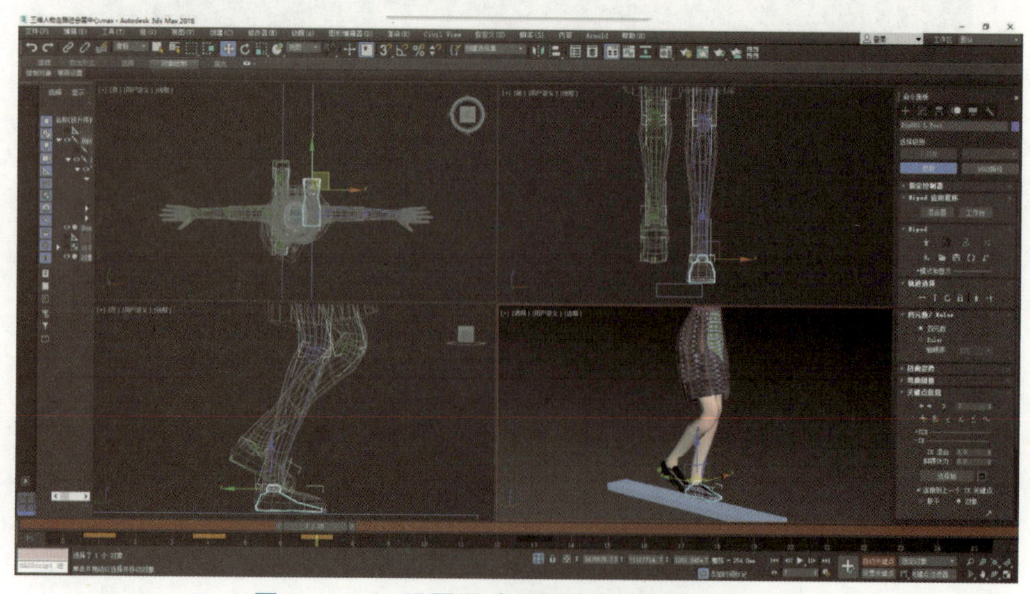

图 5-2-15 设置滑动关键点和踩踏关键点 1

思考：滑动关键点和踩踏关键点有何异同？

步骤 11：将时间轴调整到第 10 帧，在右脚脚跟“设置滑动关键点”，在左脚脚掌“设置踩踏关键点”，并调整角色姿势，如图 5-2-16 所示。

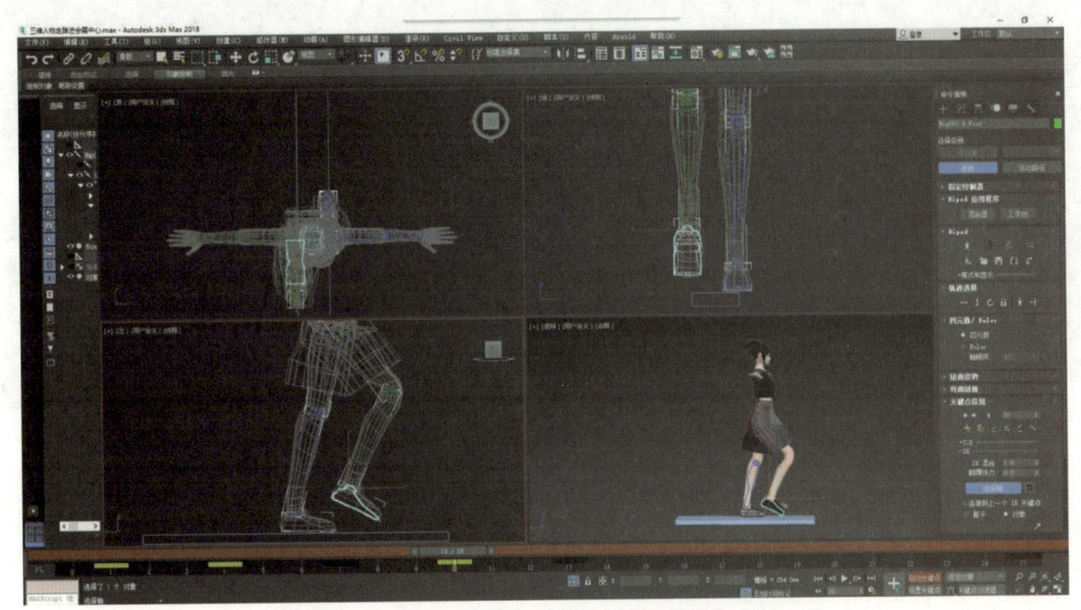

图 5-2-16　设置滑动关键点和踩踏关键点 2

步骤 12：将时间轴调整到第 13 帧，在右脚脚跟“设置滑动关键点”，在左脚脚掌“设置踩踏关键点”，并调整角色姿势，如图 5-2-17 所示。

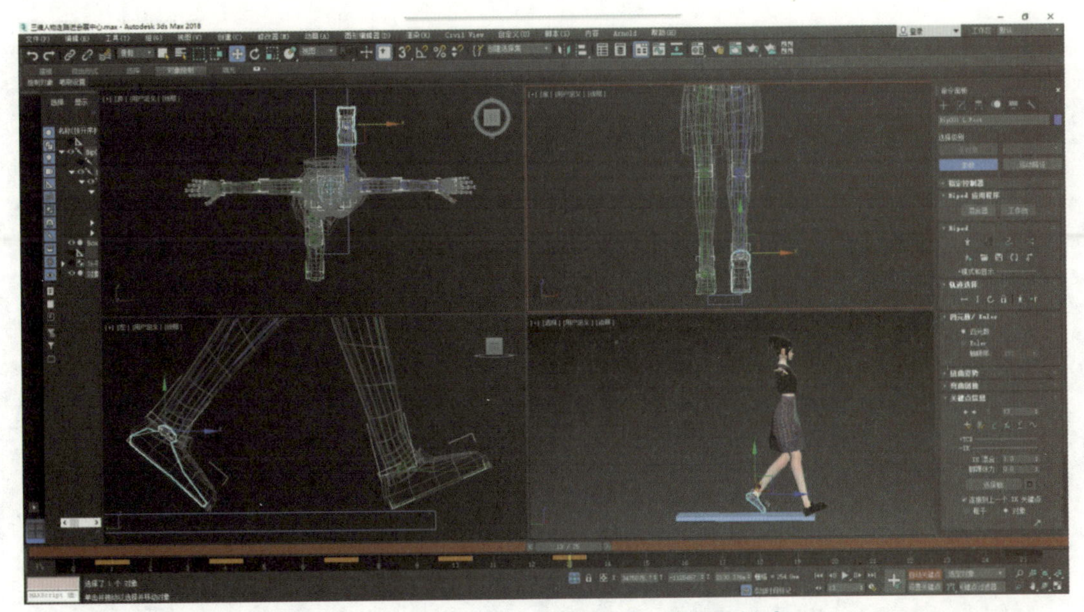

图 5-2-17　设置滑动关键点和踩踏关键点 3

步骤 13：将时间轴调整到第 16 帧，在右脚脚跟“设置踩踏关键点”，在左脚脚掌“设置滑动关键点”，并调整角色姿势，如图 5-2-18 所示。

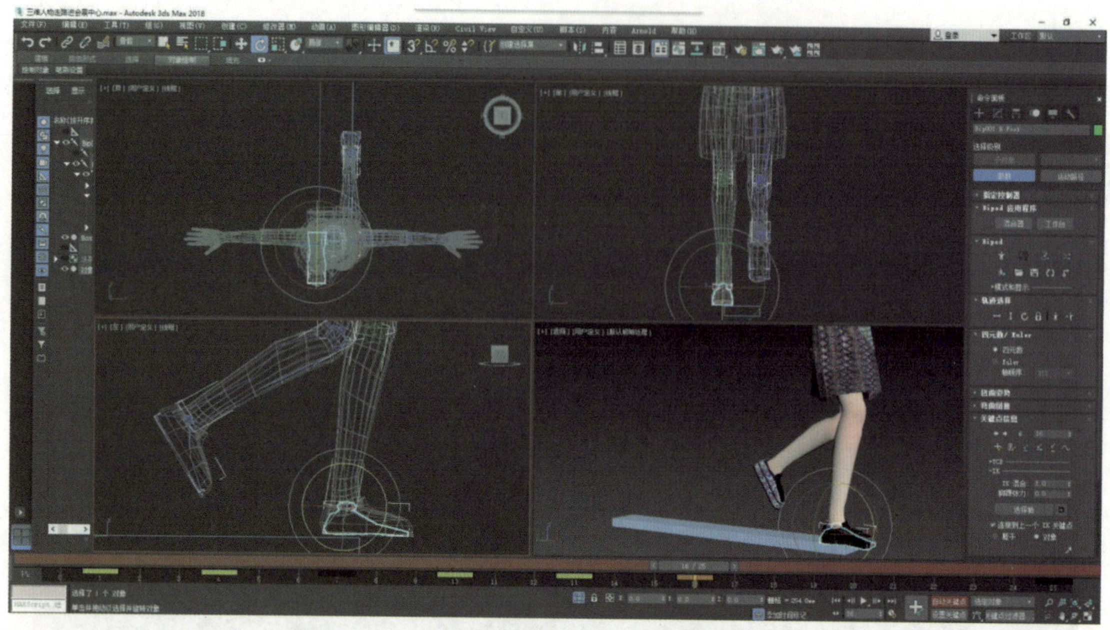

图 5-2-18　设置滑动关键点和踩踏关键点 4

思考：请展示设置关键点后的效果。

步骤 14：将时间轴调整到第 19 帧，在右脚脚掌“设置踩踏关键点”，在左脚脚跟“设置滑动关键点”，并调整角色姿势，如图 5-2-19 所示。

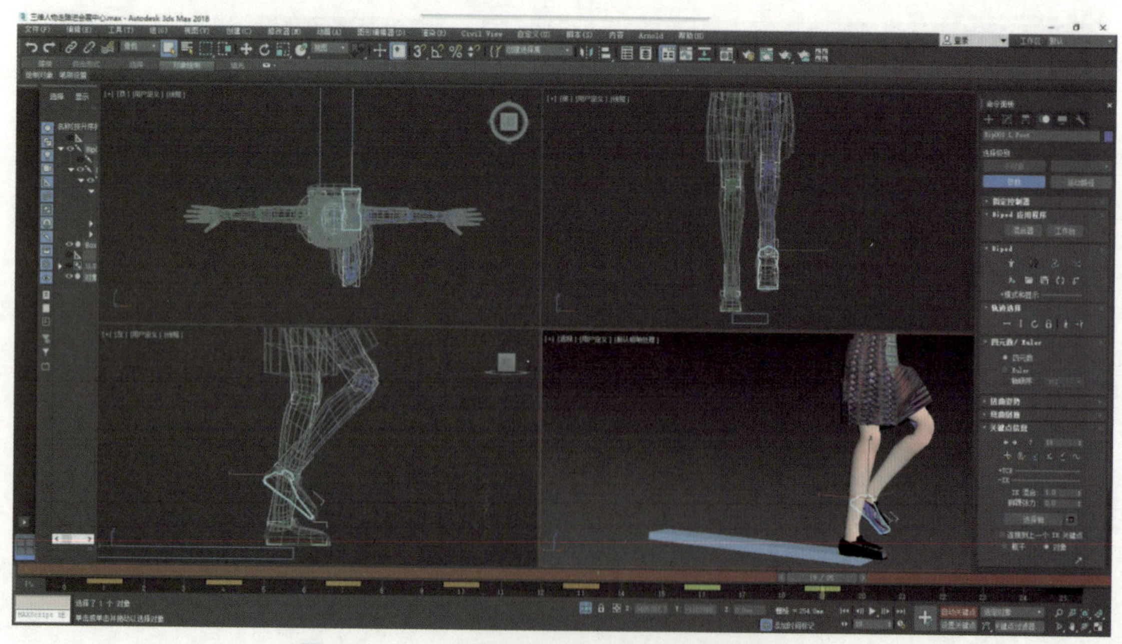

图 5-2-19　设置滑动关键点和踩踏关键点 5

步骤 15：将时间轴调整到第 22 帧，在右脚脚掌“设置踩踏关键点”，在左脚脚跟“设置滑动关键点”，并调整角色姿势，如图 5-2-20 所示。

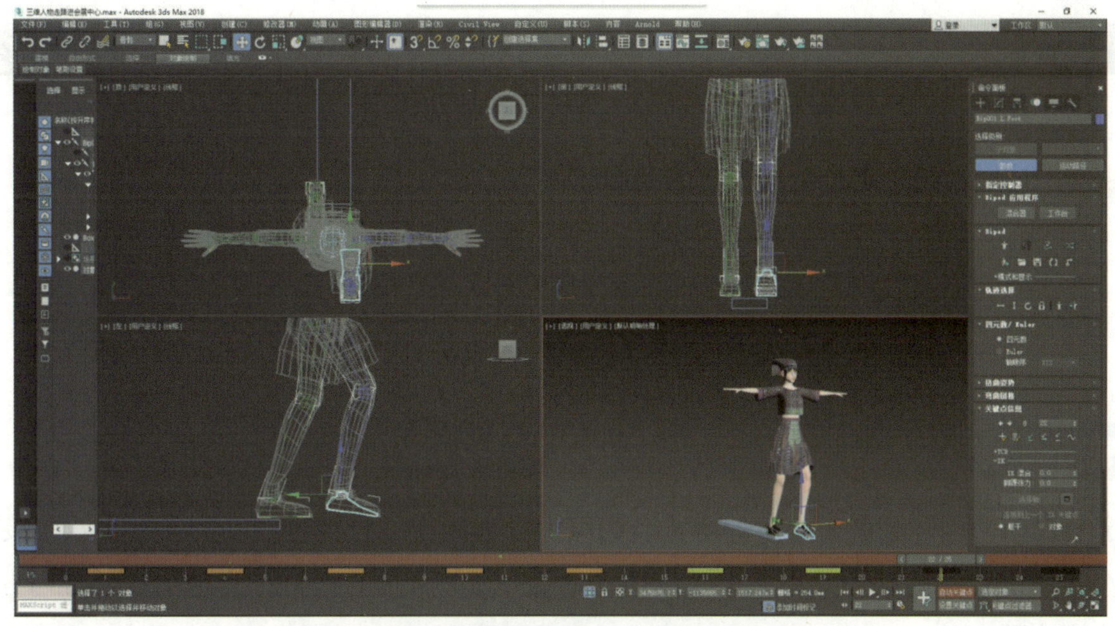

图 5-2-20　设置滑动关键点和踩踏关键点 6

步骤 16：将时间轴调整到第 25 帧，在右脚脚掌“设置踩踏关键点”，在左脚脚跟“设置滑动关键点”，并调整角色姿势，形成一个完整的走路动作，如图 5-2-21 所示。

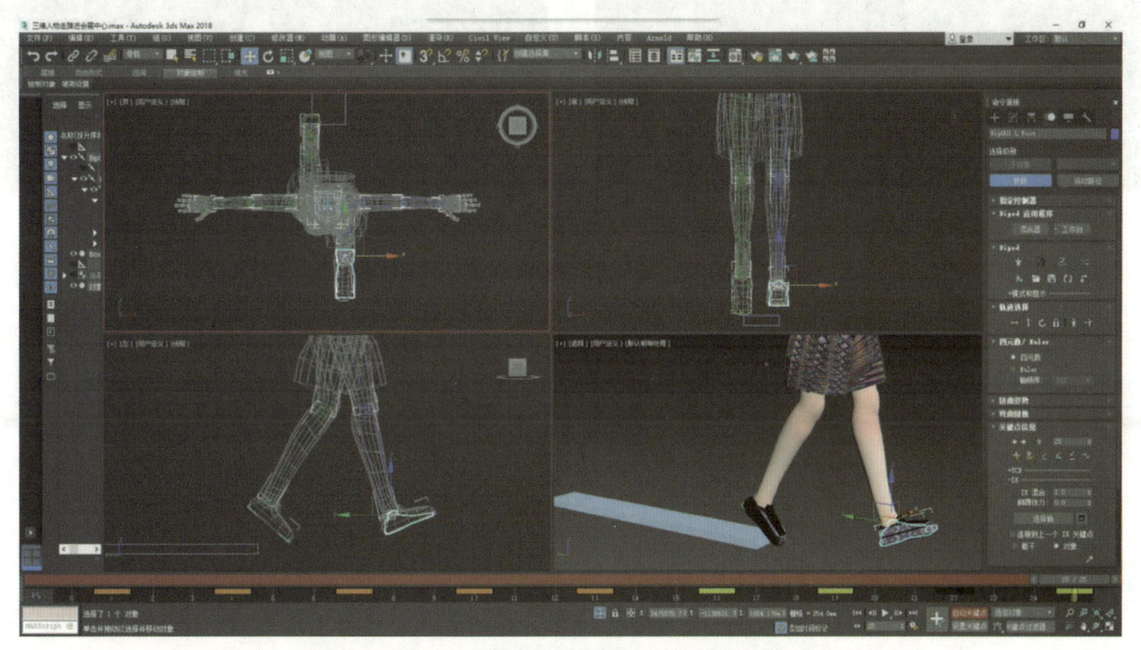

图 5-2-21　设置滑动关键点和踩踏关键点 7

思考：请展示设置完成后的走路效果。

步骤 17： 关闭动画播放区的"自动关键点"，取消角色孤立状态，播放动画，如图 5-2-22 所示，观看角色走进会展中心的动画效果。

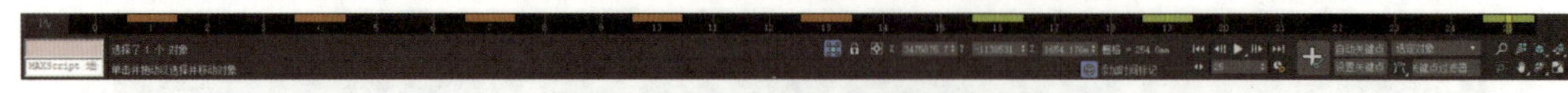

图 5-2-22 关闭"自动关键点"

思考： 请展示角色走进会展中心的动画效果。

拓展训练

宁宁在广西国际会展中心参加博览会的路上，遇到了一只神奇的动物——小八，接下来为小八制作出走路的动作效果。请根据图 5-2-23（a）所示的素材，实现图 5-2-23（b）所示的设计效果。

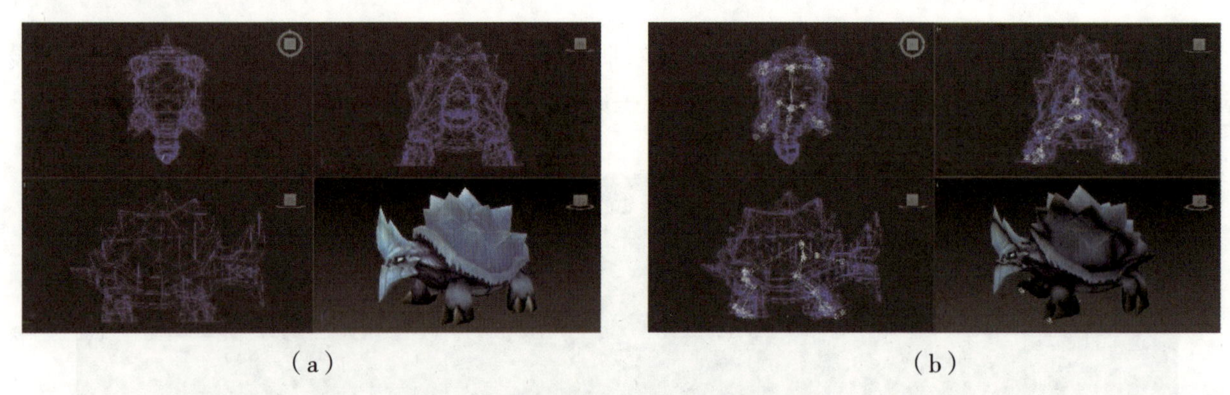

（a）　　　　（b）

图 5-2-23 拓展训练素材和设计效果

（a）素材；（b）设计效果

提示： 通过"自动关键点""踩踏关键点"和"滑动关键点"制作走路动画。

学习总结

1. 请写出学习过程中的收获和遇到的问题。

2. 请对自己的作品进行评价并填写表 5-2-1。

表 5-2-1　项目过程考核评价表

<table>
<tr><td>班级</td><td></td><td>项目任务</td><td colspan="3"></td></tr>
<tr><td>姓名</td><td></td><td>教师</td><td colspan="3"></td></tr>
<tr><td>学期</td><td></td><td>评分日期</td><td colspan="3"></td></tr>
<tr><td colspan="3">评分内容（满分 100 分）</td><td>学生自评</td><td>组员互评</td><td>教师评价</td></tr>
<tr><td rowspan="4">专业技能
（60 分）</td><td colspan="2">工作页完成进度（10 分）</td><td></td><td></td><td></td></tr>
<tr><td colspan="2">对理论知识的掌握程度（20 分）</td><td></td><td></td><td></td></tr>
<tr><td colspan="2">理论知识的应用能力（20 分）</td><td></td><td></td><td></td></tr>
<tr><td colspan="2">改进能力（10 分）</td><td></td><td></td><td></td></tr>
<tr><td rowspan="4">综合素养
（40 分）</td><td colspan="2">按时打卡（10 分）</td><td></td><td></td><td></td></tr>
<tr><td colspan="2">信息获取的途径（10 分）</td><td></td><td></td><td></td></tr>
<tr><td colspan="2">按时完成学习及工作任务（10 分）</td><td></td><td></td><td></td></tr>
<tr><td colspan="2">团队合作精神（10 分）</td><td></td><td></td><td></td></tr>
<tr><td colspan="3">总分</td><td></td><td></td><td></td></tr>
<tr><td colspan="3">综合得分
（学生自评 10%；组员互评 10%；教师评价 80%）</td><td colspan="3"></td></tr>
<tr><td colspan="3">学生签名：</td><td colspan="3">教师签名：</td></tr>
</table>

任务三

摄像机动画的制作

任务描述

在动画运动的过程中，不仅可以使角色运动，还可以运用镜头切换，让它更具特色。在“设置关键帧”前，可以先创建“摄像机”，并将其调整到合适位置，在“设置关键帧”命令下，设置摄像机的运动变化，即可完成镜头运动动画。

请根据图 5-3-1（a）所示的素材，实现图 5-3-1（b）所示的设计效果。

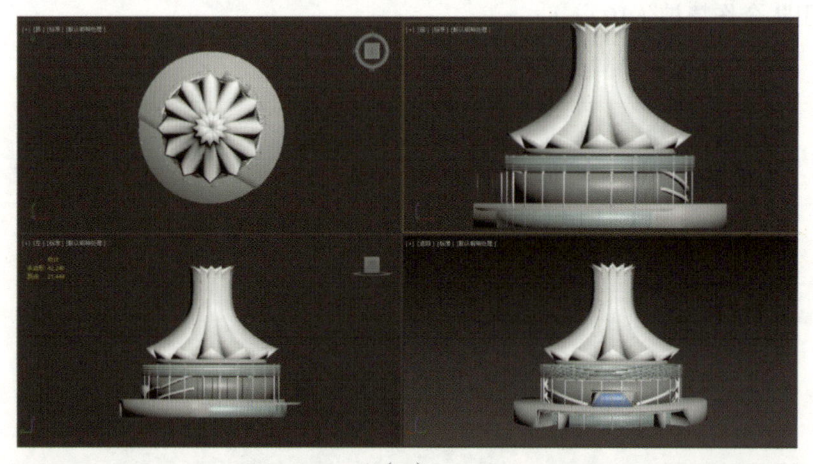

（a）

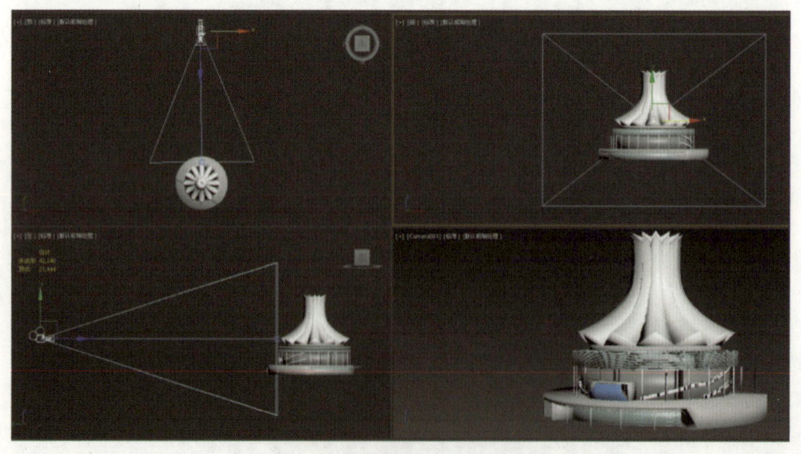

（b）

图 5-3-1　素材和设计效果

（a）素材；（b）设计效果

提示： 从摄像机运动开始，通过设置“自动关键帧”，更改“摄像机”的方向和位置，得到完整的摄像机动画。

知识目标

1. 能概括摄像机运动原理。
2. 能归纳出创建摄像机的常用命令。
3. 了解摄像机的基础理论。

能力目标

1. 掌握摄像机的创建及调整方法。
2. 掌握摄像机运动规律及设置方法。

职业素养

延伸“摄像机镜头动画”的意义，培养设计团队的“协作意识”。

学习指导

一、常用摄像机介绍

利用 3ds Max 中的摄像机可以观察场景中不易观察的对象。例如，要观察一栋楼房里面的场景，仅仅靠调节透视图观察将非常困难，这时，可利用摄像机进行观察。场景中摄像机的示例如图 5–3–2 所示。

单击“创建”面板（图 5–3–3）上的“摄像机”图标，打开“摄像机”创建面板。可以看出，3ds Max 提供 3 种类型的摄像机：目标摄像机、自由摄像机和 Physical 物理摄像机。

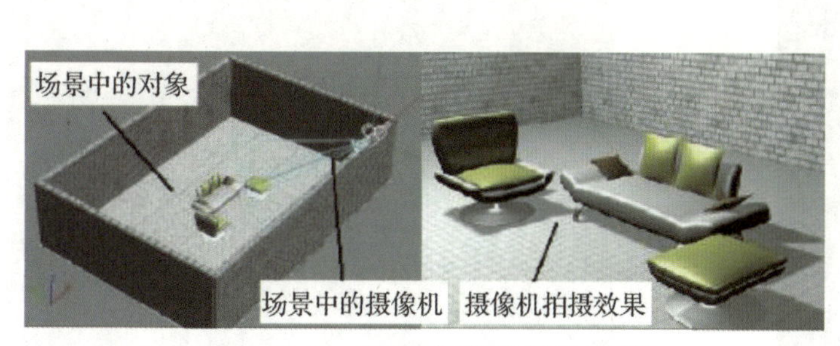

图 5–3–2　场景中摄像机的示例

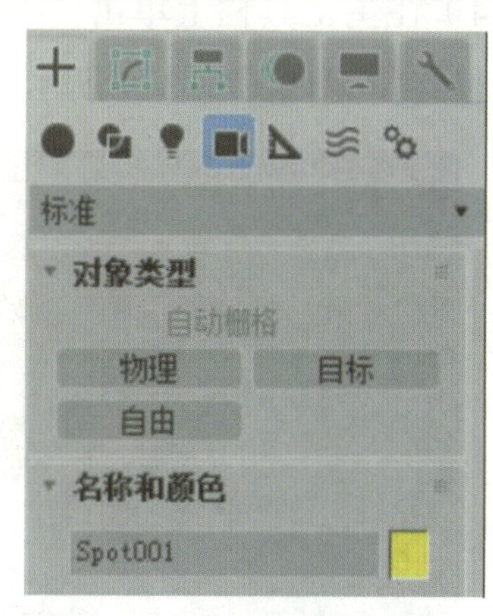

图 5–3–3　“创建”面板

目标摄像机：查看目标对象周围的区域。创建目标摄像机时，看到一个由两部分组成的图标，该图标表示摄像机和其目标（一个白色框）。摄像机和摄像机目标可以分别设置动画，以便摄像机不沿路径移动时，容易使用。

自由摄像机：查看注视摄像机方向的区域。自由摄像机的图标表示摄像机及其视野。自由摄像机图标与目标摄像机图标看起来相同，但是其不存在可以设置动画的单独目标图标。当摄像机的位置沿一个路径设置动画时，使用自由摄像机更方便。

物理摄像机：此摄像机具备快门速度、光圈景深、曝光及其他可模拟真实摄像机的设置选项。利用增强的控制和其他视口内反馈，可以更轻松创建真实照片级图像和动画。

二、摄像机的使用

下面学习如何为场景添加摄像机，以及如何调节摄像机，获得合适的观察角度。

1）打开源文件，如图 5-3-4 所示，场景为一把椅子和地面。下面通过创建摄像机并调整，以获取合适的观察角度。

2）单击“创建”面板上的“摄像机”图标，进入“摄像机”创建面板，单击“目标摄像机”按钮，然后在前视图左上方处单击并向椅子方向拖动鼠标，即可创建一架目标摄像机，如图 5-3-5 所示。

图 5-3-4　场景中的对象

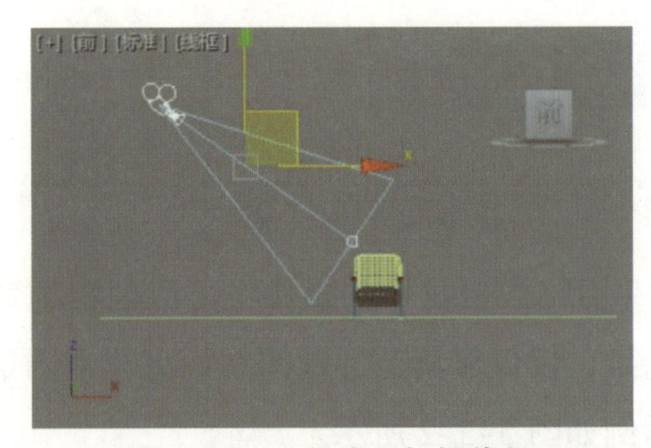

图 5-3-5　创建目标摄像机

3）激活透视图，按〈C〉键，即可将透视图切换为摄像机视图，如图 5-3-6 所示。

4）在主工具栏上单击“选择并移动”，在顶视图中分别调整目标摄像机的位置点和目标点，最终位置如图 5-3-7 所示。

图 5-3-6　摄像机视图

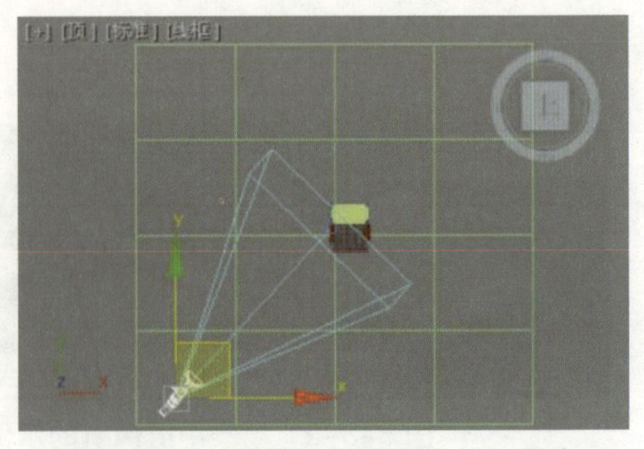

图 5-3-7　调整目标摄像机的位置点

5）观察摄像机视图，调整摄像机位置后，摄像机视图也发生变化，如图 5-3-8 所示。

6）如果激活摄像机视图，界面右下方的工具就变成了摄像机视图调整工具，如图 5-3-9 所示。可以利用这些工具，像调整透视图一样调整摄像机视图。

图 5-3-8　调整摄像机位置后的摄像机视图

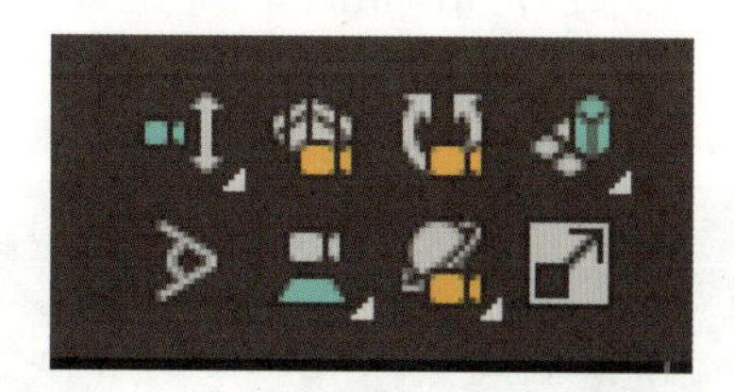

图 5-3-9　摄像机视图调整工具

7）调整好摄像机视图，就可以渲染摄像机视图观察效果了，如图 5-3-10 所示。

8）选中摄像机，进入“修改”面板，打开“参数”面板，还可以设置摄像机的各种参数，如镜头、视野等，用大镜头拍摄的对象效果如图 5-3-11 所示。

图 5-3-10　渲染后的摄像机视图

图 5-3-11　增大镜头后的摄像机视图

本任务进行摄像机动画的制作，具体可观看相应的教学视频“任务三　摄像机动画的制作”。

摄像机动画的制作

实训过程

一、自主学习

1. 简述摄像机的组成部分。

2. 简述进行摄像机运动变化的前期准备。

3. 如何对场景进行合理摄像机运动的创建及设置?

二、实践探索

步骤 1：打开 3ds Max 软件，导入已蒙皮并调好封套的角色模型和场景模型，如图 5-3-12 所示。

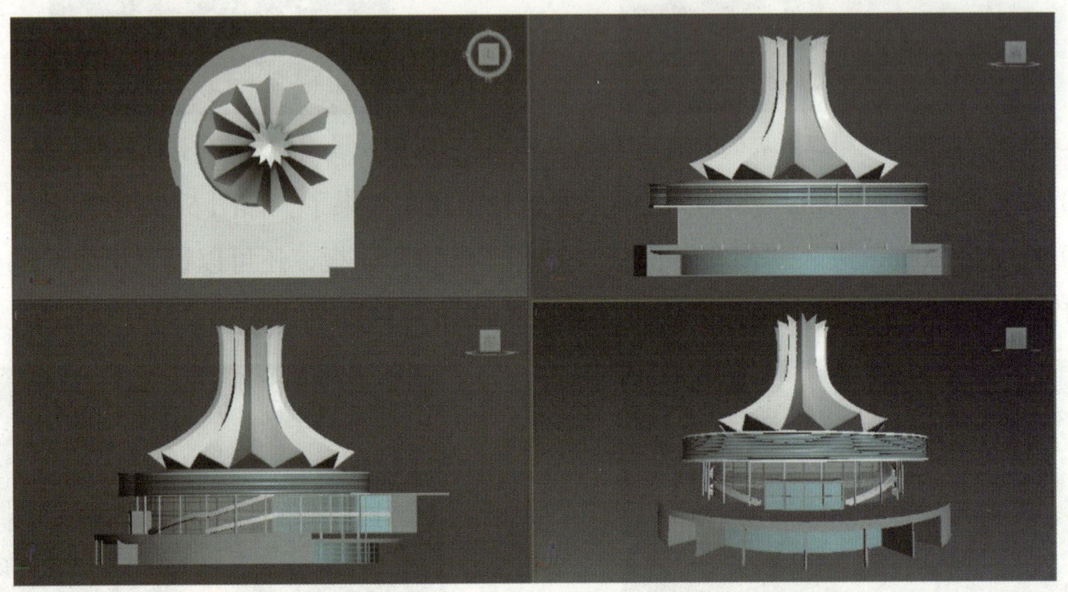

图 5-3-12　导入三维模型

思考：简述导入三维模型的步骤。

步骤 2：在“创建”面板中，单击“创建”→“摄像机”→“目标”按钮，然后在视图中创建目标摄像机，调整摄像机的位置和镜头参数，激活透视图，按〈C〉键将其转换为“摄像机”视图，如图 5-3-13 所示。

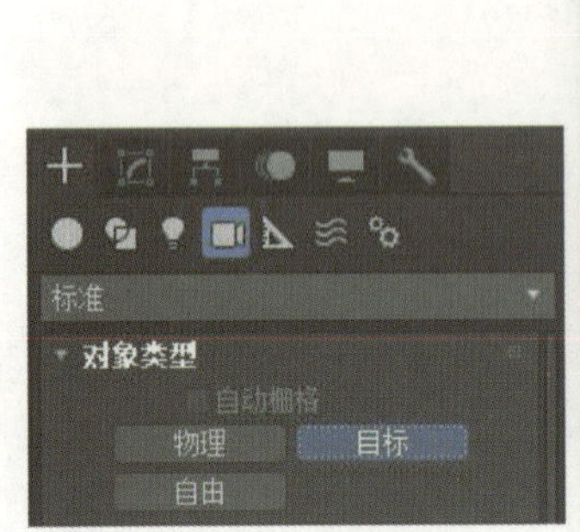

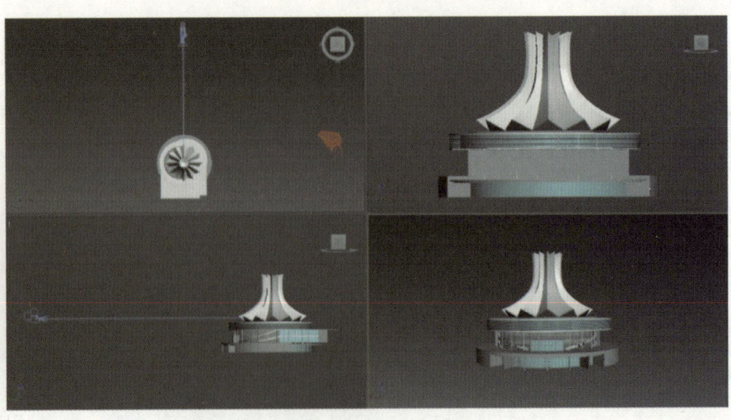

图 5-3-13　创建目标摄像机

思考：请展示创建摄像机后的视图。

步骤 3：选择“摄像机”，在动画播放区中，单击动画“自动关键点”，在第 0 帧的位置打上空白帧，如图 5-3-14 所示。

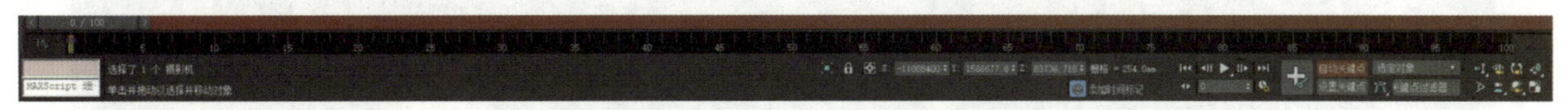

图 5-3-14　创建“自动关键点”

思考：简述创建空白帧的步骤。

步骤 4：将时间滑块拖动至第 30 帧处，将摄像机向前移动，调整视图中摄像机位置，如图 5-3-15 所示。

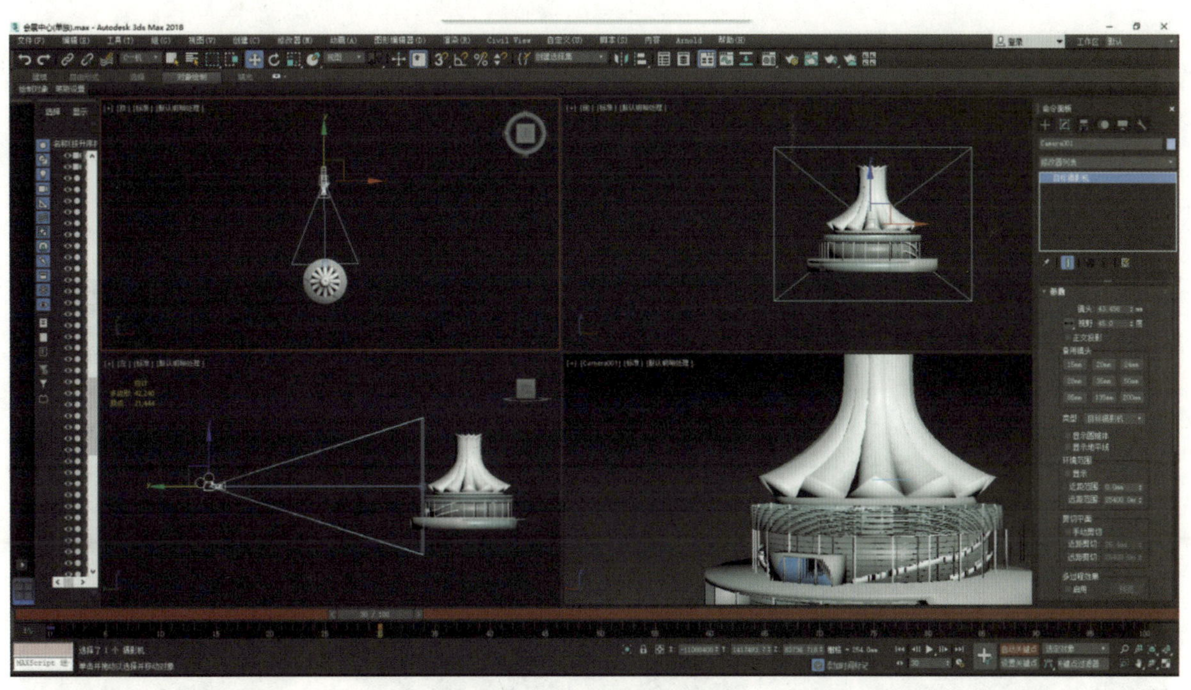

图 5-3-15　移动摄像机一

思考：请展示移动摄像机后的视图效果。

步骤 5：将时间滑块拖动至第 50 帧处，将摄像机向左移动，调整视图中摄像机位置，如图 5-3-16 所示。

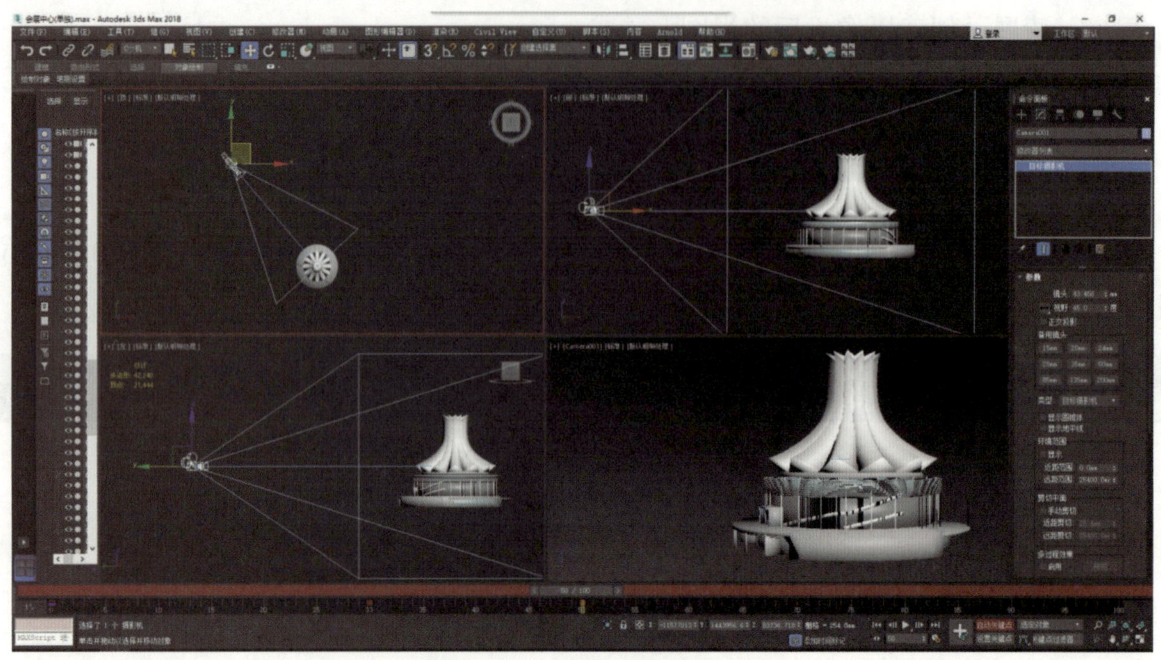

图 5-3-16　移动摄像机二

思考：请展示移动摄像机后的视图效果。

步骤 6：将时间滑块拖动至第 100 帧处，将摄像机向右移动，调整视图中摄像机位置，再次单击“自动关键点”按钮，将其关闭，渲染动画，如图 5-3-17 所示。

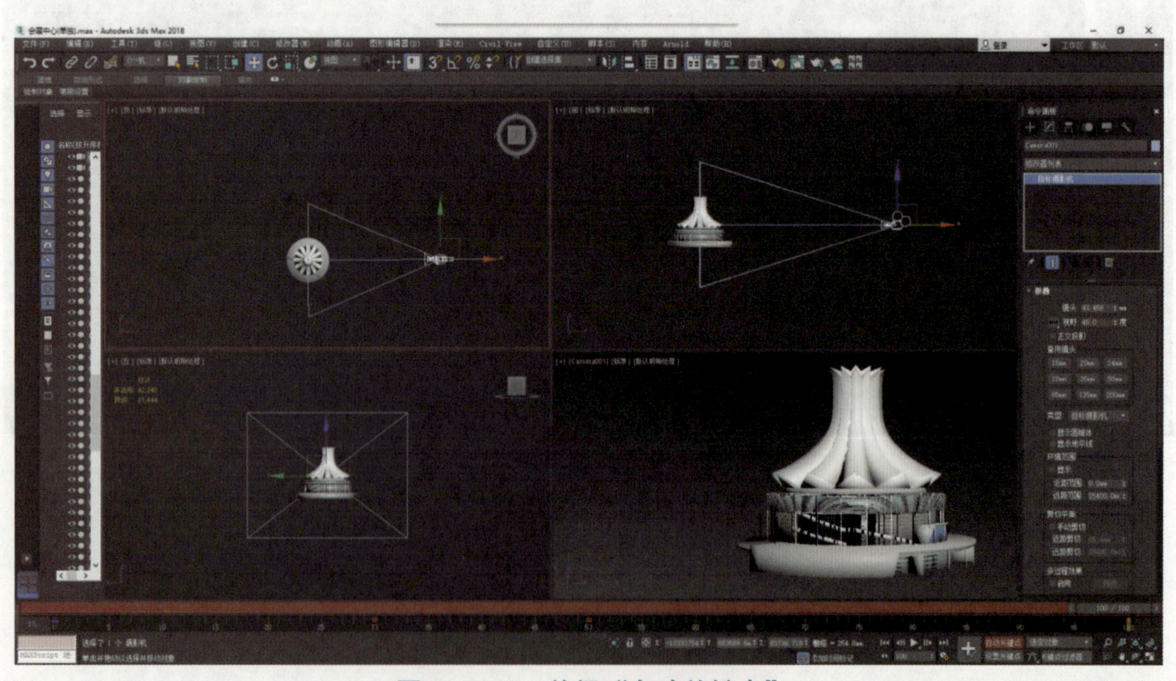

图 5-3-17　关闭“自动关键点”

思考：请展示渲染后的动画效果。

拓展训练

请根据图 5-3-18（a）所示的素材，实现图 5-3-18（b）所示的设计效果。

（a）

（b）

图 5-3-18 拓展训练的素材和设计效果

（a）素材；（b）设计效果

提示：宁宁参加完会展中心的活动后，从远处欣赏了黄昏时分美丽的会展中心，依依不舍地走向地铁口乘坐地铁回家，我们需要通过设置“摄像机”和创建“自动关键点”，调整完成摄像机运动效果。

学习总结

1. 请写出学习过程中的收获和遇到的问题。

2. 请对自己的作品进行评价并填写表 5-3-1。

表 5-3-1　项目过程考核评价表

班级		项目任务		
姓名		教师		
学期		评分日期		
评分内容（满分 100 分）		学生自评	组员互评	教师评价
专业技能（60 分）	工作页完成进度（10 分）			
	对理论知识的掌握程度（20 分）			
	理论知识的应用能力（20 分）			
	改进能力（10 分）			
综合素养（40 分）	按时打卡（10 分）			
	信息获取的途径（10 分）			
	按时完成学习及工作任务（10 分）			
	团队合作精神（10 分）			
总分				
综合得分（学生自评 10%；组员互评 10%；教师评价 80%）				
学生签名：		教师签名：		

项目六

VR 初体验

任务一

VR 场景的搭建

任务描述

通过前面各项目的学习，三维动画素材已经制作完成，现在要让宁宁在 VR 环境中畅游东盟场馆，感受广西浓郁的壮乡气氛。下面要进行 VR 场景的搭建，即在“Scene”界面搭建两个场景：一个是会展中心的场景，另一个是会展中心地铁站 B 出口的场景。

请根据图 6-1-1（a）所示的素材，实现图 6-1-1（b）所示的设计效果。

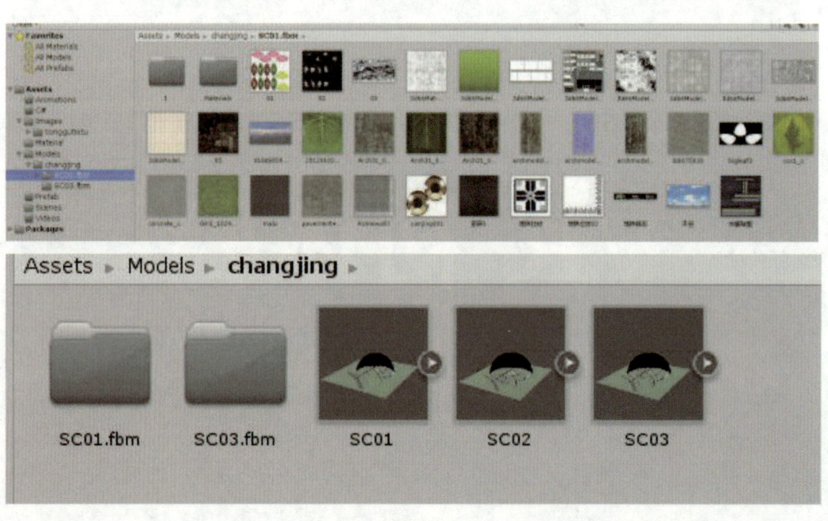

（a）

（b）

图 6-1-1　素材和设计效果

（a）素材；（b）设计效果

提示：场景搭建是游戏制作的前提，场景搭建成功与否是决定游戏画面是否美观的关键。在三维软件中已经创建好了地铁站及会展中心的模型，现需要在 Unity 中还原三维软件制作的模型。在 Unity 中将三维模型导入“Assets”窗口后就可以开始搭建场景了。

知识目标

1. 了解 Unity 主界面的组成部分。
2. 熟悉 Unity 中各视图的功能。
3. 熟悉 Unity 对场景视图的切换功能。

能力目标

1. 掌握 Unity 中场景的导入方法。
2. 掌握 Unity 中场景的创建方法及摄像机的调整方法。

职业素养

体验“VR 场景搭建”的虚拟仿真效果，感受东盟场馆的壮乡气氛。

学习指导

一、Unity 概述

Unity 是 Unity Technologies 开发的一个让玩家轻松创建如三维视频游戏、建筑化、实时三维动画等类型的互动内容的多平台综合型开发工具，它是一个全面整合的专业游戏引擎。Unity 是一款类似于 Director、Blender Game Engine、Virtools 或 Torque Game Builder 等以交互的图形化环境为首要开发方式的软件。Unity 的编辑器运行在 Windows 和 Mac OS 上，可将游戏发布至 Windows、Mac、WebGL、iPhone 和 Android 等平台。

二、Unity 的下载与安装

1. 下载 Unity 安装程序

在 Unity 官网（图 6-1-2）上下载 Unity 个人版。阅读个人版的使用条件，确认后下载安装程序（图 6-1-3）。一般选择“下载 Windows 版安装程序”即可，Mac OS 下默认下载 Mac 版本的安装程序。

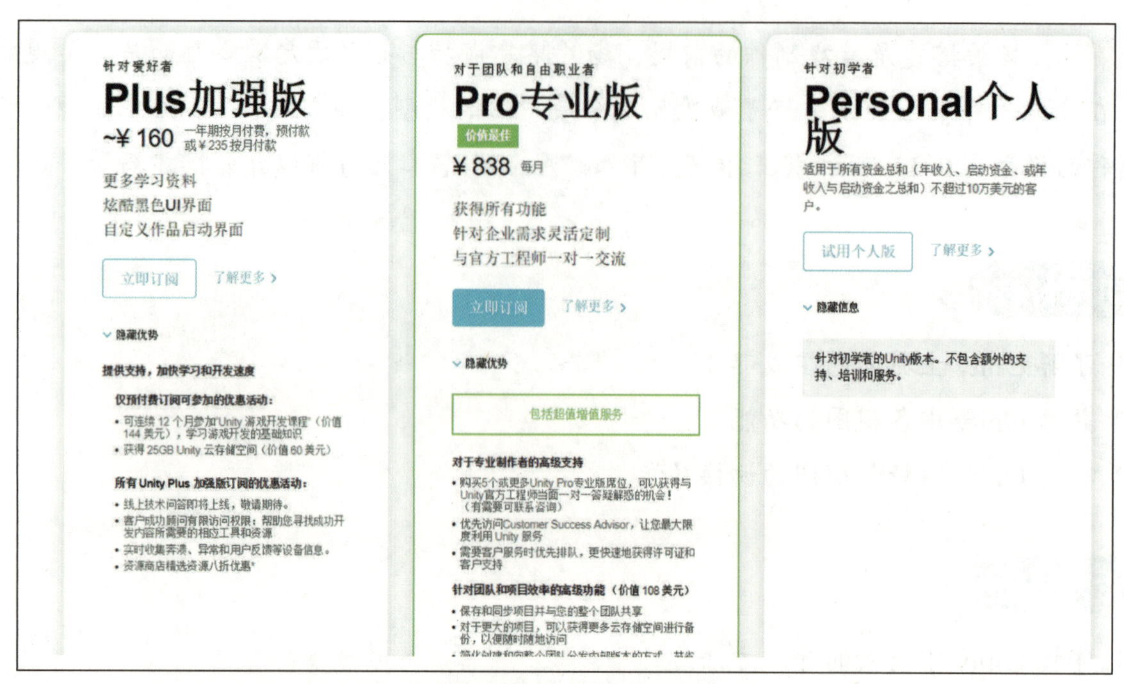

图 6-1-2　Unity 官网

图 6-1-3　安装条款

2. 安装 Unity 软件

安装程序 Unity Download Assistant 是一个很小的程序，执行后它会引导你下载并安装 Unity。其中选择组件（图 6-1-4）的一步需要特别注意。

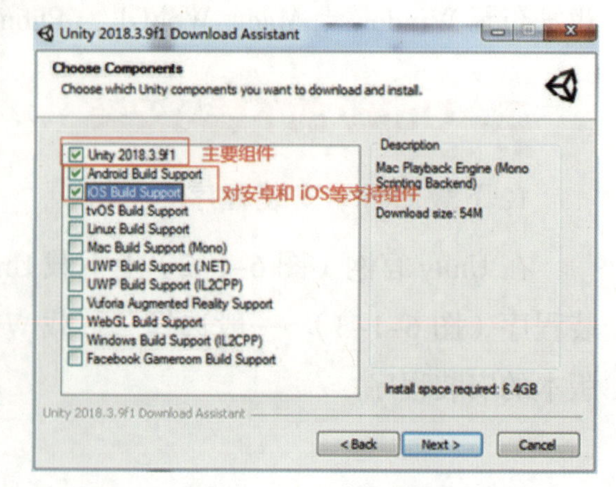

图 6-1-4　选择组件

建议选择“Standard Assets”（标准资源）及“Example Project”（示例工程），以便学习使用。如果这时候没有选择标准资源，未来也可以在 Asset Store 中重新获取。

建议选中“Microsoft Visual Studio Community 2017”，目前 Visual Studio 2017 已经是大量 Unity 开发者的首选 IDE（集成开发环境），且 Visual Studio 2017 已经有微软官方的 Mac OS 版本。

三、初次运行

1. 工程页面

运行 Unity 程序，会打开图 6–1–5 所示的工程页面。

图 6–1–5　工程页面

2. 学习资料页面

Unity 提供了学习资料页面，单击学习资料页面的“Learn”选项卡即可看到，Unity 提供了基本教程、工程案例、资源、链接共 4 大类学习资源，如图 6–1–6 所示。工程案例可以下载学习；链接是一些文档，可在网页上阅读。

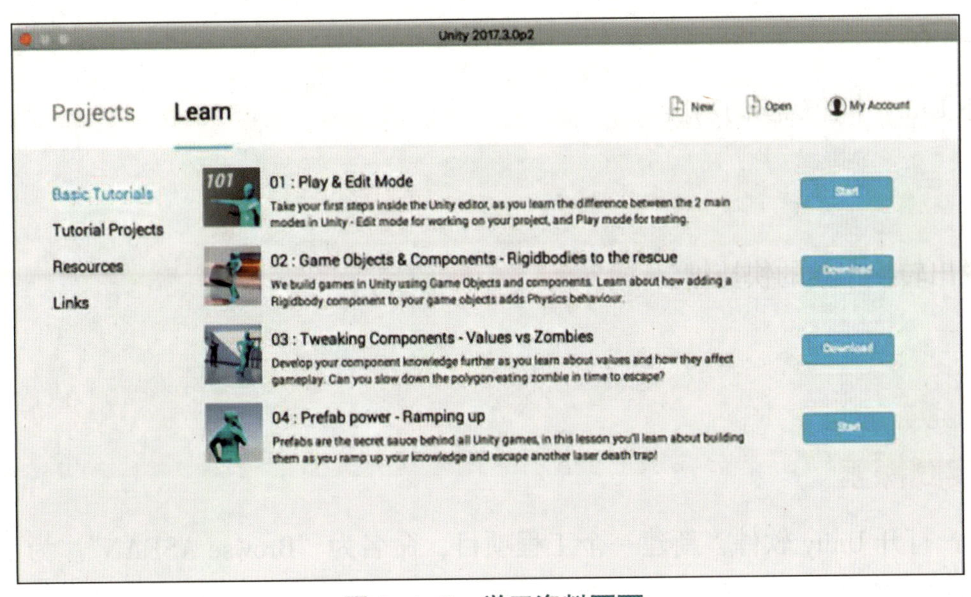

图 6–1–6　学习资料页面

3. 新建页面

回到工程页面，单击右上角的“New”按钮，即可打开新建工程的页面。可以设置工程名称、项目在磁盘上的位置，指定 3D 或 2D 项目，导入资源包，以及打开或关闭 Unity 分析开关。

工程名称（Project Name）：建议输入一个有意义的名称。

目录位置（Location）：可以自选，保证充足的磁盘空间即可。

3D/2D 项目选项：是为了能更方便地新建 3D 或 2D 工程。但是，Unity 工程并不严格区分 3D 或 2D，未来可以通过简单的设置在两种模式之间切换。如果不确定项目类型，设置为默认的 3D 即可。

添加资源包（Add Asset Package）：用于新建工程时便导入资源包。资源包可以以后再导入，或稍后在 Asset Store 上面下载，所以这步不是必需的。

Unity 分析开关（Enable Unity Analytics）：Unity 官方为开发者提供的用于优化工程的一个服务。若开启此开关，Unity 会通过网络上传项目的部分数据，与许多其他工程进行对比分析，为开发者评测自己的项目提供参考。此开关默认关闭。

本任务进行 VR 场景的创建，具体可观看相应的教学视频“任务一 VR 场景的搭建”。

VR 场景的搭建

实训过程

一、自主学习

1. 根据“知识目标”组织问题进行提问。

2. 简述 Unity 中各视图的功能。

3. 请说出转换工具的快捷键。

二、实践探索

步骤 1：打开 Unity 软件，新建一个工程项目，命名为“Browse ASEAN”。为了使游戏实现过程中的资源管理有序，在“Assets”中创建不同的文件夹，用来存储不同的资源，从而使游戏对象操作更加简洁。例如，分类保存脚本、声音、图片、材质等。在“Project”工程视图右侧右击，在弹出的快捷菜单中选择“Create”→“Folder”命令，并进行命名。具体操作如图 6–1–7 所示。

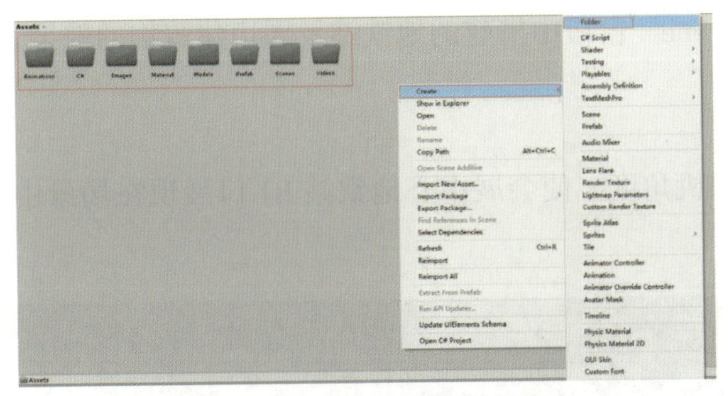

图 6-1-7 创建资源管理文件夹

思考：简述新建工程项目的步骤。

步骤 2：导入素材。将资源包“Browse ASEAN”工程文件夹下的“Animations”“Models”“Images”等文件夹依次复制进项目中的“Assets”资源文件夹下，如图 6-1-8 所示。

图 6-1-8 导入素材

思考：简述导入素材的步骤。

步骤 3：将场景模型及周边建筑物模型“SC01”从“Assets”窗口中拖入“Hierarchy”窗口，如图 6-1-9 所示；在“Game”窗口中即时观看“Scene”窗口中搭建的地铁站及周边建筑物的位置，如图 6-1-10 所示。

图 6-1-9 拖入场景到 Scene

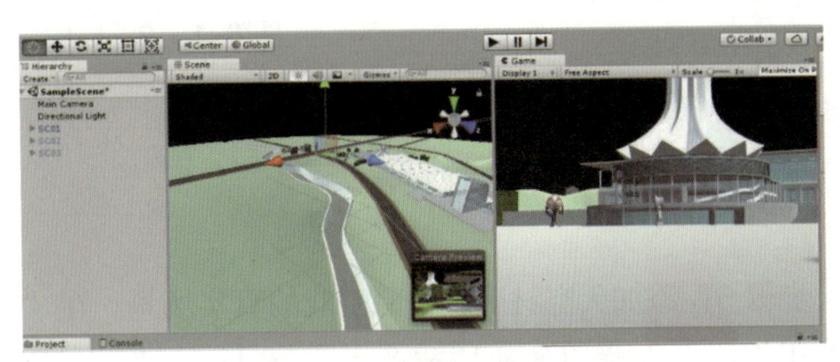

图 6-1-10 查看 Game 环境

思考： 请展示“Scene”窗口中搭建的地铁站及周边建筑物的效果。

步骤 4： 调整摄像机角度，使会展中心地铁站 B1 口展现在场景中间位置，如图 6-1-11 所示。

图 6-1-11　调整摄像机展示地铁站

思考： 简述调整摄像机角度的注意事项。

步骤 5： 添加场景材质（贴图）。在“Assets”文件夹下添加场景中对应的材质球，并将材质球拖动到相应的物体上，具体操作如图 6-1-12 所示。

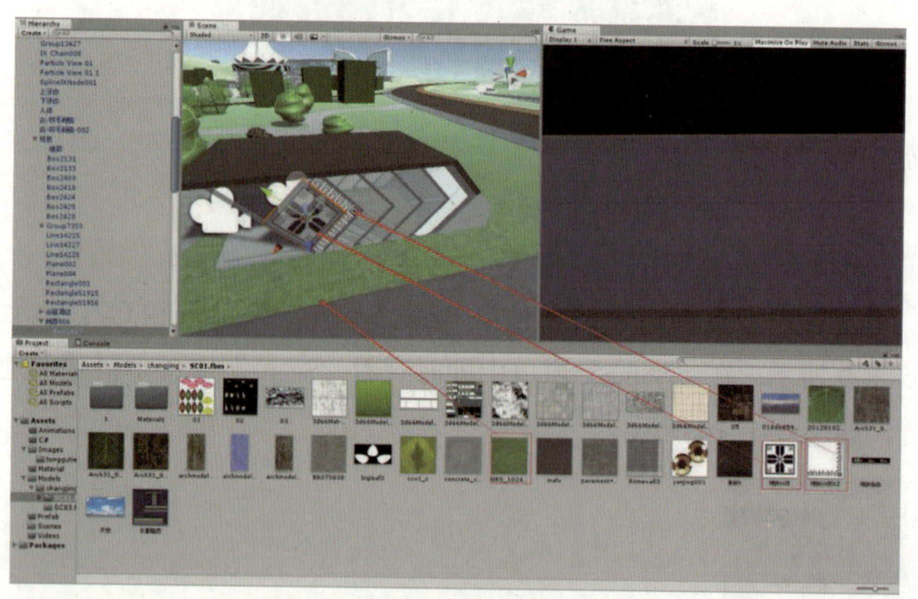

图 6-1-12　贴图

思考： 简述进行贴图的步骤。

步骤 6： 添加天空材质，还原游戏的真实场景。在“Project”工程视图右侧的“Material”文件夹中右击，在弹出的快捷菜单中选择“Create”→“Material”命令，并进行命名，名称为

“SKY”。具体操作如图 6-1-13 所示。

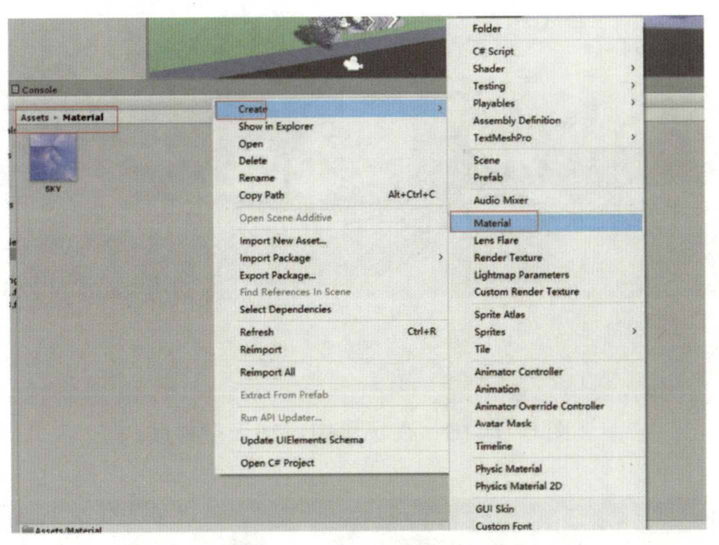

图 6-1-13　创建材质

思考：简述创建材质的具体操作步骤。

步骤 7：设置天空材质。选择“SKY”材质，在右侧的“Inspector”窗口中选择“Shader”类型为“Skybox”→“Panoramic”，如图 6-1-14 所示；在打开的窗口设置“Spherical（HDR）”的材质为“sky.jpg”，具体操作如图 6-1-15 所示。

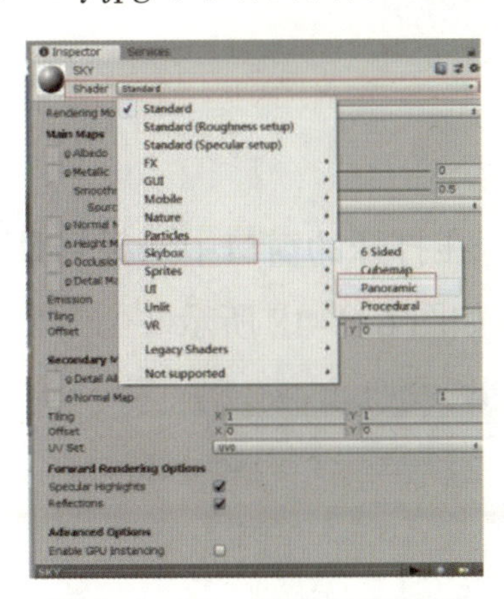

图 6-1-14　创建天空材质

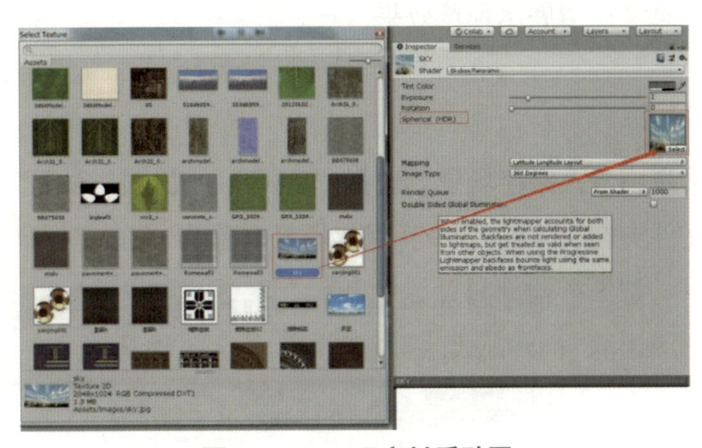

图 6-1-15　天空材质贴图

思考：请简述创建天空材质的步骤。

步骤 8：向场景中添加天空材质。在“Project”窗口中将“SKY”天空材质拖入“Scene”场景，具体操作如图 6-1-16 所示；拖入后即可在“Game”窗口中看到效果，如图 6-1-17 所示。

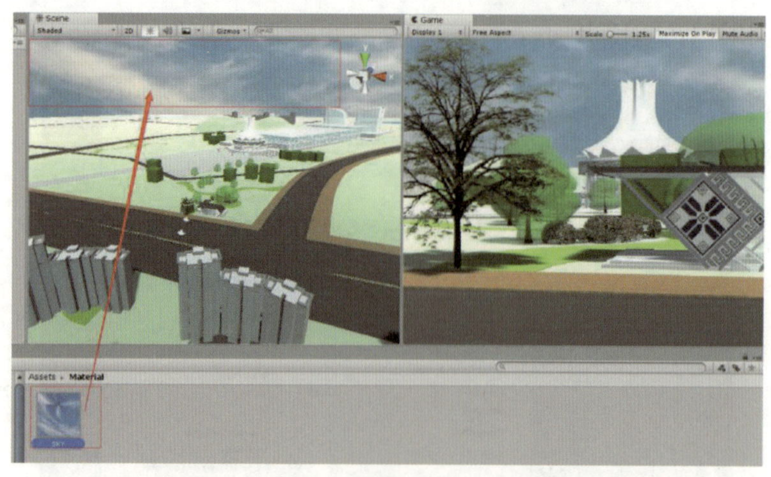

图 6-1-16　在场景中添加天空材质

图 6-1-17　预览效果

思考：请展示预览效果。

步骤 9：保存场景。选择“File”→“Save Scene”命令，在打开的窗口中选择场景保存的文件夹在“Scene”中，保存场景名称为“ditie”，具体操作如图 6-1-18 所示。

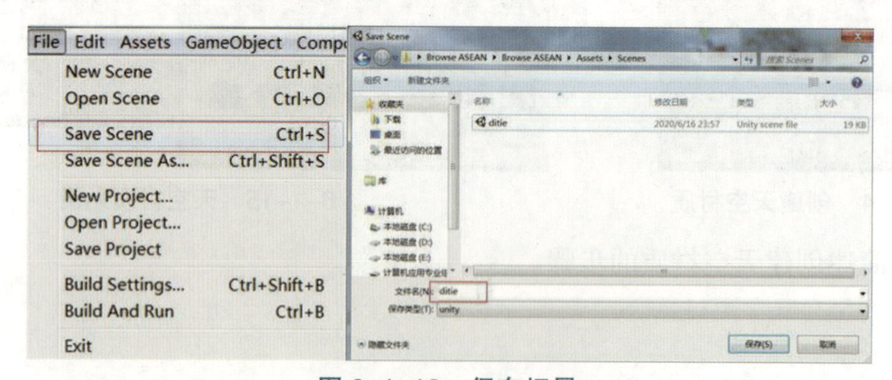

图 6-1-18　保存场景

思考：简述保存场景的步骤。

步骤 10：调整摄像机的位置，让会展中心展示在场景中间，效果如图 6-1-19 所示。

图 6-1-19　会展中心场景

思考：请展示调整摄像机后的效果。

步骤 11：将场景另存为新场景。选择“File”→“Save Scene AS”命令，在打开的窗口中选择场景保存的文件夹在“Scene”中，场景名称保存为“huizhanzhongxin”，具体操作如图 6-1-20 所示。场景搭建制作完成。

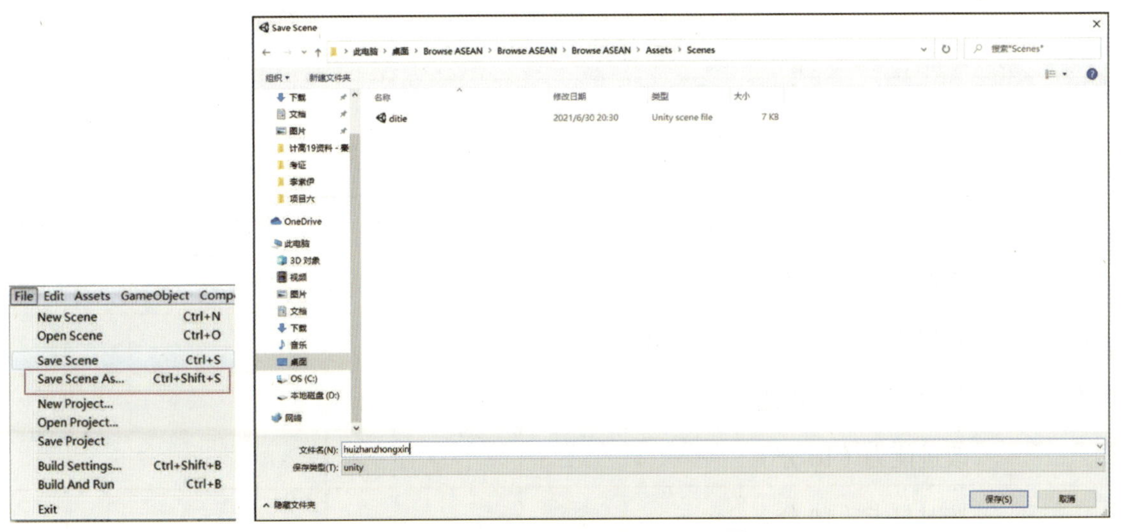

图 6-1-20　保存会展中心场景

思考：简述保存会展中心场景的步骤。

拓展训练

请根据图 6-1-21（a）所示的素材，实现图 6-1-21（b）所示的设计效果。

（a）

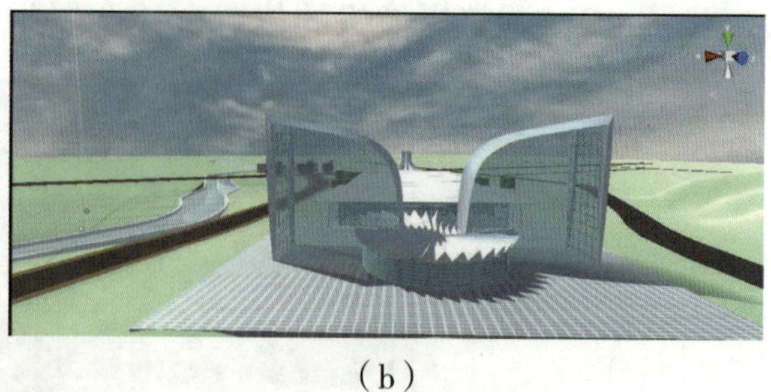

（b）

图 6-1-21　拓展训练的素材和设计效果

（a）素材；（b）设计效果

提示：通过“素材导入”“Material”“Camera”等操作创建场景。

学习总结

1. 请写出学习过程中的收获和遇到的问题。

2. 请对自己的作品进行评价并填写表 6-1-1。

表 6-1-1　项目过程考核评价表

<table>
<tr><td>班级</td><td></td><td>项目任务</td><td colspan="3"></td></tr>
<tr><td>姓名</td><td></td><td>教师</td><td colspan="3"></td></tr>
<tr><td>学期</td><td></td><td>评分日期</td><td colspan="3"></td></tr>
<tr><td colspan="3">评分内容（满分 100 分）</td><td>学生自评</td><td>组员互评</td><td>教师评价</td></tr>
<tr><td rowspan="4">专业技能（60 分）</td><td colspan="2">工作页完成进度（10 分）</td><td></td><td></td><td></td></tr>
<tr><td colspan="2">对理论知识的掌握程度（20 分）</td><td></td><td></td><td></td></tr>
<tr><td colspan="2">理论知识的应用能力（20 分）</td><td></td><td></td><td></td></tr>
<tr><td colspan="2">改进能力（10 分）</td><td></td><td></td><td></td></tr>
<tr><td rowspan="4">综合素养（40 分）</td><td colspan="2">按时打卡（10 分）</td><td></td><td></td><td></td></tr>
<tr><td colspan="2">信息获取的途径（10 分）</td><td></td><td></td><td></td></tr>
<tr><td colspan="2">按时完成学习及工作任务（10 分）</td><td></td><td></td><td></td></tr>
<tr><td colspan="2">团队合作精神（10 分）</td><td></td><td></td><td></td></tr>
<tr><td colspan="3">总分</td><td></td><td></td><td></td></tr>
<tr><td colspan="3">综合得分
（学生自评 10%；组员互评 10%；教师评价 80%）</td><td colspan="3"></td></tr>
<tr><td colspan="3">学生签名：</td><td colspan="3">教师签名：</td></tr>
</table>

任务二

VR 界面的设计

任务描述

会展中心及地铁站的场景已经搭建完成，接下来的设计任务是帮宁宁制作 VR 体验线路，让宁宁能在场景中带领大家体验会展中心的风采。下面进行 VR 界面的设计。

提示： 设计中需要用到的方法是在 Unity 软件中利用“UI”“Button”等完成体验线路按钮的制作。

请根据图 6–2–1（a）所示的素材，实现图 6–2–1（b）所示的设计效果。

（a）　　　　（b）

图 6–2–1　素材和设计效果

（a）素材；（b）设计效果

提示： VR 界面是设计游览线路图，通过利用“UI”来设置场景中的浏览路线，方便宁宁在地铁站与会展中心之间进行无障碍游览。在已搭建好的场景中添加一个“Button”按钮，并设置“Button”按钮的相关组件信息，调整按钮的位置就可以生成游览界面了。

知识目标

1. 了解 Unity 中 UI 的创建方法。
2. 熟悉 Unity 中场景切换的方法。

能力目标

1. 掌握 Unity 场景界面中 UI 的创建方法。
2. 掌握 Unity 中单击按钮切换镜头的方法。

职业素养

体验“VR 界面设计”的虚拟仿真效果，培养界面设计的美工意识。

学习指导

一、渲染组件

1. 画布组件

我们可以将画布组件（图 6-2-2）理解成一个容器，其他 UI 元素填充到该容器中，形成了我们看到的一个 UI 界面。因此，可以设定游戏中用到画布组件的地方均可以作为一个独立的游戏界面，当容器的渲染属性发生改变时，所有子物体均会受到影响。

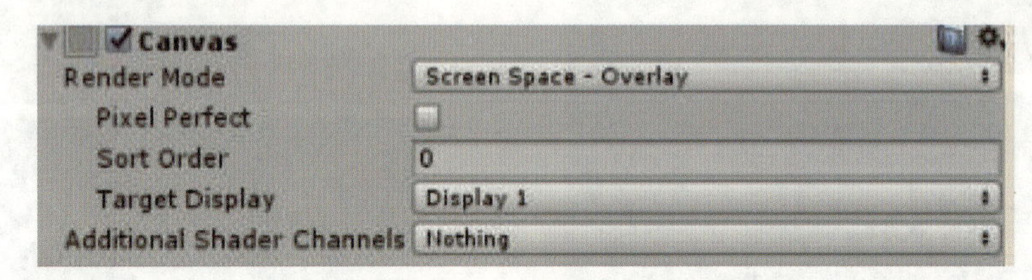

图 6-2-2　画布组件

2. 画布缩放组件

画布缩放组件（图 6-2-3）用于控制整体界面的缩放和画布上 UI 元素的像素密度。这种缩放影响画布中的所有内容，包括文字大小和图像边框。

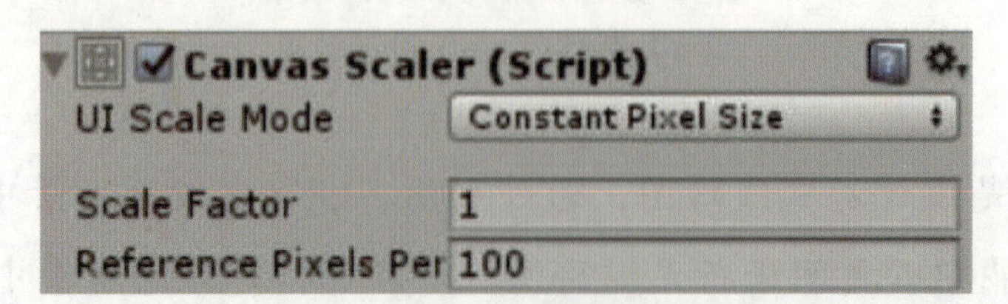

图 6-2-3　画布缩放组件

由于游戏会存在不同的分辨率模式，UI 需要能在不同的分辨率下保持一个恰当的显示效果。因此，我们需要让 UI 有一个可以适应的区域范围，如屏幕由长方形变成正方形时，UI 界面不会发生太严重的变形。此时需要设置画布缩放组件，以调节 UI 界面使其始终保持和屏幕对齐。

二、布局组件

1. 矩形变换组件

因为 UI 物体的资源为 Sprite 像素图片，所以通常需要设置 Width 和 Height 来对图片进行形变（UI 物体的形变通常不通过修改缩放值进行设置，这是因为修改缩放值后容易出现模糊、精度丢失的问题）。因为 UI 经常会遇到排版和屏幕适应问题，所以需要锚点功能来做定位对齐。Unity 对 UI 物体单独制作了矩形变换组件，如图 6-2-4 所示。

2. 布局元素组件

如果要重定义布局元素最小、最合适或自适应的大小，可以通过向游戏对象添加布局元素组件（图 6-2-5）来实现。

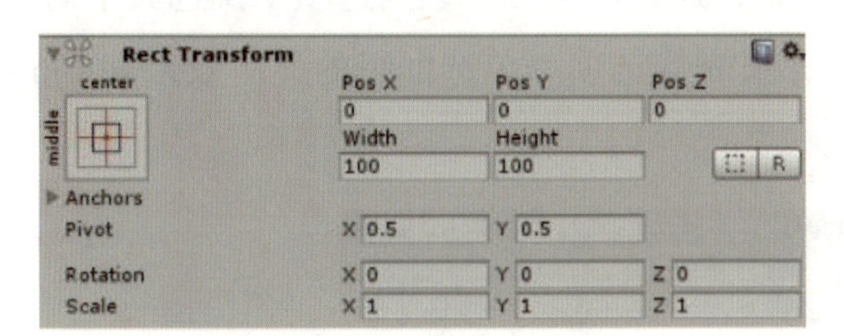

图 6-2-4 矩形变换组件

图 6-2-5 布局元素组件

3. 布局控制器组件

布局控制器组件既可用于控制自身（即父物体），也可用于控制子物体的元素，包含 Horizontal Layout Group（横向组件）、Vertical Layout Group（纵向组件）和 Gid Layout Group（网格状组件）。

三、交互组件

1. 按钮组件

按钮组件用于相应玩家的单击输入，是游戏中与玩家交互较多的组件之一。按钮的形态与 Unity 中相应的参数如图 6-2-6 所示。

2. 单选框组件

单选框组件是控制某一选项开关切换的组件，可用于切换选项选中状态（如游戏中背景音乐的播放 / 关闭）、使玩家确认相应的游戏条款等情况。单选框组件的显示效果与 Unity 中相应的参数如图 6-2-7 所示。

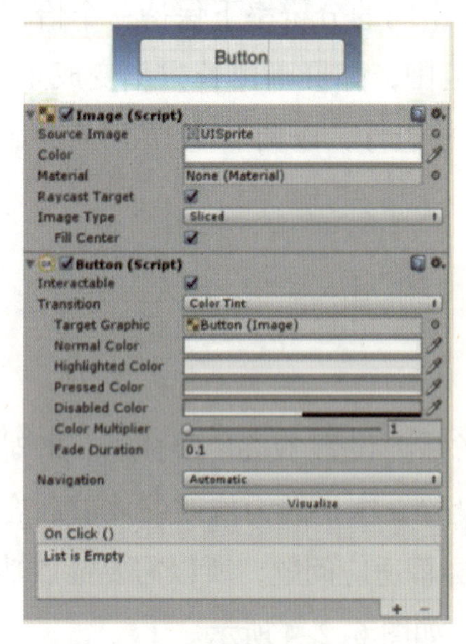

图 6-2-6　按钮的形态与 Unity 中相应的参数

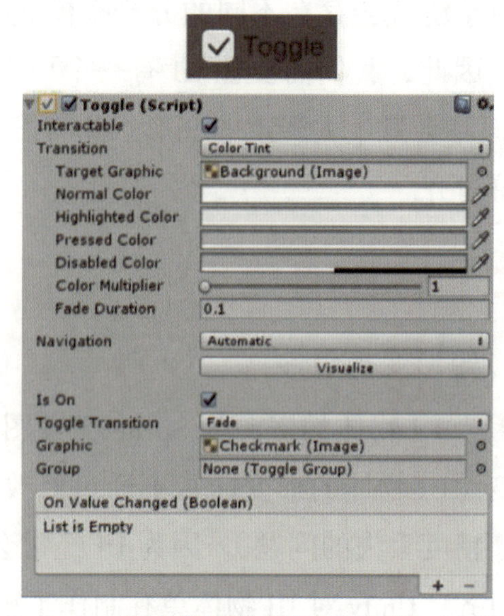

图 6-2-7　单选框组件的显示效果与 Unity 中相应的参数

3. 单选框组组件

单选框组组件是由多个单选框组件组成的组合，通常用于在一系列选项中挑选其中的一个，如剧情对话中的多个选项、性别选择、任务报酬等选项。单选框组的显示效果和 Unity 中对应的参数如图 6–2–8 所示。

图 6–2–8　单选框组的显示效果和 Unity 中对应的参数

4. 滑动条组件

滑动条组件是玩家在游戏中接触较多的一种 UI 组件，常见于游戏设置（如改变画面亮度、设置鼠标灵敏度等），许多游戏带有的“捏人”功能中也会用到滑动条组件（如调整身高等身体数据）。滑动条组件的显示效果和 Unity 中相应的参数如图 6–2–9 所示。

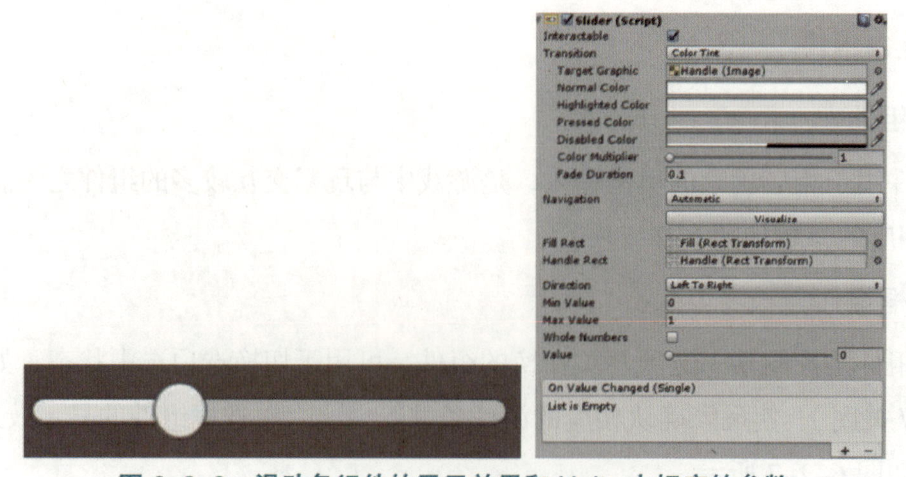

图 6–2–9　滑动条组件的显示效果和 Unity 中相应的参数

5. 滚动条组件

滚动条组件通常用于查看超出可视范围的图片或界面，在游戏中常用于查看背包物品、书信等较长的文字信息、超出画面范围的菜单选项。滚动条组件的显示效果和 Unity 中相应的参数如图 6-2-10 所示。

图 6-2-10 滚动条组件的显示效果和 Unity 中相应的参数

6. 下拉菜单组件

下拉菜单组件的作用和单选框组组件的作用类似，但它更节省视觉空间。游戏中的浏览任务 / 角色信息、游戏设置（如选择分辨率和画质）等经常会使用该组件。下拉菜单组件的显示效果与 Unity 中相应的参数如图 6-2-11 所示。

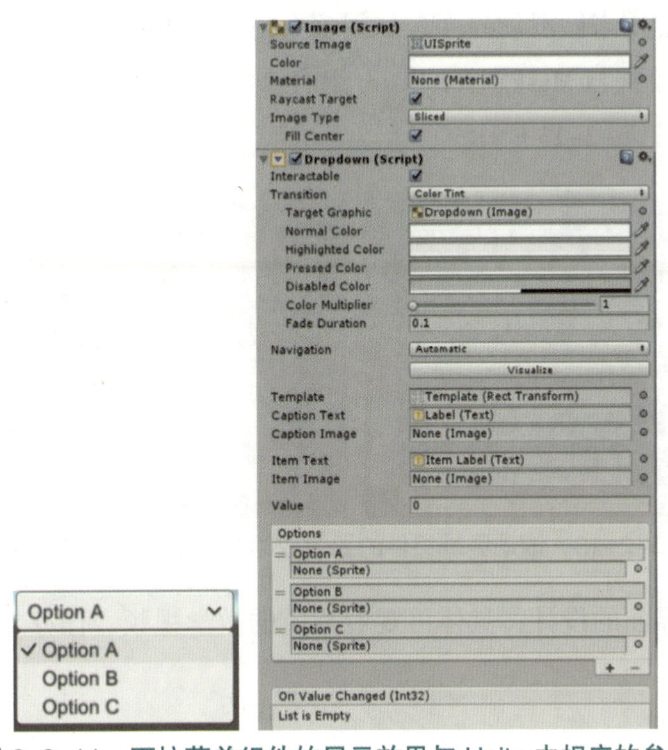

图 6-2-11 下拉菜单组件的显示效果与 Unity 中相应的参数

7. 输入框组件

游戏中经常会有输入行为，如登录时输入账号密码、在聊天栏输入信息等。这时候需要使用输入框组件来得到用户的输入数据，如果在手机上单击输入框，Unity 会自动打开手机的输入法键盘。输入框组件可以对输入的数据进行约束，Unity 自带各种设置的格式类型，能检测输入的数据是否满足设置的约束。输入框组件的显示效果与 Unity 中相应的参数如图 6-2-12 所示。

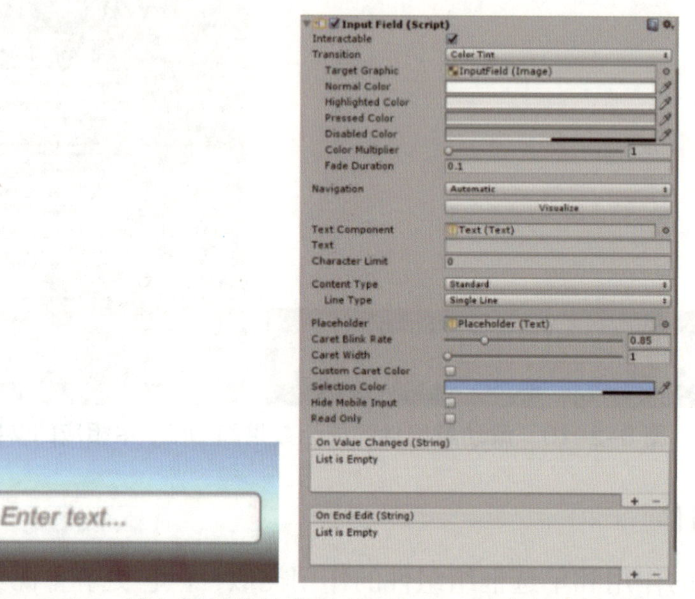

图 6-2-12　输入框组件的显示效果与 Unity 中相应的参数

8. 滚动区域组件

滚动区域组件经常用来做滑动界面，如很多个道具的背包，需要滑动让界面显示更多的元素。滚动区域组件通常与 Mask、Scrollbars 组合来实现效果。滚动区域组件的显示效果与 Unity 中相应的参数如图 6-2-13 所示。

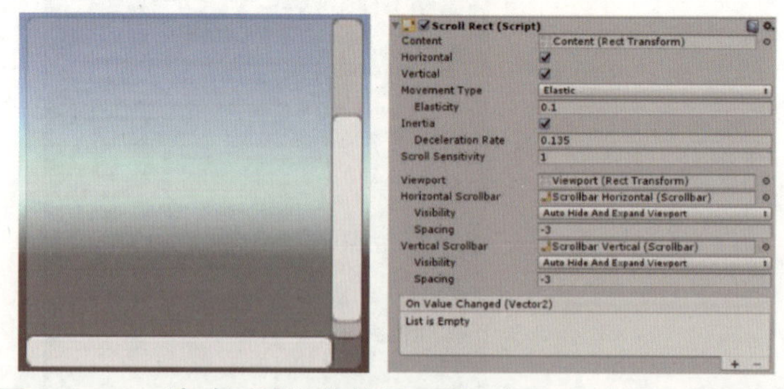

图 6-2-13　滚动区域组件的显示效果与 Unity 中相应的参数

本任务进行 VR 界面的设计，具体可观看相应的教学视频“任务二　VR 界面的设计”。

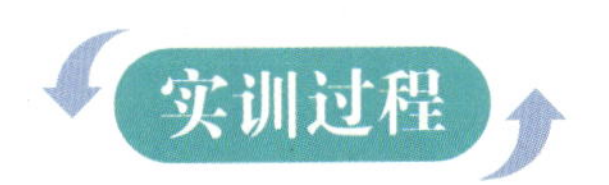

一、自主学习

1. 简述 Unity 中 UI 的功能。

2. 请说出 UI 中常用的一些控件名称。

3. 如何创建场景中的 UI？

4. 如何设置常用的 UI 组件?

二、实践探索

步骤 1： 打开任务一中制作好的名为“ditie”的场景，在“Hierarchy”面板右击，在弹出的快捷菜单中选择“Create”→“UI”→“Button”命令，如图 6-2-14 所示。

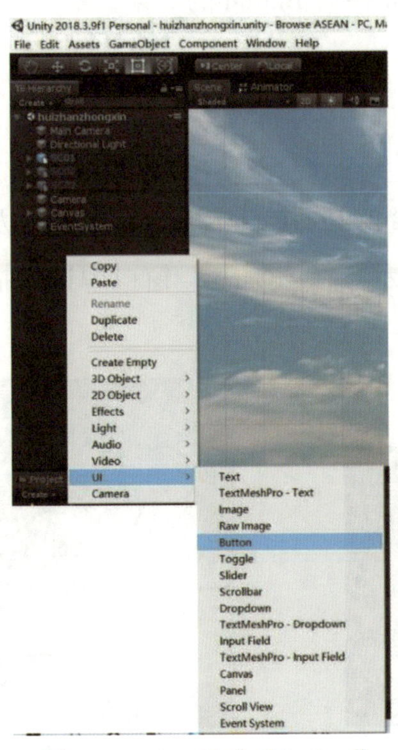

图 6-2-14　创建“Button”

思考：简述按钮组件的作用。

步骤 2：调整“Button”的位置让其显示在场景的右上角，修改“Button”的组件名称为“canguanhuizhan”，展开“Button”子节点列表，修改子节点“Text”的相关属性，如图 6-2-15 所示。

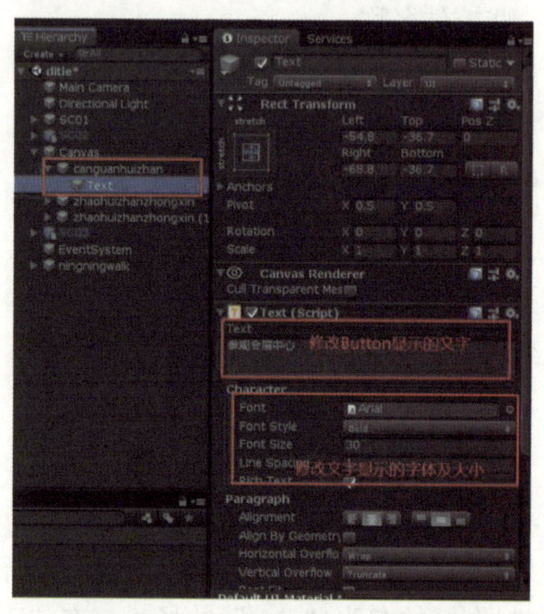

图 6-2-15　修改“Button”属性

思考：请展示修改“Text”属性后 Button 的效果。

步骤 3：重复步骤 1 和步骤 2，制作“寻找会展中心”及“前往会展中心”两个按钮，添加按钮完成后如图 6-2-16 所示，在“Game”窗口中选择播放控制工具中的“播放”进行预览，场景效果如图 6-2-17 所示。

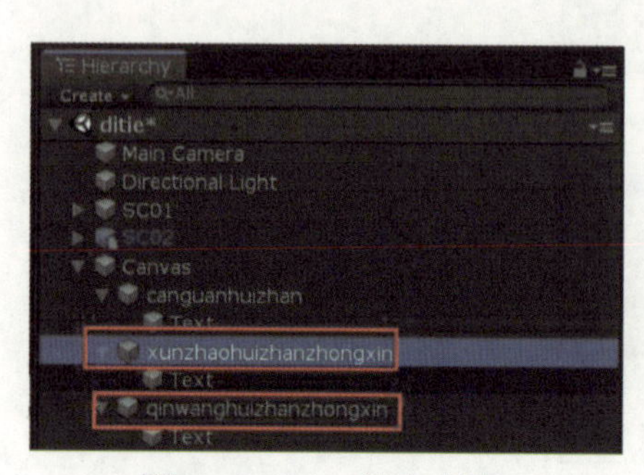

图 6-2-16　添加按钮

图 6-2-17　预览效果

思考： 请展示添加按钮完成后的页面效果。

步骤 4： 打开任务一制作好的名为“huizhanzhongxin”的场景，重复步骤 1 ~ 步骤 3，制作“huizhanzhongxin”场景需要的“Button”按钮，在“Game”窗口中选择播放控制工具▶ ⏸ ⏭中的“播放”进行预览，场景效果如图 6-2-18 所示。至此 VR 界面游览线路制作完成。

图 6-2-18 播放效果

思考： 请展示最终的 VR 界面效果。

拓展训练

请根据图 6-2-19（a）所示的素材，完成宁宁参观完会展中心后去参观会展酒店的线路，设计效果如图 6-2-19（b）所示。

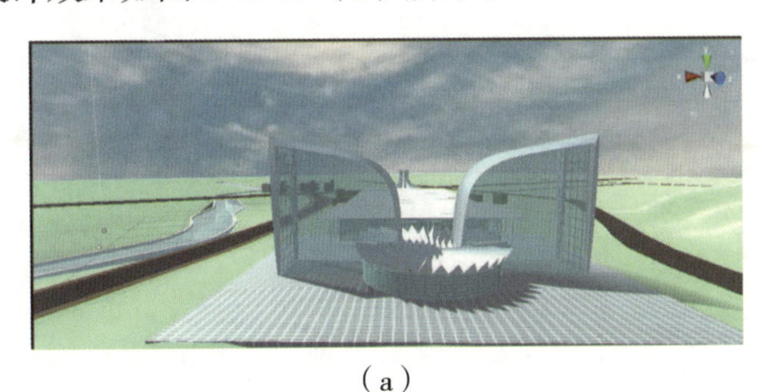

（a）

（b）

图 6-2-19 拓展训练素材和设计效果

（a）素材；（b）设计效果

提示： 通过创建“UI”“Button”，设置“Button”属性等操作，最后调整“Button”的位置得到成品。

学习总结

1. 请写出学习过程中的收获和遇到的问题。

2. 请对自己的作品进行评价并填写表 6–2–1。

表 6–2–1　项目过程考核评价表

<table>
<tr><td>班级</td><td></td><td>项目任务</td><td colspan="3"></td></tr>
<tr><td>姓名</td><td></td><td>教师</td><td colspan="3"></td></tr>
<tr><td>学期</td><td></td><td>评分日期</td><td colspan="3"></td></tr>
<tr><td colspan="3">评分内容（满分 100 分）</td><td>学生自评</td><td>组员互评</td><td>教师评价</td></tr>
<tr><td rowspan="4">专业技能（60 分）</td><td colspan="2">工作页完成进度（10 分）</td><td></td><td></td><td></td></tr>
<tr><td colspan="2">对理论知识的掌握程度（20 分）</td><td></td><td></td><td></td></tr>
<tr><td colspan="2">理论知识的应用能力（20 分）</td><td></td><td></td><td></td></tr>
<tr><td colspan="2">改进能力（10 分）</td><td></td><td></td><td></td></tr>
<tr><td rowspan="4">综合素养（40 分）</td><td colspan="2">按时打卡（10 分）</td><td></td><td></td><td></td></tr>
<tr><td colspan="2">信息获取的途径（10 分）</td><td></td><td></td><td></td></tr>
<tr><td colspan="2">按时完成学习及工作任务（10 分）</td><td></td><td></td><td></td></tr>
<tr><td colspan="2">团队合作精神（10 分）</td><td></td><td></td><td></td></tr>
<tr><td colspan="3">总分</td><td></td><td></td><td></td></tr>
<tr><td colspan="3">综合得分
（学生自评 10%；组员互评 10%；教师评价 80%）</td><td colspan="3"></td></tr>
<tr><td colspan="3">学生签名:</td><td colspan="3">教师签名:</td></tr>
</table>

任务三

角色动画控制器的添加

任务描述

场景搭建完成后，下面的设计任务是为东盟国际博览会的应邀嘉宾宁宁添加动画。

提示: 设计中要用场景搭建中素材导入的方法来添加人物角色宁宁，并在原有操作的基础上增加新的操作点，即创建“动画控制器”，最后完成宁宁的动作制作。

请根据图 6-3-1（a）所示的素材，实现图 6-3-1（b）所示的设计效果。

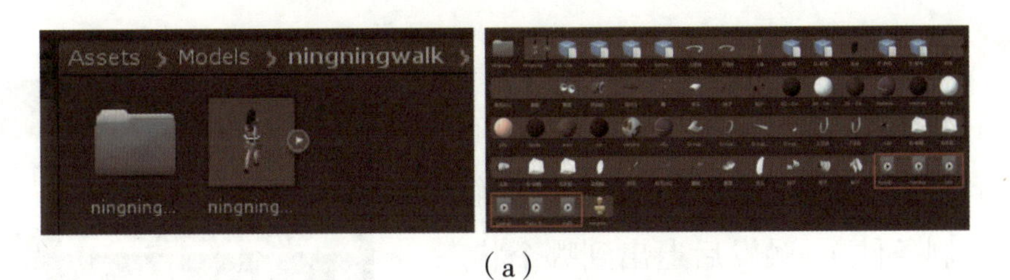

（a）

（b）

图 6-3-1 素材和设计效果

（a）素材；（b）设计效果

提示: 人物模型的“Avatar”匹配成功后，说明其已经具备了身体各个部位运动和简单动作的基本能力，但是仅具有“Avatar”的人物模型是没有办法进行运动的，需要为人物模型添加动画控制器才能让角色进行运动。三维人物模型导入 Unity 软件后，就可以为人物模型创建动画控制器及对动画控制器进行配置了。本任务主要用到“Animator Controller”（动画控制器），创建“Animator Controller”后即可对其进行配置。

知识目标

1. 了解 Unity 中 Mecanim 的基本原理。
2. 熟悉动画控制器的创建及配置方法。

能力目标

1. 掌握在动画中状态机设置的基本过程。
2. 掌握动画控制器的配置方法。

职业素养

了解“角色动画控制器”在 VR 设计中的作用，培养设计师与时俱进、开拓进取的思维方式。

学习指导

一、动画状态机

对于一个角色来说，几个不同的动画对应它在游戏中可以执行的不同动作。而这个动画如何触发（是否有触发的限制条件）、触发后退出到哪个状态、是否需要提高动画的播放速度等问题都是由动画状态机处理的。我们可以右击动画控制器的空白处来创建状态机，如图 6–3–2 所示。

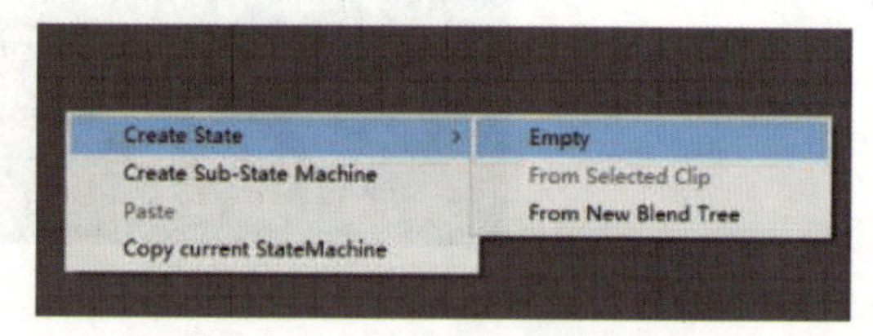

图 6–3–2　动画状态机的创建

之后将动画剪辑拖动到状态机的 Motion 参数处，完成状态机与动画剪辑的绑定，如图 6–3–3 所示。

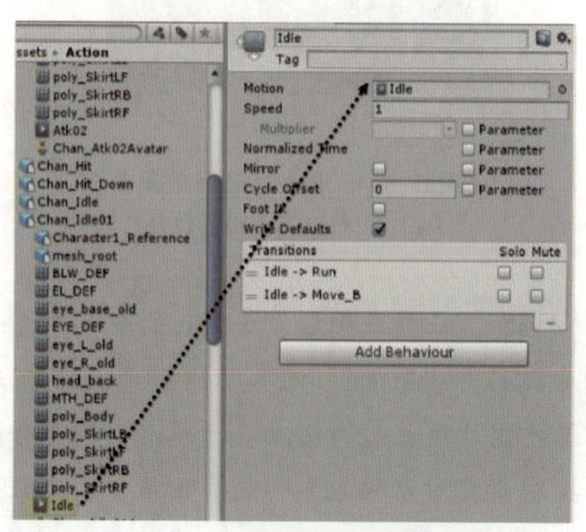

图 6–3–3　状态机与动画剪辑的绑定

二、动画层级

如果一个角色要播放移动射击动作，上下身的动作是需要分离的。因此我们需要用不同的动画层来控制身体不同部位的复杂动作。

通过单击动画窗口左上角的“Layers”选项卡可以管理当前动画层的信息。单击“+”按钮可以添加一个新的层级。单击已有层级右侧的齿轮图标可以设置当前动画层的 Weight（权重）、Mask（遮罩）、Blending（混合类型）、IK Pass（逆向运动学）等属性，如图 6–3–4 所示。

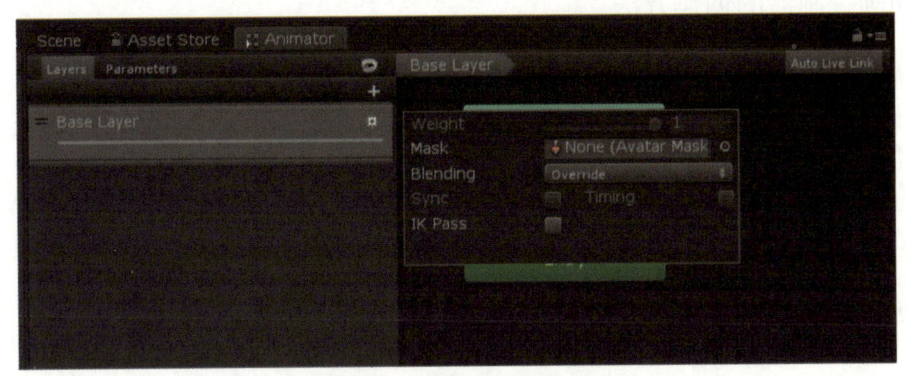

图 6–3–4　动画层属性设置

三、动画混合树

要实现一个动画状态对多个动画片段的混合，需要用到动画混合树（Blend Tree）。动画混合树可以作为状态机中一个特殊的动画状态存在。动画混合是利用插值技术对多个动画片段进行混合，每个动作对最终结果的影响取决于权重（混合参数）。

制作一个动画混合树需要以下步骤。

1）在“Animator Controller”视图中单击空白区域。

2）在弹出的菜单中选择“Create State”→“From New Blend Tree”命令。

3）双击混合树可以进入混合树视图，如图 6–3–5 所示。

如果选中“Blend Tree”，可以看到当前选中节点和相邻子节点的设置，如图6–3–6所示。

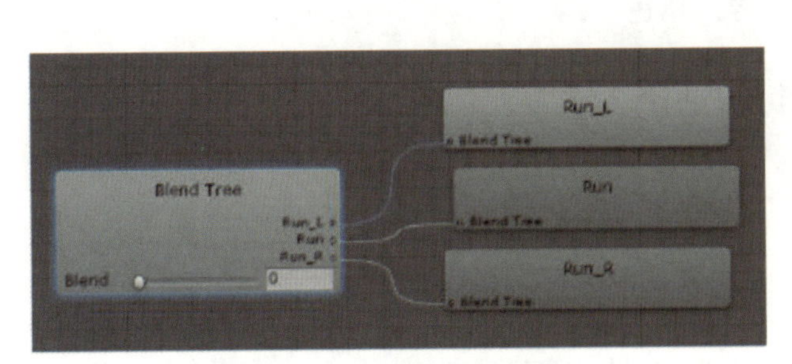

图 6–3–5　混合树视图

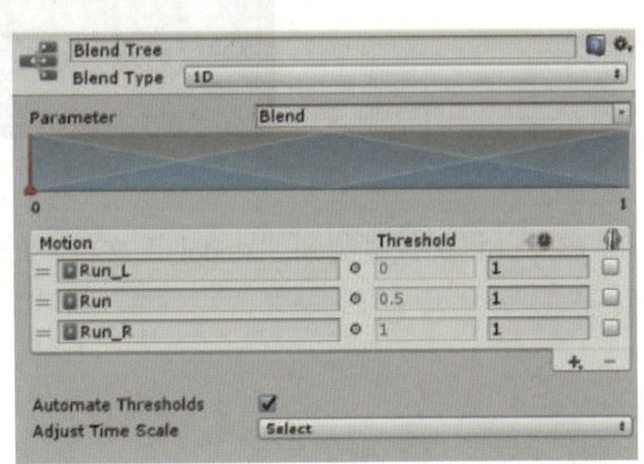

图 6–3–6　选择“Blend Tree”后的效果

本任务进行角色动画控制器的添加，具体可观看相应的教学视频“任务三 角色动画控制器的添加”。

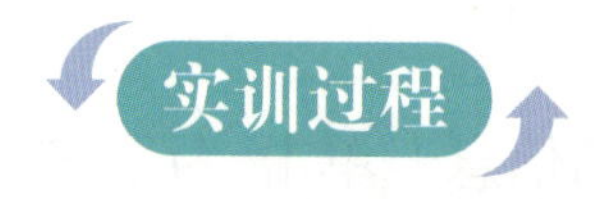

一、自主学习

1. 了解动画控制器的创建方法。

2. 掌握动画控制器的参数配置方法。

3. 如何创建动画控制器？

4. 如何对动画控制器进行正确配置实现人物角色的运动？

二、实践探索

步骤 1： 打开任务二制作好的工程项目文件“Browse ASEAN”，打开“ditie”场景文件，将人物模型生成的“ningningwalk.FBX”文件及贴图文件复制到“Assets”资源文件中的“Models”文件夹中，如图 6-3-7 所示。

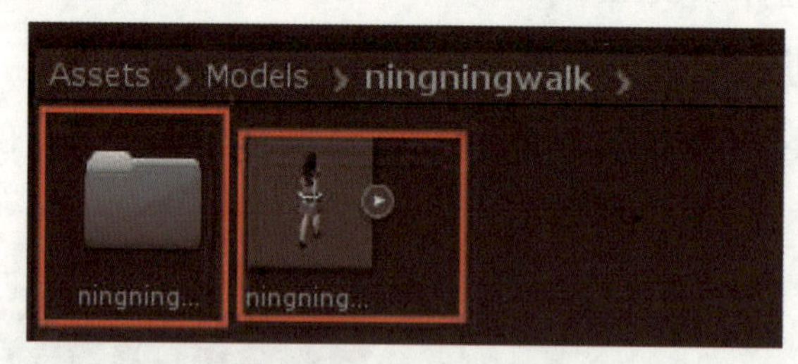

图 6-3-7　导入角色

思考： 将文件复制到“Models”文件夹的目的是什么？

步骤 2： 向场景中添加人物模型，将“Models”文件夹下的“ningningwalk.FBX”模型文件拖动到场景中，并调整角色的大小及位置，如图 6-3-8 所示。

图 6-3-8 场景中放入角色

思考：请展示调整角色的大小及位置后的效果。

步骤 3：在“Material”文件夹下创建两个材质球，分别命名为“yifu”和“yanjing”，分别为这两个材质球贴上贴图，操作步骤如图 6-3-9 所示。

图 6-3-9 角色贴图

思考：请展示角色贴图后的效果。

步骤 4：将“yifu”和“yanjing”材质球分别拖到角色的衣服和眼睛组件中，操作步骤如图 6-3-10 所示。

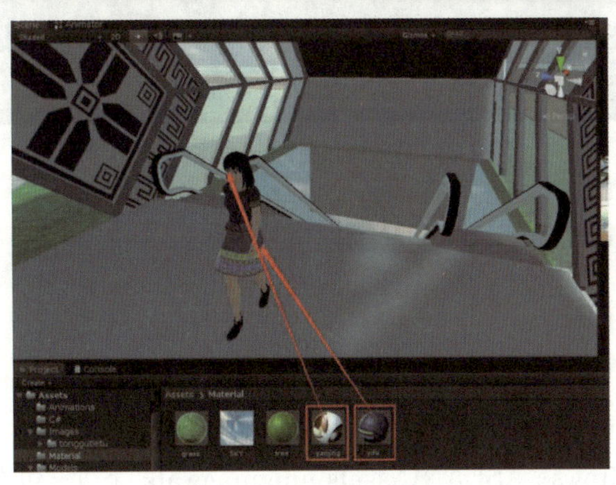

图 6-3-10 材质应用

思考： 请展示完成步骤 4 后的效果。

步骤 5： 在“Assets”资源文件夹下，右击，在弹出的快捷菜单中选择“Create”命令，创建一个名为“AniControllers”的空文件夹，用于存放项目所需要的动画控制器文件，如图 6-3-11 所示。

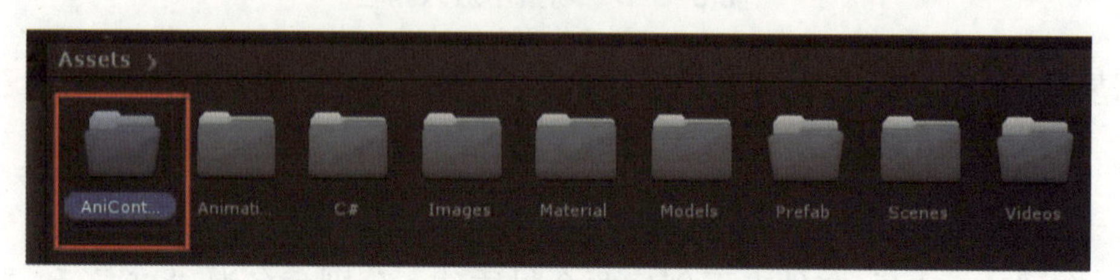

图 6-3-11 创建保存动画控制器文件夹

思考： 简述空文件夹“AniControllers”的用途。

步骤 6： 在“AniControllers”文件夹下，右击，在弹出的快捷菜单中选择“Create”→“Animator Controller”命令，创建一个动画控制器，命名为“AnimStand”。动画控制器的显示和修改在独立的动画编辑界面，双击该动画控制器，进入动画控制器编辑窗口，如图 6-3-12 所示。

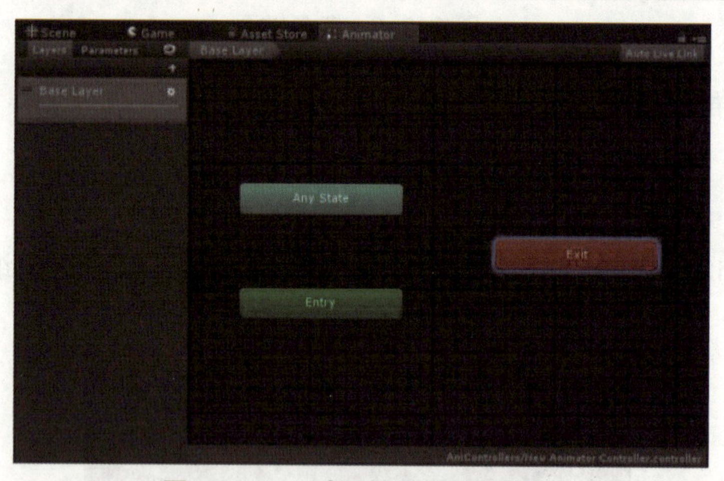

图 6-3-12 动画控制器编辑窗口

思考： 请说明动画控制器编辑窗口中包括的功能。

步骤 7： 设置动画状态机，向编辑窗口拖入“Idle”“Lookat”“walk”动画文件（该动画文件在资源包\项目六\Browse ASEAN\Assets\ningningwalk 下），创建 3 个动画状态单元，如图 6-3-13 所示。

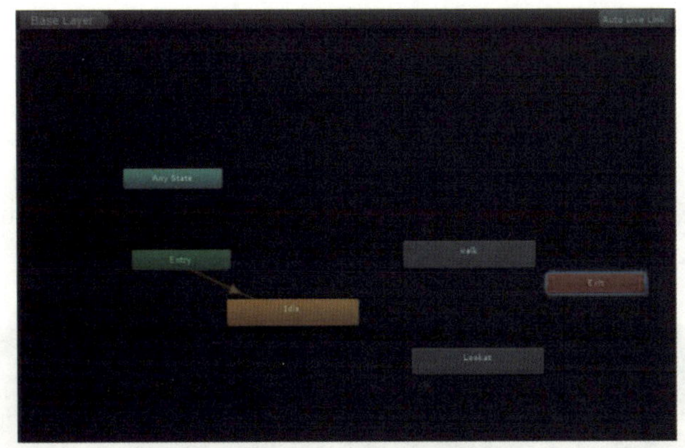

图 6-3-13　设置动画状态机

思考：简述创建动画状态单元的步骤。

步骤 8：为 3 个动画状态单元添加过渡条件，如图 6-3-14 所示。

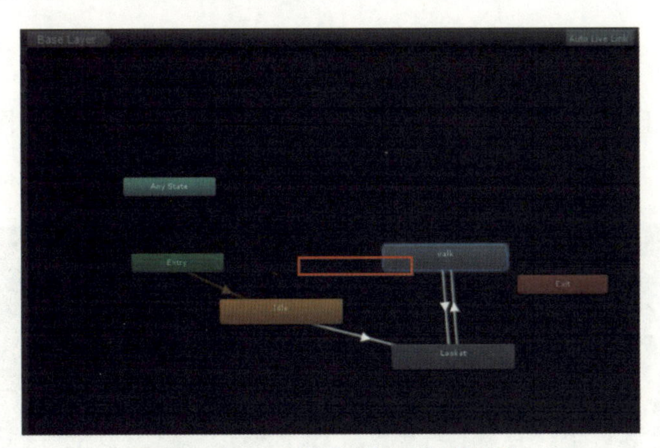

图 6-3-14　添加动画过渡条件

思考：简述添加动画过渡条件的步骤。

步骤 9：动画状态单元和过渡条件添加完毕后，下面向动画控制器中添加实现过渡条件所需的参数。单击“Parameters”视口上的“+”按钮，添加 2 个类型为“Trigger”的参数，并命名为“walk”和“Lookat”，如图 6-3-15 所示。

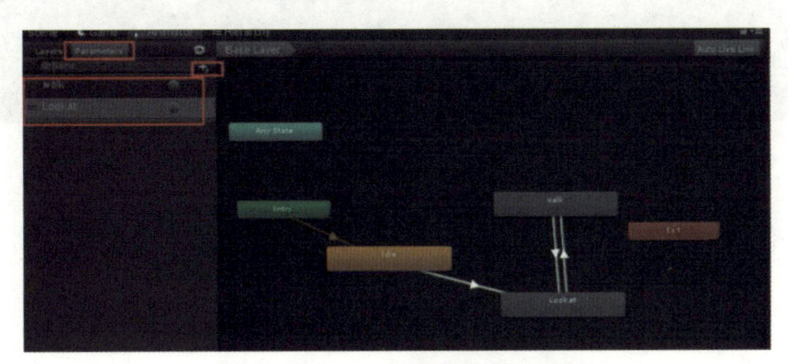

图 6-3-15　设置过渡参数

思考：简述设置过渡条件参数的步骤。

步骤 10：选中任意过渡条件，在“Inspector”视口中的“Conditions”列表中单击“+”按钮，创建参数并进行参数的设置，如图 6-3-16 所示。

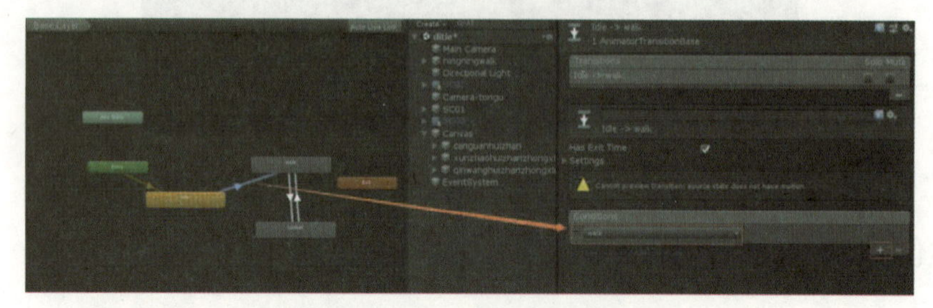

图 6-3-16　选择过渡条件

思考：请展示本步骤设置完成后的界面效果。

步骤 11：进行“Lookat”与“walk”的动画状态转换设置，如图 6-3-17 和图 6-3-18 所示。

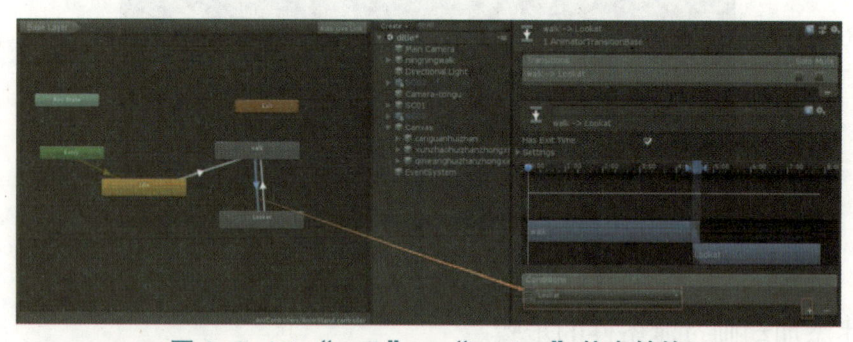

图 6-3-17　“walk”→“Lookat”状态转换

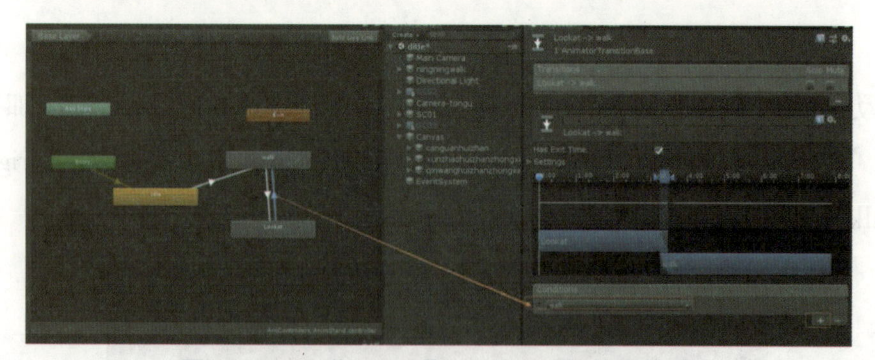

图 6-3-18　“Lookat”→“walk”状态转换

思考：请说明状态转换的设置过程。

步骤 12： 为人物模型添加动画组件。选中“ningningwalk”对象，将之前创建的“AnimStand”动画控制器拖动到“Animator”组件下的“Cnotroller”框中，如图 6-3-19 所示。

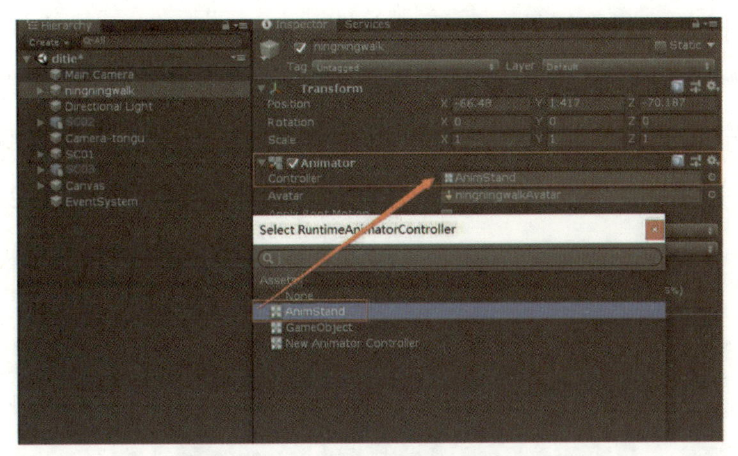

图 6-3-19　添加角色动画控制器

步骤 13： 单击“运行”按钮之后，案例的运行效果在“Game”窗口中显示，会看到宁宁的初始状态为站立，如图 6-3-20 所示。单击“参观会展中心”按钮后，宁宁的状态从站立变为走路，如图 6-3-21 所示。单击“寻找会展中心”按钮后，宁宁抬手望向会展中心方向。

图 6-3-20　宁宁初始状态

图 6-3-21　宁宁走路状态

思考： 请展示按下不同按钮后宁宁的状态。

步骤 14： 打开任务二制作好的工程项目文件“Browse ASEAN”，打开“huizhanzhongxin”场景文件，重复步骤 2 ~ 步骤 12 完成宁宁在会展中心场景中的位置设置，以及场景切换到会展中心位置时，宁宁的初始状态是站立（图 6-3-22），当单击“介绍铜鼓”按钮时宁宁指向铜鼓（图 6-3-23），单击“介绍绣球”按钮时宁宁指向绣球（图 6-3-24）。

图 6-3-22　初始位置

图 6-3-23　介绍铜鼓

图 6-3-24　介绍绣球

思考：请展示会展中心场景下宁宁的状态。

拓展训练

请根据图 6-3-25（a）所示的素材，实现图 6-3-25（b）所示的设计效果。

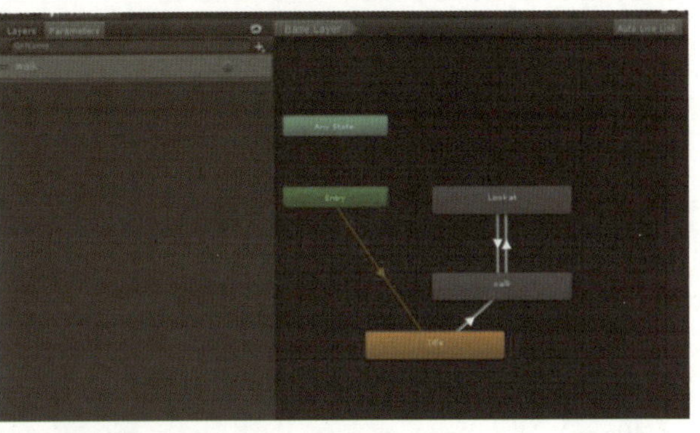

（a）

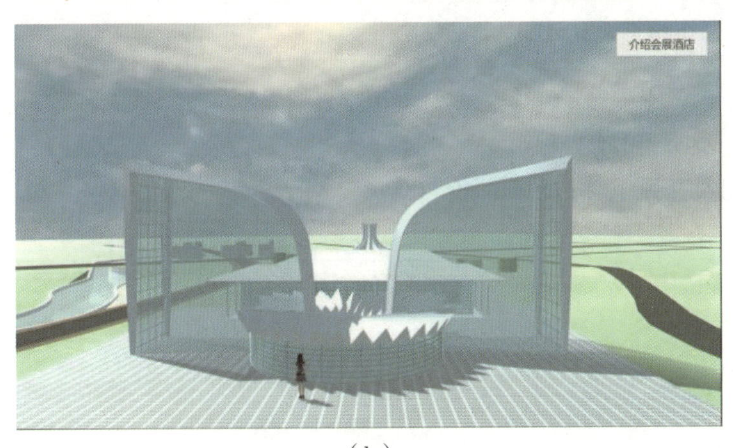

（b）

图 6-3-25 拓展训练的素材和设计效果

（a）素材；（b）设计效果

提示：应用“角色动画控制器”为宁宁添加动画效果，并设置动画转换状态机实现动作的变化。

学习总结

1. 请写出学习过程中的收获和遇到的问题。

2. 请对自己的作品进行评价并填写表 6-3-1。

表 6-3-1　项目过程考核评价表

班级		项目任务			
姓名		教师			
学期		评分日期			
评分内容（满分 100 分）			学生自评	组员互评	教师评价
专业技能（60 分）	工作页完成进度（10 分）				
	对理论知识的掌握程度（20 分）				
	理论知识的应用能力（20 分）				
	改进能力（10 分）				
综合素养（40 分）	按时打卡（10 分）				
	信息获取的途径（10 分）				
	按时完成学习及工作任务（10 分）				
	团队合作精神（10 分）				
总分					
综合得分 （学生自评 10%；组员互评 10%；教师评价 80%）					
学生签名：			教师签名：		

任务四

VR 动作控制脚本开发

任务描述

宁宁已经迫不及待地想带领大家去感受广西浓郁的壮乡风情气氛了，下面的设计任务是为宁宁添加脚本，让宁宁跟随摄像机一起在“印象广西”VR 体验馆中畅游。

提示： 设计中需要用到“触发”“场景切换”等技能方法完成宁宁动作的制作。

请根据图 6-4-1（a）所示的素材，实现图 6-4-1（b）所示的设计效果。

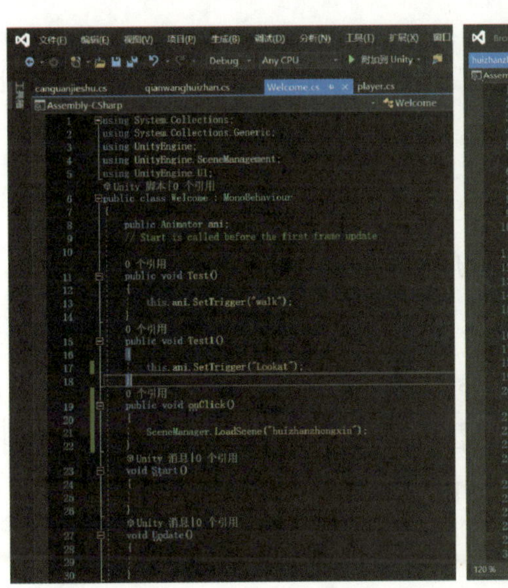

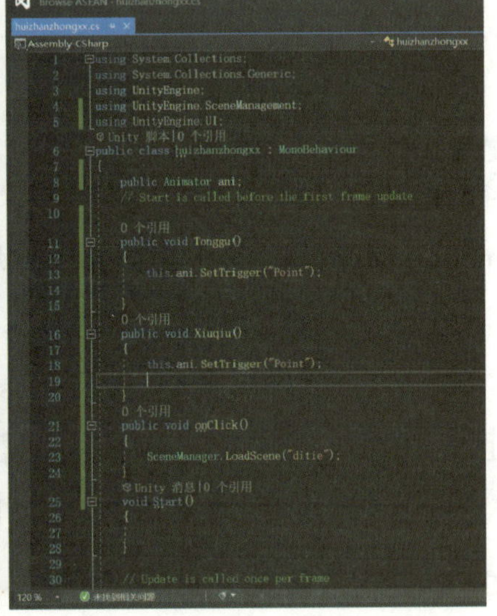

（a）

（b）

图 6-4-1　素材和设计效果

（a）素材；（b）设计效果

提示： 宁宁已经来到会展中心地铁站门口，她已经做好一切的准备工作，动画控制器的配置已经完成，下面的任务是编写脚本让宁宁可以按照设定的路线参观会展中心。脚本主要用到“SetTrigger”和“SceneManager.LoadScene”方法。

知识目标

1. 了解 Unity 中 C# 脚本的创建方法。
2. 了解 C# 脚本的基本结构。
3. 熟练掌握在 C# 中脚本与移动、旋转、触发等基本操作有关的方法。

能力目标

1. 掌握按钮触发的检测方法。
2. 掌握动画触发的方法。

职业素养

体验“宁宁走进会展中心”虚拟仿真效果，享受完成项目设计的成功与喜悦。

学习指导

.NET Framework 是微软公司提出的一种新的软件开发平台，它简化了 Web 服务应用程序的开发。微软公司希望 .NET 实现“多语言，单平台”，即让使用不同编程语言的人都可以对其进行访问，因此 .NET 可以支持 Visual Basic、C#、JScript、J# 等 20 余种语言。

C# 是创建 .NET 程序的语言之一，从 C 语言与 C++ 语言演化而来，它吸收了其他编程语言的优点并克服了它们的不足。利用 C# 可以创建多种类型的应用程序，如 Windows 窗体应用程序、Web 应用程序、Web 服务程序等。

.NET Framework 有 3 个主要的组件：公共语言运行库（Common Language Runtime，CLR）、.NET Framework 类库（.NET Framework Class Libraries）和 ASP.NET。CLR 是 .NET Framework 的基础，它运行代码并且在程序开发过程中提供一系列的服务，使开发过程更加轻松。.NET Framework 类库为程序开发人员提供了一个统一的、面向对象的、层次化的、可扩展的类库，包括类、接口和值类型。ASP.NET 提供 Web 应用程序模型。

一、命名空间

Visual Studio 开发环境为程序开发人员提供了非常多的类，利用这些类可以快速完成各种各样复杂的功能。命名空间既是 Visual Studio 提供的系统资源的分层组织形式，又是分层组织程序的方式，其相当于在程序文件中建立了一个文件夹，如果几个程序属于同一个命名空间，则这些程序存储在这个文件夹中。命名空间有两种：一种是系统命名空间，另一种是用户自定义命名空间。系统命名空间用 using 关键字导入，用户自定义命名空间使用 namespace 关键字声明。

在 C# 中，using 关键字的用途如下。

1）作为引用指令，用于为命名空间导入其他命名空间中定义的类型。

2）作为别名指令，用于简化命名空间的表达形式。

3）作为语句，用于定义一个范围。

二、Main 方法

Main 方法是 C# 程序的入口点，其在类定义的内部声明，且只能声明为 public static int 或 public static void。其中，static 关键字是必需的，表明是静态方法；void 关键字表明该方法在执行完程序后不返回任何参数；int 类型的返回值用于表示应用程序终止时的状态码，其作用是退出应用程序时返回程序运行的状态（0 表示成功返回，非零值一般表示某个错误编号，错误编号所代表的含义也可以由程序开发人员自己规定）。Main 方法可以放在任何一个类中，但为了让程序开发人员容易找到入口点，控制台应用程序和 Windows 窗体应用程序默认将其放在 Program.cs 文件的 Program 类中。

本任务是 VR 动作控制脚本开发，具体可观看相应的教学视频“任务四 VR 动作控制脚本开发”。

VR 动作控制脚本开发

实训过程

一、自主学习

1. 简述 Unity 中利用脚本实现场景切换、移动、旋转的基本方法。

2. 请说出常用的移动、旋转的脚本编写方法。

二、实践探索

步骤 1：打开任务三完成的工程项目文件“Browse ASEAN”中“ditie”场景文件，在“Assets”文件夹下右击，在弹出的快捷菜单中选择“Create”→“C# Script”命令，新建一个 C# 脚本实现单击按钮“触发宁宁”做动画，操作步骤如图 6-4-2 所示。新建好的脚本命名为“Welcome”。

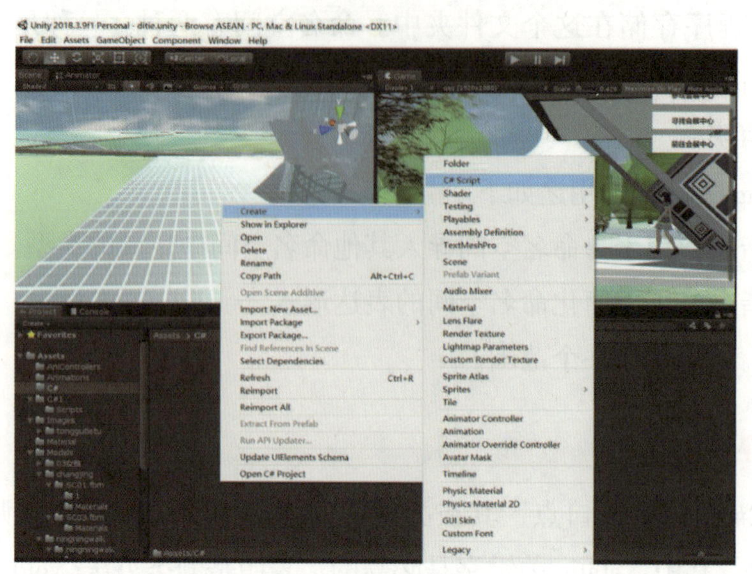

图 6-4-2　新建脚本

思考： 简述新建脚本的步骤。

步骤 2： 双击打开脚本文件，编写脚本内容实现单击“参观会展中心”按钮时，宁宁从地铁走出来；单击“寻找会展中心”按钮时，宁宁抬手扭头看向会展中心方向；单击“前往会展中心”按钮时，镜头切换到会展中心场景，脚本内容如图 6-4-3 所示。

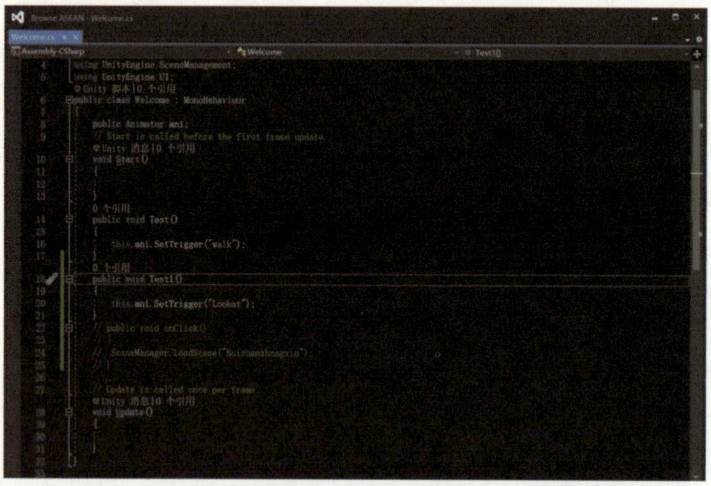

图 6-4-3　参观会展中心及寻找会展中心脚本

思考： 请介绍脚本中内容的作用。

步骤 3： 脚本编写完成后挂载到“ningningwalk”，脚本挂载完成后，在脚本列表中选择“Animator”组件，操作如图 6-4-4 所示。

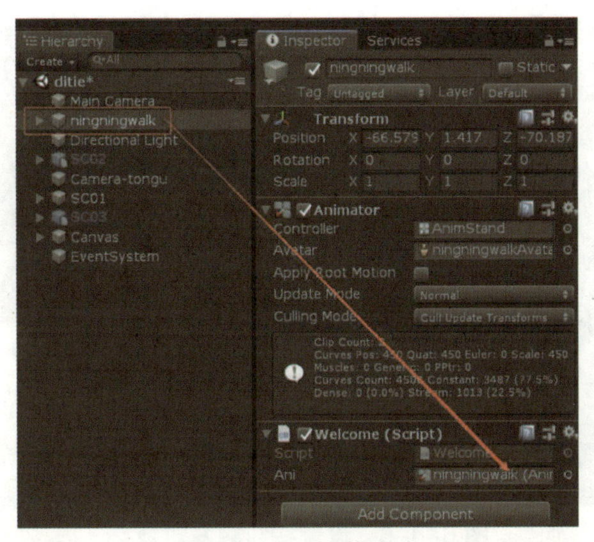

图 6-4-4 挂载脚本

思考： 简述将脚本挂载到“ningningwalk”的步骤。

步骤 4： 设置“参观会展中心”按钮。选择“canguanhuizhan”，在右侧的“Inspector”属性列表中进行设置，单击“On Click( )”右下角的“+”按钮，添加 On Click( ) 列表，操作步骤如图 6-4-5 所示。

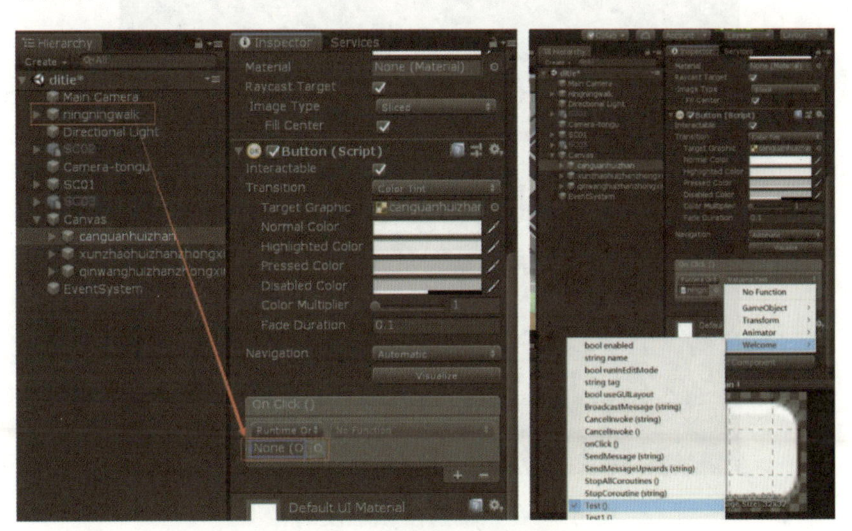

图 6-4-5 设置按钮触发对象 1

思考： 简述设置“参观会展中心”按钮触发的步骤。

步骤 5： 设置“寻找会展中心”按钮，选择“xunzhaohuizhanzhongxin”，在右侧的“Inspector”属性列表中进行设置，单击“On Click( )”右下角的“+”按钮，添加 On Click( ) 列表，操作步骤如图 6-4-6 所示。

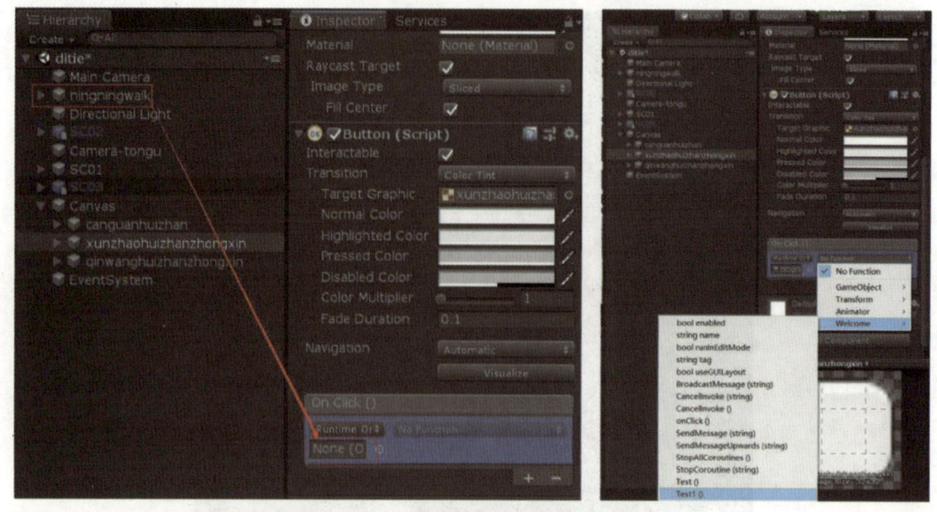

图 6-4-6　设置按钮触发对象 2

思考： 简述设置“寻找会展中心”按钮触发的步骤。

步骤 6： 设置“前往会展中心”按钮，将“Welcome”脚本拖到“Canvas”上，参照步骤 5 完成“前往会展中心”按钮的触发操作，操作步骤如图 6-4-7 所示。

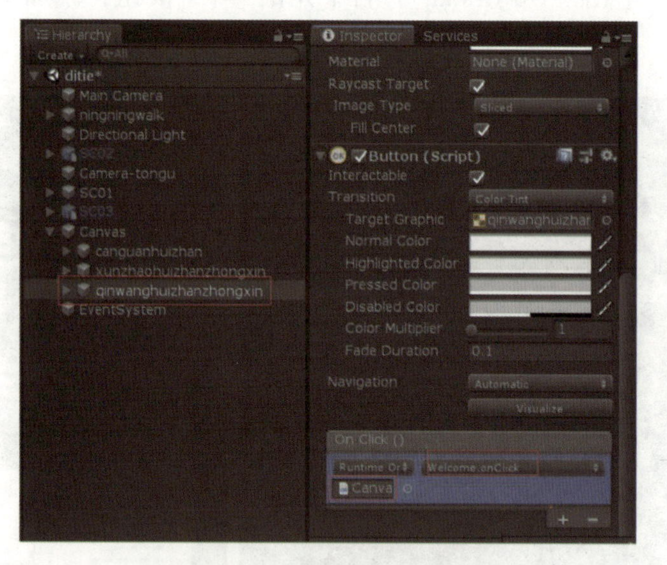

图 6-4-7　设置按钮触发对象 3

思考： 请展示设置“前往会展中心”按钮触发的步骤。

步骤 7： 单击播放工具栏的“播放”按钮，看到宁宁站在地铁口，单击“参观会展中心”按钮时，宁宁从地铁站走出来；单击“寻找会展中心”按钮时，宁宁抬头寻找并看向会展中心方向，如图 6-4-8 所示。退出播放保存“ditie”场景文件。

图 6-4-8　播放效果图

思考： 请展示按下不同按钮时宁宁的动作。

步骤 8： 打开“huizhanzhongxin”场景文件，打开“Project”右侧的 C# 文件下的“huizhanzhongxx”脚本文件，双击打开脚本并编写内容实现单击“介绍铜鼓”按钮时，宁宁介绍铜鼓，如图 6-4-9 所示；单击“介绍绣球”按钮时，宁宁介绍绣球，如图 6-4-10 所示；单击“参观完毕”按钮时，返回“ditie”场景。脚本内容如图 6-4-11 所示。

图 6-4-9　介绍铜鼓

图 6-4-10　介绍绣球

```
using System.Collections;
using System.Collections.Generic;
using UnityEngine;
using UnityEngine.SceneManagement;
using UnityEngine.UI;
public class huizhanzhongxx : MonoBehaviour
{
    public Animator ani;
    // Start is called before the first frame update

    public void Tonggu()
    {
        this.ani.SetTrigger("Point");

    }
    public void Xiuqiu()
    {
        this.ani.SetTrigger("Point");

    }
    public void gqClick()
    {
        SceneManager.LoadScene("ditie");
    }
    void Start()
    {

    }

    // Update is called once per frame
    void Update()
    {
```

图 6-4-11　会展中心介绍脚本

思考：请展示设计的脚本。

步骤 9：按钮的触发操作参照步骤 5 完成，效果如图 6-4-12 所示。

图 6-4-12　播放效果

思考：请展示按钮触发的效果。

步骤 10：发布游戏，使游戏脱离开发环境也能正常运行，选择“File”→“Build Settings”命令，在弹出的“Build Settings”对话框中选择“Platform”环境为 PC，单击“Build”按钮，具体操作步骤如图 6-4-13 所示。

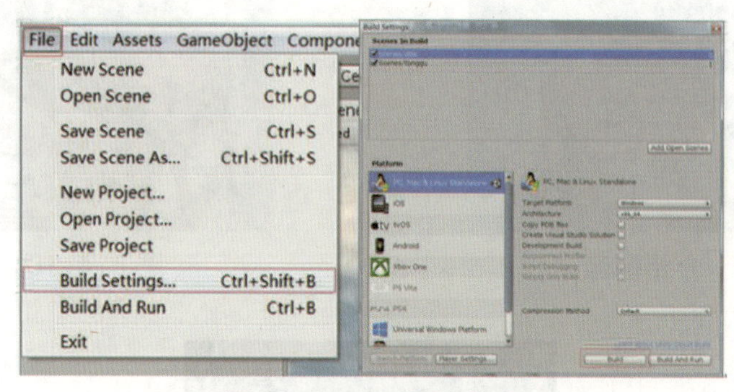

图 6-4-13　发布游戏

思考：请简述发布游戏的步骤。

拓展训练

宁宁在广西国际会展中心参加博览会的路上，看到会展中心后面的会展酒店，宁宁准备前往过去参观并体验南宁的风情。请根据图 6-4-14（a）所示的素材，实现图 6-4-14（b）所示的设计效果。

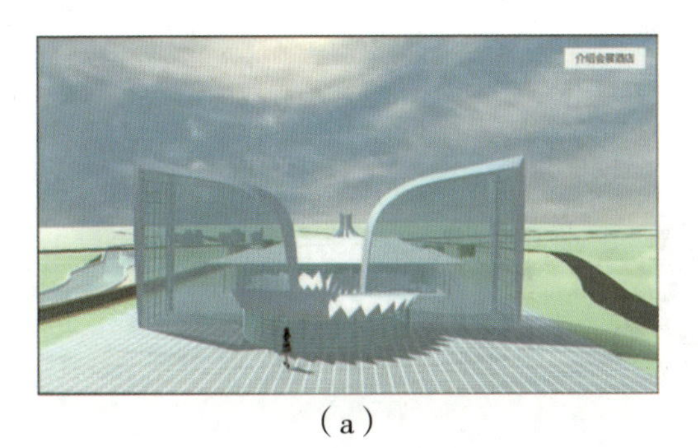
（a）

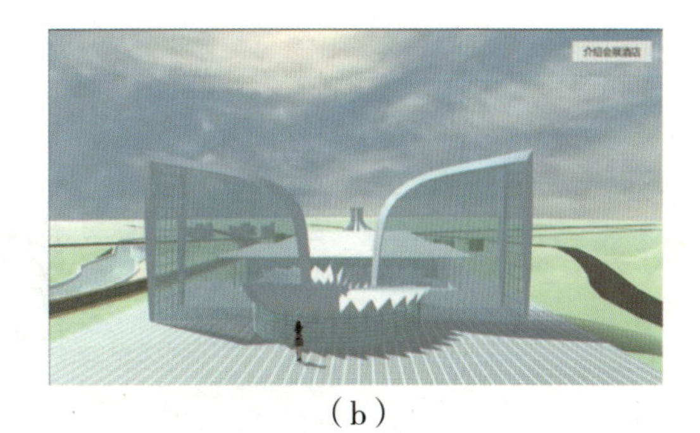
（b）

图 6-4-14　拓展训练的素材和设计效果
（a）素材；（b）设计效果

提示：应用添加脚本实现宁宁动作状态的变化，具体脚本参考“项目六/Browse ASEAN\Assets\C#\jianzhuwu.cs”。

学习总结

1. 请写出学习过程中的收获和遇到的问题。

2. 请对自己的作品进行评价并填写表 6-4-1。

表 6-4-1　项目过程考核评价表

<table>
<tr><td>班级</td><td></td><td>项目任务</td><td colspan="3"></td></tr>
<tr><td>姓名</td><td></td><td>教师</td><td colspan="3"></td></tr>
<tr><td>学期</td><td></td><td>评分日期</td><td colspan="3"></td></tr>
<tr><td colspan="3">评分内容（满分 100 分）</td><td>学生自评</td><td>组员互评</td><td>教师评价</td></tr>
<tr><td rowspan="4">专业技能（60 分）</td><td colspan="2">工作页完成进度（10 分）</td><td></td><td></td><td></td></tr>
<tr><td colspan="2">对理论知识的掌握程度（20 分）</td><td></td><td></td><td></td></tr>
<tr><td colspan="2">理论知识的应用能力（20 分）</td><td></td><td></td><td></td></tr>
<tr><td colspan="2">改进能力（10 分）</td><td></td><td></td><td></td></tr>
<tr><td rowspan="4">综合素养（40 分）</td><td colspan="2">按时打卡（10 分）</td><td></td><td></td><td></td></tr>
<tr><td colspan="2">信息获取的途径（10 分）</td><td></td><td></td><td></td></tr>
<tr><td colspan="2">按时完成学习及工作任务（10 分）</td><td></td><td></td><td></td></tr>
<tr><td colspan="2">团队合作精神（10 分）</td><td></td><td></td><td></td></tr>
<tr><td colspan="3">总分</td><td></td><td></td><td></td></tr>
<tr><td colspan="3">综合得分
（学生自评 10%；组员互评 10%；教师评价 80%）</td><td colspan="3"></td></tr>
<tr><td colspan="3">学生签名:</td><td colspan="3">教师签名:</td></tr>
</table>

参考文献

［1］陈静，孙瑜，赵林．3ds Max实用教程［M］．北京：电子工业出版社，2018.

［2］职场无忧工作室．3ds Max 2018中文版入门与提高［M］．北京：清华大学出版社，2019.

［3］张凡．3ds Max 2018中文版基础与实训教程［M］．6版．北京：机械工业出版社，2019.

［4］阎河．3ds Max三维动画角色建模实例教程［M］．北京：电子工业出版社，2013.

［5］韩勇毅，洪彤．3ds Max 2018三维动画设计与制作教程［M］．北京：清华大学出版社，2020.

［6］唐茜，耿晓武．3ds Max 2018从入门到精通［M］．北京：中国铁道出版社，2018.